La bioéthique

ANDRÉ TARBY

La bioéthique

Mosaïque en 100 mots

L'Harmattan

DU MÊME AUTEUR

Tarby André et Alii, 1984, *Les contrats de travail.* Casteilla

Tarby André et Alii, 1987, *Le mariage, l'union libre, les enfants.* Casteilla

Tarby André, 1990, *l'Incontournable relation formation et droit.* L'Harmattan/Contradictions

Tarby André, 1996, *Lectures et pratique du droit de la formation.* L'Harmattan/contradictions.

Tarby André, 2005, *Un nouveau droit de la formation, pour les entreprises et pour les salariés.* L'Harmattan

Tarby André, 2008, *La bioéthique, ce qu'elle est, ce que dit le droit.* Le Puits fleuri.

5-7, rue de l'École-Polytechnique ; 75005 Paris
http://www.harmattan.fr
diffusion.harmattan@wanadoo.fr
harmattan1@wanadoo.fr
ISBN : 978-2-343-06318-8
EAN : 9782343063188

À Agnès, mon épouse
qui m'a encouragé et soutenu tout au long de ce travail.

PROPOS INTRODUCTIF

Cet ouvrage est l'aboutissement et le prolongement d'un long voyage. Voyage fait avec des citoyens curieux, alertés sur la question bioéthique. Le parcours a pris la forme d'un échelonnement d'une quarantaine de conférences réalisées dans des contextes variés : Universités populaires, Universités du temps libre, associations diverses. Au terme de ce voyage, une conviction s'est imposée à moi. La nécessité de revenir aux fondamentaux de la bioéthique par des marqueurs forts. Telle a été la naissance de cet ouvrage.

Quelle est l'intention ?

Définir et expliquer les fondamentaux à partir de mots « forts », porteurs, judicieusement choisis pour leur charge sémantique et technique, habilement travaillés pour les ouvrir et les sortir de leur coque. C'est un des objectifs.

La démarche va plus loin. Elle s'attache au poids des mots et les soupèse. Pour cela je rassemble des données, des résultats d'analyse, des questions vives qui entourent la réalité désignée par chacun des termes. Un exemple. Aujourd'hui, dans le contexte du débat qui a eu lieu sur le « mariage pour tous » les termes procréation médicalement assistée, filiation, maternité de substitution prennent une résonance particulière tant la réalité désignée est provocatrice de débats, de contradictions, d'oppositions, lourde d'enjeux sociétaux. C'est ainsi que chaque mot a été traité pour son noyau dur mais aussi pour ses harmoniques ondulatoires et variables au gré des contextes.

De ce fait le livre plus qu'un dictionnaire, est un ensemble de « tissages » où s'entrecroisent des définitions enrichies de données historiques, d'éléments juridiques, des apports toujours référencés des spécialistes, des constructions personnelles, des ouvertures sur les pratiques et les questions vives du moment qui font débat.

Précisions techniques

Pour chacun des mots, j'ai donné des liens : références juridiques, liens internes et liens externes. Les liens internes désignent les relations de chacun des termes avec des mots voisins, ce qui permet de construire des itinéraires plus ou moins long d'exploration. Par ailleurs, on trouvera dans le corps du texte des mots en caractères gras et assortis d'un astérisque (*). Cela signifie que chacun de ces mots mis en évidence fait l'objet d'un développement spécifique auquel on pourra se reporter. Les liens externes renvoient aux sources utilisées.

L'ouverture de la bioéthique aux citoyens, l'ouverture des citoyens à la bioéthique est le « carburant » qui nourrit toute cette entreprise. « *La bioéthique c'est l'affaire de tous, elle concerne tous les citoyens* ». La classe politique, les médias ont largement utilisé cet élément de langage durant les États généraux de la bioéthique en 2009 et les débats parlementaires qui ont produit la loi de juillet 2011. Encore faut-il donner aux citoyens les clés qui ouvrent les portes de ce domaine. C'est à cette condition qu'ils peuvent redevenir les propriétaires de la question bioéthique, s'approprier les problèmes, penser par eux-mêmes et s'exprimer aux côtés des experts.

Sans mots la bioéthique n'est pas.

Sans explication les mots génèrent des maux, des verrous pour la compréhension.

Le présent ouvrage est un décodeur, un jeu de clés qui permet à chaque citoyen, d'accéder aux fondamentaux de la bioéthique actuelle de notre pays. Je l'espère…

J'ai parlé de mon voyage. À présent, je souhaite un voyage enrichissant et tonifiant à travers la lecture de ce livre.

À chaque lectrice et lecteur…

LA BIOÉTHIQUE MOSAÏQUE EN 100 MOTS

Préliminaires avant la visite…

Les 100 mots de la bioéthique sont là. Ils vont se présenter. Ils habitent tous la même maison dont ils sont issus. Ils entretiennent des liens de voisinage, de complémentarité dans un grand ensemble. Cet ensemble est délimité, borné par des marqueurs lumineux : les principes de base qui constituent le socle de la bioéthique. Il faut partir de là pour apprécier, décrypter, situer les 100 mots qui vont se manifester un à un.

Les cinq principes de base

Nombreux sont les acteurs présents sur le terrain de la bioéthique : Parlement, gouvernement, comités d'éthique, experts, citoyens éclairés. Pour travailler ensemble, pour ne pas se perdre ni se contredire dans leurs décisions, ils se sont donnés, à chaque étape de ce mouvement, des repères acceptables sous forme de cinq principes fondamentaux. Ceux-ci sont facilement reconnaissables aujourd'hui à travers les diverses applications. C'est ce que j'appelle le périmètre de sécurité. Ces principes sont étroitement liés aux droits de l'homme, c'est-à-dire aux droits fondamentaux, inaliénables, imprescriptibles et universels dont dispose chaque individu dès sa naissance.

1. Dignité de la personne humaine

Le principe fondateur du droit de la bioéthique est la sauvegarde de la dignité de la personne humaine. « La *loi assure la primauté de la personne, interdit toute atteinte à la dignité de celle-ci et garantit le respect de l'être humain dès le commencement de sa vie* » (Code civil art.16). Ce principe n'est pas l'apanage du droit français. Proclamé dans la déclaration universelle des droits de l'homme de 1948, il constitue un principe fondamental du droit de nombreux pays.

2. Respect du corps humain

Avant la loi de bioéthique (9 juillet 1994) il n'existait aucun article consacré au corps humain. Cependant les juges l'ont toujours protégé mais au travers de la personne. Désormais la loi de bioéthique vise directement le corps humain, lequel représente l'incarnation de la personne. *« Chacun à droit au respect de son corps »* (Code civil art.16-1).

Concrètement ce postulat se traduit par le principe de l'inviolabilité. Cela signifie qu'une personne ne peut être contrainte de subir une atteinte à son corps, c'est-à-dire une intervention de nature médicale ou scientifique, sans avoir donné son consentement. De ce principe il est déduit qu'il ne peut être porté atteinte à l'intégrité du corps humain qu'en cas de nécessité thérapeutique pour la personne ou à titre exceptionnel dans l'intérêt thérapeutique d'autrui (don d'organes), et toujours avec le consentement préalable de l'intéressé. L'affirmation du respect du corps humain répond également au souci d'éviter une réification du corps humain, avec la tentation de le considérer comme une source de matériaux biologiques dont on pourrait disposer librement.

3. La non-patrimonialité du corps humain et la gratuité des dons

« Les conventions ayant pour effet de conférer une valeur patrimoniale au corps humain, à ses éléments ou à ses produits sont nulles ». (Code civil art.16-1).

Par ce principe la loi rappelle que le corps n'est pas un bien, une marchandise, que sa valeur n'est pas estimable en termes économiques. De ce fait il ne peut faire l'objet d'aucun acte, d'aucune convention à titre onéreux. Ce principe, tout comme celui de l'inviolabilité, découle de celui du respect du corps humain rappelé plus haut.

Cependant il n'est pas exclu que le corps fasse l'objet d'acte à titre gratuit, concrètement de dons, sous réserve du respect des conditions légales, par exemple le don d'organes. La gratuité est ici très importante dans l'esprit de la loi. La non-patrimonialité porte sur le corps mais aussi sur les éléments et les produits qui en émanent.

Même détachés les éléments et produits du corps conservent leur caractère d'humanité. Ils n'intègrent pas la catégorie juridique des choses commercialisables.

4. L'anonymat dans toutes les formes de don

C'est une règle générale applicable à tous les types de dons. (Sang, organes, spermes et embryons). Cela veut dire qu'aucune information permettant d'identifier à la fois celui qui fait don d'un élément ou d'un produit de son corps et celui qui l'a reçu ne peut être divulguée. Le principe de l'anonymat vient garantir celui de non-patrimonialité.

Ce principe d'anonymat a été, jusqu'à une période récente plutôt bien respecté. Mais ce n'est pas toujours le cas, comme nous l'a montré la réalisation de la première greffe du visage en 2005 où le principe d'anonymat a été visiblement bafoué. Par ailleurs, son bien-fondé est cependant remis en cause en matière de matériaux génétiques par une partie du corps médical et de la doctrine, en ce qu'il empêche un enfant conçu dans le cadre d'une **procréation médicalement assistée*** avec don (de spermes), de connaître ses origines génétiques.

5. La protection du patrimoine génétique

Après avoir protégé la personne humaine, puis son corps, la loi s'attache à l'espèce humaine et vient garantir la protection du patrimoine génétique.

En 1994 le législateur, du fait des évolutions scientifiques, a voulu protéger l'homme des applications ou des dérives du **génie génétique***.

La loi organise la protection individuelle des personnes.

« *Sans préjudice des recherches tendant à la prévention et au traitement des maladies génétiques, aucune transformation ne peut être apportée aux caractères génétiques dans le but de modifier la descendance* ». Art.16-4 du Code civil. Le dispositif s'attache aussi à la protection de l'espèce humaine : « *Nul ne peut porter atteinte à l'intégrité de l'espèce humaine ; toute pratique eugénique tendant à l'organisation de la sélection des personnes est interdite* » (Code civil art.16-4). Plus récemment la loi du 6 août 2004 (art 16-4du Code civil) prohibe expressément le **clonage reproductif*** : « *Est interdite toute convention ayant pour but de faire naître un enfant génétiquement identique à une autre personne vivante ou décédée* ». Cette loi crée une nouvelle catégorie de crimes : **crime contre l'espèce humaine***. Elle rassemble le crime d'eugénisme et le clonage reproductif.

Tels sont les principes de base qui forment l'architecture de la bioéthique à la française. Mais chacun le sait : le droit sans la force est impuissant. Aussi la violation de tous ces principes de base est assortie de sanctions pénales lourdes.

« *Le principe du respect de la vie peut être considéré comme le principe éminent de la bioéthique, qui guide et inspire l'application des autres principes* ». (ANDORNO R.1997).

Et ailleurs ?

Il est facile de retrouver, sous des formulations différentes, ces mêmes principes dans les dispositifs nationaux des autres pays européens.

Il est habituel, notamment dans la bioéthique anglo-saxonne, de faire référence à trois principes qui doivent orienter les relations entre le médecin et le patient, ainsi que tout choix dans ce domaine. Ces trois principes sont ordonnés hiérarchiquement : le principe de bienfaisance – le principe d'autonomie – le principe de justice.

Références juridiques : loi du 9 juillet 1994- Code civil : art.16-1, 16-3, 16-4, 16-8, Code de la santé publique (CSP) : Art. L.1231-1, 1211-5.
Liens internes : don d'organes – procréation médicalement assistée – clonage – eugénisme – trafic d'organes – fin de vie – recherche sur l'embryon – patrimoine génétique – indisponibilité du corps humain.
Liens externes : SEBAG V. (2007) *Droit et bioéthique- MONDIELLI E.* (2008) *L'essentiel de la bioéthique et du Droit de la biomédecine.*

A

1. ACHARNEMENT THÉRAPEUTIQUE

Diagnostiquer, soigner, prescrire, guérir telle est l'ambition de tout médecin. Faire reculer les limites de la mort ? Pourquoi pas. Mais le pouvoir médical n'est pas illimité pour autant. Il y a des situations extrêmes où tout peut basculer. Le bénéficiaire de l'action médicale change : ce n'est plus le malade dont le mal est irréversible, mais la technique médicale, la recherche pour elle-même. Le patient devient alors un terrain d'expérimentation. Le travail confine à l'acharnement thérapeutique. Le problème est de trouver où est la ligne rouge à ne pas franchir.

1. De quoi s'agit-il ?

L'acharnement thérapeutique désigne une conduite thérapeutique abusive parce qu'elle est inspirée plus par une obstination déraisonnable pseudo-scientifique que par le souci des intérêts du patient. L'obstination déraisonnable se définit comme le fait de poursuivre abusivement un traitement qui devient disproportionné par rapport au bien qu'en retire objectivement le patient. Dans ce contexte le traitement apparaît dès lors lourd et insupportable au regard de la situation clinique du patient. Trois critères permettent de repérer cette forme d'obstination : l'inutilité, la disproportion et le fait d'avoir pour seul effet le maintien artificiel de la vie. (Code la santé publique CSP Art. L1110-5)

2. Conséquences juridiques

Abstention thérapeutique

Ces actes ne peuvent pas être poursuivis. Ils doivent être suspendus ou ne pas être entrepris : c'est l'abstention thérapeutique, soit à la demande du malade soit sur décision, du médecin. Le médecin est protégé juridiquement. Il ne peut être poursuivi pour **non-assistance à personne en danger***. De ce fait la loi rend licite la pratique d'abstention thérapeutique ou d'interruption de traitement dans des cas extrêmes touchant à l'inutilité des soins. Si la personne est inconsciente, le médecin respecte la procédure dite **procédure collégiale** au moment de prendre sa décision.

Le traitement de la douleur

La loi autorise le médecin à délivrer un traitement anti - douleur même s'il peut avoir pour effet secondaire d'abréger la vie d'une personne, en phase avancée, ou terminale d'une affection grave et incurable, si c'est le seul moyen d'apaiser sa douleur. C'est le recours au **médicament à double effet*** : effet positif et effet négatif (CSP Art.L.1110-5). On désigne ce traitement par le terme « sédation ».

Dans ce cas encore le médecin ne peut être poursuivi ni pour non-assistance à personne en danger ni pour meurtre. L'arrêt des traitements thérapeutiques devenus inutiles, parfois qualifiés, à tort selon moi, « d'euthanasie passive », le traitement de la douleur par le médicament à double effet ne constituent pas une pratique d'euthanasie mais un renoncement à l'acharnement thérapeutique inspiré par le respect de la personne du patient qu'il convient de soulager et d'accompagner jusqu'à la fin de vie.

3. Et ailleurs ?

Le refus de l'acharnement thérapeutique est un point fort de consensus entre les systèmes de bioéthique des pays de l'Union européenne (Belgique, Espagne, Hongrie, Portugal, Slovénie, République Tchèque Danemark, Allemagne, Belgique, Grande Bretagne, Suisse).

Références juridiques : CSP Art.L.1110-5
Liens internes : droits du patient en fin de vie – soins palliatifs – Médicament à double effet.
Liens externes : COLLANGE J.F. (2007) *La vie. Quelle vie ?* MATHIEU B. (2009) *La bioéthique.*

2. ADN

« La vérité passe par les tests ADN. Les tests ADN effectués dès demain (14 avril 2014) pour tenter d'identifier l'auteur d'un un viol au sein d'un lycée... préoccupe les élèves et leur famille. Une méthode qui ne fait pas l'unanimité ». Voilà ce que l'on pouvait lire dans la presse récente (*Aujourd'hui en France* 13 avril 2014). Ainsi cette molécule fascinante autant que redoutable s'invite fréquemment et parfois brutalement dans le démêlé des affaires judiciaires, criminelles et dans le traitement de l'information qui les entoure. Ce qu'on attend d'elle ? Qu'elle parle. Qu'elle dise la vérité.

Au-delà de cette vision utilitariste, l'ADN a bien d'autres secrets : sa nature, sa fonction dans le développement du corps humain, sa place actuelle dans les pratiques médicales et judiciaires.

1. Éléments techniques

C'est en 1953 que deux chercheurs britanniques ont découvert la présence de l'ADN (Acide DésoxyboNucleique) dans les cellules du corps humain et sa structure (James Watson et Francis Crick). Pour cette découverte ils reçurent le prix Nobel de Médecine.

Contenue dans les chromosomes, elle contient elle-même les gènes. Aussi la désigne-t-on souvent comme le support de notre patrimoine génétique. *« L'ADN est emboîté dans les chromosomes, qui se trouvent dans le noyau de chaque cellule du corps sous la forme de 23 paires. C'est pourquoi, le génome d'un individu peut aussi être défini comme l'ADN dont se composent ses chromosomes » (ANDORNO R.1997).* La structure standard de l'ADN est une double hélice droite, composée de deux brins complémentaires et reliés par des « barreaux » appelés nucléotides. Il existe quatre types de nucléotides constitués chacun d'une base et d'un sucre : Adénosine (A), Thymidine (T), Guanosine (G) Cytosine (C). Ils fonctionnent par paire : A est toujours avec T et G avec C. Aucune autre paire n'est possible.

De la sorte, *« Un brin d'ADN est l'enchaînement ordonné de ces nucléotides. Il y a donc deux brins d'ADN complémentaires liés l'un à l'autre ; ils forment la doubl*e hélice » (HUYGHE F.B. 2008). L'information génétique est inscrite ou enregistrée dans l'ordre dans lequel s'enchaînent les 4 nucléotides.

Par ailleurs, l'ADN est composé de deux parties bien distinctes qui ne remplissent pas la même fonction. La première est dite « codant », elle « parle pour ainsi dire ». Elle rassemble les gènes qui sont le support de l'information génétique de l'individu (taille, couleur des yeux, des cheveux, maladie) La seconde est appelée « non codante ». Elle est muette en ce sens qu'elle ne définit aucune caractéristique physique ni maladie éventuelle. Elle fait apparaître des zones variables composées de segments caractérisés par la répétition en tandem d'unités de base. La taille de ces fragments varie en fonction du nombre de répétitions ; elle est propre à l'individu et constitue ce qu'on appelle **« l'empreinte génétique* » ou la carte d'identité biologique.**

Enfin l'ADN est présente dans son intégrité dans toute cellule de l'organisme, d'où la possibilité de l'étudier à partir de prélèvements variés, (sang, sperme, salive, bulbe du cheveu.) Extrait de cellules, l'ADN est stable et peut être conservée assez facilement pendant très longtemps. D'où la constitution de « banques » d'ADN.

2. Quelle fonction ?

On peut dire que l'ADN est l'ensemble des informations génétiques nécessaires au développement et au fonctionnement d'un organisme humain. C'est aussi le support de l'hérédité car il est transmis lors de la reproduction de manière intégrale ou non. C'est si vrai que, lorsque les spécialistes parlent de décryptage du **« génome humain** * », ils désignent la lecture de l'ensemble des informations génétiques contenu dans la molécule ADN.

3. L'ADN Objet de recherche et d'analyse

L'ADN, on le devine, est un objet de recherche et d'analyse en plein développement dont on attend de nombreuses applications pratiques.

« Le but dernier des travaux d'analyse du génome humain est le décodage complet de l'information qu'il contient et l'élaboration d'une « carte » du génome humain. Il s'agit de découvrir l'emplacement des 100 000 gènes environ que nous possédons dans nos chromosomes et d'effectuer le ***séquençage**** *des 3 000 millions de paires de nucléotides qui composent l'ADN de l'être humain. C'est dans ce cadre que s'inscrit le Projet Génome humain qui réunit les scientifiques de toute la planète » (ANDORNO R.1997*).

Les possibilités ouvertes grâce aux techniques de biologie moléculaire ont transformé le rapport de la science médicale à la connaissance de l'individu. Elles ont dégagé des perspectives immenses sur le terrain des applications pratiques, qu'il s'agisse du champ médical (diagnostic, thérapie génique, médecine prédictive) ou judiciaire (examens et relevés d'empreintes génétiques).

Liens internes : génome humain – gène – examens génétiques – empreintes génétiques.
Liens externes : HUYGHE F.B. (2008) *ADN et enquêtes criminelles*. ANDORNO R. (1997) *La bioéthique et la dignité de la personne*.

3. AGENCE DE BIOMÉDECINE

1. Proximité et éloignement.

Proches de nous, dans notre environnement, se développent quatre pôles de biomédecine : transplantation d'organes, procréation médicalement assistée, examens génétiques, recherche sur l'embryon.

Éloignement : une institution peu connue du grand public, lointaine, vient assurer la coordination et le contrôle de ce quadrilatère sanitaire : l'Agence de biomédecine. Que fait-elle ? Qui est-elle ? Objet de contestations : pourquoi ?

2. Que fait l'Agence ?

2.1. Le contexte

Puisqu'il y a de la distance entre cette institution et nous, je prends les choses « par le bas » pour monter marche par marche vers cette institution souveraine.

– **Le prélèvement et le don d'organes*** sont un vaste chantier. On a des donneurs volontaires, des receveurs choisis et... pénurie de greffons. Une activité proche de nous. De près ou de loin elle nous concerne nous et notre entourage immédiat. Voilà un premier pôle de proximité

– On parle beaucoup aujourd'hui, en lien, du reste, avec le mariage pour tous, de la **procréation médicalement assistée*(PMA)** et de ses bénéficiaires. La technique vient au secours du biologique pour fabriquer l'embryon, le futur enfant. Second pôle d'activité proche de nous qui engage la famille, et la société face au processus de procréation.

– **Diagnostic préimplantatoire et prénatal***. Dans les deux cas on sécurise biologiquement le processus de procréation en repérant les malformations éventuelles. Troisième pôle d'intervention, contesté par certains dont l'Église catholique, fascinant pour d'autres.

– Pratique plus délicate encore et plus technique, la **recherche sur l'embryon*** permet d'analyser l'embryon, de prélever des cellules, de les mettre en culture pour régénérer les cellules mortes d'un foie malade par exemple, ce qu'on appelle thérapie régénératrice. Quatrième pôle également contesté également d'un point de vue éthique, mais autorisé par le droit et développé dans la pratique.

Voilà un quadrilatère sanitaire bien repérable. Les pôles sont reliés les uns aux autres. Par qui ? Un acteur d'une importance exceptionnelle. Il s'est installé au centre de ce quadrilatère pour gérer l'ensemble. Cet acteur s'appelle l'Agence de la biomédecine (A.B.M.).

2.2. Rôle de l'Agence

Les équipes médicales spécialisées dans la greffe sont au cœur du processus de transplantation. Mais le grand gestionnaire est l'Agence. Elle est au centre d'un réseau d'acteurs qui interviennent de façon différenciée et complémentaire. En effet son pouvoir de décision et de contrôle couvre toutes les phases du processus : de l'autorisation de prélèvement jusqu'au transfert d'organes. Son pouvoir est de nature politique et administratif : producteur de normes, de régulations internes pour l'ensemble du territoire, producteur des autorisations nécessaires pour les médecins, les établissements, les prélèvements, coorganisateur d'un maillage du territoire par la mise en place de réseaux de prélèvements dans lesquels tous les hôpitaux sont invités à s'insérer. Dans un souci d'efficacité, de déconcentration, l'A.B.M. travaille de façon déconcentrée par l'intermédiaire de relais d'appui, au niveau Régional ou interrégional. Transplantation d'organes, c'est la compétence la plus importante de l'Agence, je dirais compétence régalienne, à laquelle, historiquement, le gouvernement a ajouté d'autres champs d'intervention.

L'Agence se trouve également au cœur du pôle « procréation médicalement assistée » pour le maîtriser. Dispose-t-elle d'un pouvoir de décision ? Oui. Voici trois marqueurs.

C'est elle qui, au vu de certains critères, contribue à donner autorisation aux établissements pour cette activité. Les praticiens ont besoin d'un agrément, d'une habilitation officielle. C'est elle qui la délivre. La loi permet l'importation et l'exportation à titre gratuit de gamètes. C'est elle qui autorise les échanges. Pouvoir de décision donc, mais aussi responsabilité du suivi et du fonctionnement de l'ensemble. Pour cela elle a mis en place un dispositif de vigilance pour toutes les activités liées à la PMA, mais aussi un suivi de l'état de santé des personnes utilisatrices. Les missions sont exactement les mêmes pour le diagnostic préimplantatoire et le diagnostic prénatal. L'acteur dominant qui structure l'ensemble relationnel est bien l'Agence.

La recherche sur l'embryon est autorisée par la loi, non plus à titre exceptionnel, mais, depuis 2012, comme activité juridiquement encadrée. L'Agence, on peut s'y attendre, détient un pouvoir de contrôle. Elle valide les projets et donne l'autorisation de la recherche sur tel ou tel sujet. Mais la décision de l'Agence en ce domaine si important n'est pas définitive. Les ministres de la Santé et de la recherche exercent un contrôle final. Ils peuvent la suspendre ou redemander un second examen. Ce pouvoir de l'Agence s'étend à d'autres opérations : la conservation d'embryons congelés pour la recherche, éventuellement l'importation de cellules-souches embryonnaires fabriquées dans le monde et provenant d'une procréation médicalement assistée et dépourvue de projet parental. En cas de non-respect des conditions de délivrance de l'autorisation, l'Agence peut la suspendre ou la retirer.

3. Qui est-elle ?

L'A.B.M.est un Établissement public administratif créé par la loi de bioéthique de 2004 placé sous la tutelle du Ministère chargé de la Santé. Son siège est à la Plaine Saint-Denis.

Quelle est son organisation centrale ? Il y a deux types de composantes : les standards, le spécifique.

Les standards

Un conseil d'administration de 33 membres distribués en plusieurs rangées : les représentants des Ministères, des établissements sanitaires et des Agences régionales de Santé. Dans une deuxième rangée : 14 personnes qualifiées issues du monde médical. Enfin des représentants du personnel. Tous sont nommés par arrêté ministériel. Il n'y a aucune trace de la société civile. Sa mission concerne l'organisation générale de la structure, son financement, ses orientations stratégiques.

– Une direction générale et un budget (80 millions d'euros)

– Un personnel de 300 salariés auxquels s'ajoutent 1 000 experts appartenant au milieu médical et scientifique.

Composantes spécifiques

Deux acteurs forment à eux deux le « cerveau » de l'institution : le directeur médical chargé de la politique médicale et scientifique ; un conseil d'orientation, acteur stratégique par excellence. Sa mission s'articule autour de deux axes : la cohérence de la politique médicale et scientifique de l'Agence ; le respect des principes réglementaires et éthiques dans chacune des activités. La société civile est-elle présente dans ce conseil de 31 membres ? À côté des représentants des grandes institutions de l'État, des experts scientifiques, des personnalités qualifiées, siègent 6 représentants d'associations de malades et d'usagers...

4. L'Agence objet de contestations : pourquoi ?

L'Institution est consciente de son importance. Quand elle parle d'elle-même c'est largement à son avantage. Je cite : « *Par son expertise, elle (l'agence) est l'autorité de référence sur les aspects médicaux scientifiques et éthiques... L'Agence est la seule Agence en Europe rassemblant ces quatre domaines que sont le prélèvement et la greffe, la procréation, l'emb ryologie, et la génétique humaine* ». Peut-être de quoi exciter quelques acteurs ou observateurs extérieurs...

4.1. Attaques publiques

En fin d'année 2010, dans un contexte de réforme, l'Agence a été au cœur de plusieurs critiques. Elles émanaient de députés, personnalités qualifiées : Pierre le COZ, Daniel Benamouzig, Claire Legros, Emmanuel Hirsh, Jacques Testard, Isfrael Nisard. Ces critiques portaient sur la composition du conseil d'orientation vide de participation citoyenne, le pouvoir excessif de l'Agence elle-même, les modalités d'intervention dans le champ de la recherche sur l'embryon ; plus particulièrement, un certain laxisme, hermétisme dans les méthodes de travail, l'intervention de l'Agence dans l'élaboration des règles de bioéthique.

Des signaux forts ont été lancés à la société, si on en juge par les titres des interventions dans les médias : « *trop de pouvoirs pour l'Agence de biomédecine ? Biomédecine : enquête sur un pouvoir au-dessus de tout soupçon ? Appel pour une bioéthique citoyenne. L'éthique mérite mieux qu'une Agence biomédicale* ». (Familles chrétiennes, La Vie, Le Monde).

L'impact de ces protestations a été relativement discret et surtout peu relayé. La nouvelle loi issue de la Réforme de 2011 n'a strictement rien changé aux missions de l'Agence ; elle les a même étendues à l'examen vigilant de nouvelles pratiques, telles les **neurosciences*.**

4.2. Attaques judiciaires

Nous sommes en octobre 2010. La Fondation Jérôme Lejeune, dédiée aux maladies génétiques, lance une action en justice contre l'Agence pour une autorisation « illégale » de recherche sur des cellules embryonnaires humaines. Autorisation accordée au laboratoire I-STEM. Le tribunal de Paris rejette le recours en illégalité le 1er octobre. Par contre la Cour administrative de Paris, le 10 mai 2012 fait droit à la demande de la Fondation. L'Agence, selon la loi en vigueur à ce moment-là, devait prouver qu'il n'existait pas une méthode alternative à celle retenue dans le protocole de recherche embryonnaire. Ce qu'elle n'a pas fait. Conséquence : ce programme a été arrêté avant même la décision de la Cour d'Appel. Signe d'un réel malaise. De plus l'Agence, suite à cette décision a retiré l'autorisation d'un un autre programme de recherche utilisant l'embryon humain.

Sources juridiques : CSP Art.L.1418-1 à 1418-8 ; R.1418-1 à 1418-35
Liens internes : Don et transplantation d'organes – procréation médicalement assistée – diagnostic préimplantatoire et prénatal – recherche sur l'embryon.
Liens externes ; **www.sante ; Gouv.fr/L'agence** de la biomédecine (ABM) 12 avril 2011- Le quotidien du médecin, (octobre novembre 2010) le Monde (22 octobre 2010), Familles chrétiennes, (octobre 2010) La Vie (21 octobre 2010), FELDMANN G. (2010). *La bioéthique.* L'agence a-t-elle vocation à intervenir dans le champ de la bioéthique ? SEBAG V. (2007) *Droit et bioéthique*

4. Aléa thérapeutique

La science rencontre des incertitudes, de l'imprévisible, voire des aléas. Évidemment on pense tout de suite aux patients qui pourraient en être victimes.

1. La définition

L'aléa thérapeutique, étymologiquement, est la conséquence imprévisible de tout acte médical. Le Conseil économique et social (mai 1996) sur les droits de la personne malade le définissait ainsi : *« la part de risque que comporte inévitablement un traitement médical et thérapeutique légitimement et correctement mené et dont la réalisation entraîne des effets indésirables ».* Il est donc le risque encouru par le patient du fait des soins dont il est l'objet. L'aléa est un accident sans faute de la part du médecin. Le problème n'est pas liquidé pur autant.

2. Conséquences juridiques

L'absence de preuve d'une faute conduit à considérer que le dommage survenu est la conséquence malheureuse d'un risque accidentel inhérent à l'acte médical et qui ne pouvait être maîtrisé, et dont le médecin n'a pas à répondre. Cela conduit à exclure sa responsabilité.

Avant 2002 la jurisprudence était divisée sur la question de la prise en charge du préjudice lié à l'aléa thérapeutique. Les tribunaux de l'ordre administratif la faisaient peser sur le médecin, les tribunaux judiciaires, au contraire s'y refusaient. *« À l'aléa thérapeutique s'ajoutait dès lors un aléa juridictionnel* » (BINET J.R. 2010). Après des hésitations, la Cour de cassation finit par refuser de faire peser sur les professionnels le poids du risque médical contrairement à la jurisprudence administrative. Telle est aujourd'hui la position de la Cour de cassation. Par ailleurs, depuis l'entrée en vigueur de la loi du 4 mars 2003, les accidents médicaux non fautifs donnent lieu à un mécanisme de réparation à la charge non pas du médecin mais de la solidarité nationale au travers d'un organisme dédié appelé O.N.I.A.M.* (office national d'indemnisation des accidents médicaux).

Sources juridiques : CSP Art.L.1142-1.
Liens internes : droits du malade – ONIAM – réparation non juridictionnelle du préjudice
Liens externes : BINET J.R. (2010) Droit médical.

1. Définition

L'anonymat est l'état d'une personne dont on ne connaît pas le nom ou qui ne manifeste pas son nom. L'anonymat peut être volontaire ou au contraire imposé d'une manière ou d'une autre, par exemple par une prescription juridique. C'est le cas en bioéthique.

2. L'anonymat en bioéthique

En bioéthique l'exigence de l'anonymat intervient dans la démarche de don d'éléments du corps humain à autrui. Elle concerne donc, à chaque fois, deux personnes, le donneur et le receveur.

Cette prescription procède de l'article 16-8 du Code civil, texte général applicable à tous dons et éléments du corps. « *Le donneur ne peut connaître l'identité du receveur ni le receveur celle du donneur* ». L'article L.2141-6 du code de la Santé publique, également exclut la connaissance des identités respectives des donneurs et receveurs. Il ne peut être dérogé à ce principe qu'en cas de nécessité thérapeutique. Le médecin pourra lors pour des raisons strictement médicales accéder à des informations relatives au donneur mais seulement des informations non identifiantes. La violation de ce principe constitue un délit sanctionné par une peine de deux ans d'emprisonnement et de 30 000 euros d'amende.

L'objectif est sans doute celui de protéger donneur et receveur de toute manipulation, pression, risques de conflits ultérieurs, mais aussi de tout risque d'opération financière.

3. Champ d'application

De cette manière la règle de l'anonymat vient s'appliquer à deux démarches biomédicales.

Celle du don d'organes et des produits humains comme le don de sang. Une exception est prévue pour le don d'organes entre personnes vivantes et parentes. Dans la mesure où donneur et receveur sont en principe apparentés, il est évident que la règle de l'anonymat n'est plus applicable.

Enfin le principe trouve à s'appliquer dans le cadre de la PMA avec tiers donneur de sperme d'ovocytes ou même d'embryons venant d'un couple ayant renoncé à tout projet parental et donné leur accord pour le geste de don.

4. L'anonymat en débats

Cette règle de l'anonymat appliquée au cas de la PMA a été l'objet de débats contradictoires, au sein des assemblées parlementaires lors de la révision des lois de bioéthique en 2011. Après bien des hésitations, des avancées et reculs successifs, les parlementaires sont revenus au statu quo, c'est-à-dire au maintien de l'anonymat formalisé. Le compte rendu final des

États généraux de la bioéthique* allait d'ailleurs dans ce sens.

Il faut dire que le débat sur cette question est en tension entre deux pôles d'exigences contradictoires : d'une part, l'intérêt de l'enfant inscrit dans le droit d'accéder à la connaissance de ses origines. C'est actuellement une revendication vive portée entre autres, par des groupements d'adultes issus de ce mode de procréation. D'autre part la volonté de protéger le caractère altruiste et désintéressé du don, mais surtout le couple qui risquerait d'être exposé à l'immixtion d'un tiers dans leur vie familiale.

Le Conseil d'État dans son rapport du 6 mai 2009 s'exprimait ainsi : Il s'agit de *tenir compte des demandes fondées sur la souffrance des origines, ainsi que de la jurisprudence de la Cour européenne des droits de l'homme, tout en évitant les risques de déstabilisation de situations familiales issues de la PMA.* Aussi le rapport propose de permettre à l'avenir pour l'enfant né de la PMA avec tiers donneur d'avoir accès à sa majorité à des données non identifiantes sur le donneur (âge, caractéristiques physiques, profession) et de lui permettre d'accéder à l'identité du donneur si celui-ci a donné son accord. En sens inverse le CCNE dans un avis du 24 novembre 2005 faisait la recommandation suivante : *favoriser la levée du secret du mode de conception et pour cela informer les parents du bénéfice d'une révélation précoce et des risques d'une information tardive. Respecter l'anonymat des donneurs et receveurs. La rupture de l'anonymat comporte sans doute plus d'éléments perturbants que la rupture du secret. Permettre que l'enfant ait accès à des informations non identifiantes en maintenant le principe de l'anonymat de donneurs.* Cette position est reprise dans son rapport du 9.10.08

Dans ce contexte contradictoire, il reste que la règle de l'anonymat demeure aujourd'hui. Celui-ci constitue une des conditions essentielles du « don procréatif » à la française, contrairement à nombre de législations étrangères qui ont levé le secret de l'anonymat au cours de ces vingt dernières années. C'est le cas de la Suède (1985) de la Suisse (1998), de l'Autriche (1992) de l'Islande (1996) de la

Norvège (2003), de la Finlande (2006) de la Belgique (2007) du royaume Uni (2005) des Pays bas (2004) et de la Nouvelle Zélande (2004) (LARRIBAU-TERNEYRE V. 2011).

En conclusion : *« La question de la levée de l'anonymat des donneurs de gamètes est donc renvoyée à une prochaine réforme, car le temps œuvrera très probablement en faveur de ces enfants du secret ».* (LARRIBAU-TERNEYRE *V.2011)*

Sources juridiques : CSP2141-6 et 1211-5.
Liens internes : procréation médicalement assistée – Prélèvement et transplantation d'organes.
Liens externes : LARRIBAU-TERNEYRE V. (2011) *la révision des lois de bioéthique*. Loi du 7 juillet 2011. CCNE, avis n° 90 (24 novembre 2005) ; CCNE (9-10 08) Rapport – Agence de biomédecine (octobre 2008) Rapport ; Conseil d'État (6 mai 2009) rapport ; États généraux de la bioéthique Rapport final (1er juillet 2009)

6. ASSOCIATIONS ET FONDATIONS EN BIOÉTHIQUE

Le champ de la bioéthique est complexe en raison de la diversité des pratiques médicales, des questions posées, de la multiplicité des enjeux et intérêts souvent contradictoires. Ceci explique l'émergence et la manifestation d'acteurs collectifs prenant la forme de groupements informels mais aussi d'associations ou de fondations. Il n'est pas question d'en faire un inventaire exhaustif ici. Plus modestement je veux montrer comment ces acteurs collectifs, se répartissent autour de pratiques et d'enjeux éthiques bien différenciés et par leur action structurent un champ de revendications et de défense d'intérêts.

1. Qui intervient sur la connaissance et le développement de la bioéthique en général ?

La Fondation Jérôme Lejeune. Structure de soins et de recherche bien connue, créée en 1995 et reconnue d'utilité publique au rayonnement international. Ses objectifs sont : recherche de traitement des maladies génétiques et particulièrement la trisomie 21 ; structure d'accueil, de soin et d'accompagnement pour handicapés ; structure de défense de la dignité humaine*. « D*éfendre le plus petit d'entre nous* » « *défendre le plus fragile d'entre nous* ». Elle développe une conception humaniste de la bioéthique fondée sur des valeurs transcendantes nourries de la pensée chrétienne.

Association Alliance Vita. Fondée en 1993 par Christine Boutin. Elle se donne comme objectif de « *promouvoir la protection de la vie humaine, et le respect de la dignité de toute personne* » et prend position contre l'avortement, le mariage pour tous, l'euthanasie et toute forme d'atteinte à la vie humaine. Elle agit sur deux axes : l'aide aux personnes confrontées aux épreuves de la vie : service d'écoute. – sensibilisation du public et des décideurs à la protection de la vie humaine et à la solidarité avec les plus fragiles. Elle est porteuse d'une philosophie également humaniste, chrétienne centrée sur la dignité et la priorité de la personne sur les enjeux scientifiques.

ACIM association catholique des infirmières. Association de médecins et professionnels de Santé. Défenseur inconditionnel de la vie de la conception à la mort naturelle. Se réfère explicitement à la tradition de l'Église catholique.

2. Qui intervient sur la problématique de la procréation médicalement assistée ?

Association MAIA. Association d'aide, de conseil, de sensibilisation au problème de l'infertilité, au don de gamètes, de sperme, et plus largement milite pour l'amélioration de la PMA.

Association des enfants KDOS. Europe. Créée en 2006.

3. Qui milite pour la Gestation pour autrui ?

Association CLARA (Comité pour la Légalisation de la GPA et l'Aide à la Reproduction assistée). Espace d'échange sur la GPA et appel pour la légalisation de la GPA.

Association MAIA. Soutient la légalisation de la GPA pour les patientes atteintes de pathologie les privant de la possibilité de porter elles-mêmes un enfant.

4. Qui intervient sur la problématique du don d'organes ?

Association ADOT. Créée en 1969.

Fédération des associations pour le don d'organes et de tissus humains.

Fondation Greffe de vie par le don d'organes et la greffe. Créée en 2005 et reconnue d'utilité publique.

Association Marine. Dons d'organes. Don de vie.

5. Qui intervient sur les pratiques de diagnostic préimplantatoire et prénatal ?

Collège national des gynécologues et obstétriciens français (CNGOF). Il informe, encourage le développement de ces pratiques et recommande les nouveaux tests de diagnostic.

Comité pour sauver la médecine prénatale. Recommande un bon usage de ces diagnostics, c'est-à-dire une orientation vers des pratiques thérapeutiques, et dénonce les dérives eugéniques.

6. Qui intervient sur la problématique de l'euthanasie ?

POUR :

Association pour le droit de mourir dans la dignité. Structure bien connue et très active dans ce domaine. Créée en 1980. Directeur : Jean Luc Romero.

Association ultime liberté Créée le 17 janvier 2014. Association internationale pour la légalisation du suicide assisté et de l'euthanasie d'exception.

CONTRE :

Toutes les associations chrétiennes et catholiques qui interviennent sur l'ensemble des questions bioéthiques.

7. Qui intervient sur la connaissance et le développement des soins palliatifs ?

Association suisse pour la qualité de soins palliatifs

Association « accompagnement et développement des soins palliatifs »

La première A.S.P. a été créée en 1984. En 2012 on en compte 71. Elles sont regroupées dans l'Union nationale des A.S.P.

Toutes ces institutions ont un site internet dédié.

B

7. Banques de sang de cordon

1. Quel besoin ?

Les cellules du sang du placenta retiennent toute l'attention des chercheurs en raison de leur haut potentiel de prolifération, de différenciation et surtout de régénération des organes malades. De plus en plus la recherche sur les cellules-souches s'oriente dans cette voie-là concurrente de la voie de la recherche sur l'embryon. S'est posée alors la question et de la collecte et de la conservation de ce produit. C'est pour y répondre qu'ont été créées les banques de sang de cordon dont le statut juridique n'a pas encore été défini par le législateur. Notre pays accuse un net retard en ce domaine.

2. Données pratiques

Pour que le pays dispose de suffisamment de sang de cordon en vue de greffes, deux structures sont nécessaires : un réseau de maternités habilitées à prélever le sang dans des conditions optimales, et des banques capables de le stocker jusqu'à utilisation. Or, en janvier 2010, d'après l'Agence de la biomédecine, responsable de l'habilitation, on ne comptait que 17 maternités agréées, tant publiques que privées, sur les quelque 600 en exercice. Quant aux banques de conservation, à la même date, leur nombre se limitait à sept, trois nouvelles banques étant en cours d'ouverture (FELDMANN G. 2010). En revanche un effort important a été fait pour la coordination des structures grâce à la création d'un « réseau français de sang placentaire ». Il regroupe les banques françaises, qu'elles dépendent de l'établissement français du sang, ou d'établissements publics hospitaliers, ainsi que les maternités partenaires de ces banques. **L'Agence de biomédecine*** pilote ce réseau. L'objectif est de développer une démarche de qualité aux différents moments : de l'information de la femme enceinte jusqu'à la conservation du sang et la délivrance des greffons.

3. Question vive

En l'absence de statut spécifique, l'Agence de biomédecine n'autorise que les banques publiques. Pourquoi ne pas créer également des banques privées, réclament bien haut certains parlementaires ? En revanche la privatisation de la conservation de sang ombilical, estiment d'autres, pourrait aboutir, comme c'est le cas en Suisse, ou en Grande Bretagne, à une inacceptable marchandisation des cellules du corps humain. Les opposants à ces banques sont le CCNE, l'Agence de biomédecine, de nombreuses sociétés savantes. À l'opposé, des groupes de pression anti-avortement, comme la fondation Lejeune, ou le Parti chrétien-démocrate (Christine Boutin) sont, paradoxalement, favorables aux banques privées. Ils sont gênés, certes, par le caractère mercantile de leur démarche, mais ils estiment que les cellules-souches du cordon sont une réelle alternative aux recherches sur les cellules-souches embryonnaires auxquelles ils sont opposés puisqu'elles détruisent l'embryon. FELDMANN G. (2010)

Pour l'instant deux propositions de loi sur les banques privées ont été déposées (29 septembre 2009 et 19 février 2010). Aucun texte n'a été examiné et discuté à ce jour.

4. Et ailleurs ?

Ce type de structure existe aux États Unis et dans la plupart des pays européens.

Liens internes : cellules – recherche sur l'embryon
Liens externes : FELDMANN G. (2010) La bioéthique.

8. BÉBÉ ÉPROUVETTE

À partir de la fin des années 1970 la science médicale va offrir des solutions techniques à l'infécondité ou à la stérilité du couple. Le bébé-éprouvette est une réponse au problème

1. De quoi s'agit-il ?

Il s'agit d'un enfant issu d'un œuf obtenu par fécondation in vitro d'un ovule par un spermatozoïde et réimplanté dans l'utérus de la future mère. Le premier bébé-éprouvette est né en 1978 en Angleterre, sous le nom de Louise Brown. En France : la série commence avec Amandine (1982) et atteint 200 000 fin 2008 d'après l'Agence de biomédecine.

2. Enjeux

« Grâce à la technique, l'homme prend en main son désir procréatif. La médecine est capable de donner des bébés... Une telle révolution a de quoi susciter l'émerveillement et l'inquiétude. Des questions éthiques se posent... L'enfant n'est plus issu de la relation de personnes mais le produit d'un acte technique. Ensuite dès lors que la technique permet de procréer en dehors du processus naturel, faut-il lui fixer des limites. Faut-il au contraire satisfaire tout désir d'enfant » (BINET J.R. 2010).

3. Que dit le droit ?

La production d'un bébé-éprouvette rentre dans le cadre plus général de la **procréation médicalement assistée**. Or la loi du 1er juillet 1994 modifiée par celle du 6 août 2004 autorise sous certaines conditions le recours à la procréation médicalement assistée Donc le recours au bébé-éprouvette est actuellement autorisé.

Liens internes : fécondation in vitro – Procréation médicalement assistée.
Liens externes : BINET J.R. (2010) *Droit médical.*

9. Bébé médicament

« Bébé-médicament » est le terme utilisé par les médias mais en général rejeté par les familles et les médecins qui, pour certains préfèrent l'expression « bébé du double espoir » : espoir d'un embryon sain donnant un autre enfant sain, espoir d'un embryon compatible avec l'enfant malade.

1. De quoi s'agit-il ?

C'est tout à la fois une technique de conception d'un enfant sain, de diagnostic et de tri embryonnaire dans le but de guérir un autre enfant malade par un don de cellules. Le procédé concerne les familles touchées par une maladie génétique grave et incurable dont est victime un enfant. Il s'agit de favoriser la conception et la naissance d'un deuxième enfant indemne de cette maladie grâce à un tri embryonnaire. Après une fécondation in vitro, un diagnostic biologique est pratiqué à partir de cellules prélevées sur les embryons, afin de rechercher l'anomalie génétique redoutée par le couple demandeur. Seuls les embryons sains sont transférés dans l'utérus de la femme, les autres étant détruits. Les embryons à réimplanter doivent donc être exempts de la maladie redoutée, mais aussi immunologiquement compatibles avec le frère ou la sœur malade. Après la naissance il s'agit de prélever des cellules-souches sur le cordon ombilical du nouveau né pour les injecter à l'aîné malade, dans le but de le guérir.

2. Que dit la loi ?

La loi du 6 août 2004 a autorisé, à titre expérimental et sous le contrôle de l'Agence de la biomédecine, que soit pratiqué un **Diagnostic préimplantatoire*** (DPI) lorsque trois conditions sont réunies : - le couple a donné naissance à un enfant malade atteint d'une maladie génétique entraînant la mort dès les premières années de la vie et reconnue incurable au moment du diagnostic. - Le pronostic vital de cet enfant peut être amélioré de façon décisive par une thérapeutique génétique sans porter atteinte à l'enfant né du transfert de l'embryon – le **Diagnostic préimplantatoire** a pour seul objet de rechercher la maladie génétique et les moyens de la traiter. (CSP Art. L.2131-4-1)

3. Les risques

Fabriquer un enfant dans l'intérêt thérapeutique d'autrui n'est pas une mince affaire. « Pour éviter le risque d'une instrumentalisation choquante, il faudrait pouvoir s'assurer que les parents du premier enfant malade ont d'abord la volonté d'avoir un autre enfant et, ensuite, la volonté de soigner le premier ». BINET J.R. (2010). Telle a été la position du CCNE en la matière (avis n° 72, 4 juillet 2002). Ce qui signifie que le second enfant ne soit pas qu'un instrument, un bébé-médicament, mais bien un enfant du double espoir voulu pour lui-même et pour une guérison d'autrui. Mais comment le contrôler ?

Sources juridiques : CSP Art. L.2131-4-1
Liens internes : fécondation in vitro – Diagnostic préimplantatoire
Liens externes : BINET J.R. (2010) *Droit médical.*, LA CROIX (s.d.) L'ABC de la bioéthique

10. BIOÉTHIQUE

Ce néologisme est né aux États Unis. On le trouve pour la première fois sous la plume d'un biologiste et cancérologue américain, Van Renselaer Potter. Ce dernier avait intitulé l'un de ses articles en 1970 : « bioéthique, science de la survie ». Le terme a été consacré par le droit français en 2004 (loi du 6 août 2004).

1. Essai de définition

Il y a surabondance de définitions proposées. Elles se complètent en se corrigeant les unes les autres. Durand G. (1997) montre la difficulté de circonscrire un champ aussi complexe. Il fait une confrontation entre 6 définitions différentes.

Dans la plupart des définitions trois idées reviennent constamment : liberté de la recherche, référence à des valeurs à respecter, régulation nécessaire. Pour ma part je propose la définition suivante. *La bioéthique est une réflexion, un questionnement et une construction de normes incitatives et impératives qui, à partir des valeurs humaines de référence orientent la décision et l'action en matière de biomédecine, de pratiques médicales, de recherche et d'expérimentation sur l'humain.*

2. Commentaires

Ce dispositif de régulation ne tombe pas du ciel. Il est le fruit d'une réflexion multidisciplinaire où se confrontent acteurs politiques, chercheurs, experts (juristes, philosophes, psychologues), représentants des grands courants de pensée et des mouvements religieux. Ce travail aboutit à la production de normes ou de régulations. Leur rôle n'est pas de freiner mais d'accompagner, encadrer le processus de recherche, comme aussi les demandes de la société civile, en fonction d'un référentiel de valeurs, ce qui pose la question de la conception que l'on se fait de l'homme dans une société donnée.

Quel que soit le sujet abordé, la bioéthique procède par une série de 3 questions interdépendantes : quel est l'état des découvertes et pratiques médicales dans tel domaine ? Quels sont les questions et enjeux liés au développement des applications pratiques ? Ou tracer la frontière entre le faisable et l'acceptable d'un point de vue éthique ?

Finalement, la bioéthique est une « boussole » mise à la disposition des chercheurs, des praticiens des citoyens aussi. Elle permet de distinguer ce qui est acceptable et ce qui ne l'est pas dans le domaine de la recherche et pratique médicale, eu égard aux intérêts de la personne qui l'emporte sur ceux de la science et de la société. Contrairement à celle de l'explorateur, cette boussole se construit ou tout au moins se régule en marchant ; elle est régulièrement réadaptée pour faire face aux nouvelles questions dans une société qui évolue.

Loin d'être un objet non identifié, la bioéthique est une fédération de disciplines parfaitement repérables, elle a son objet, sa méthode, son histoire, ses acteurs et institutions, ses lieux de recherche et de diffusion du savoir.

Liens internes : bioéthique et jurisprudence – bioéthique et philosophie – Le regard des religions sur la bioéthique
Liens externes : DURAND G. (1997) *La bioéthique*- BINET J.R. (2010). *Droit médical* ANDORNO R. (1997) *La bioéthique et la dignité de la personne.*

11. BIOTECHNOLOGIE

Dans un sens large la biotechnologie est l'ensemble des techniques visant à décrypter, modifier et à améliorer les composantes des organismes vivants. Elle résulte d'un mariage entre la science des êtres vivants, la biologie, avec un jeu de techniques nouvelles issues d'autres disciplines, telle la microbiologie, la biochimie, la génétique.

Dans uns sens restreint ce terme s'applique au génie génétique,* c'est-à-dire aux techniques permettant d'intervenir sur le patrimoine génétique des espèces vivantes pour le décrypter, ou le modifier. La biotechnologie constitue une véritable industrie, un marché, un capital financier et humain dont l'importance a été rapportée dès 1993 par le Livre Blanc de la Commission européenne à propos de « croissance, compétitivité, et emploi ». Il reste qu'elle pose des questions vives au regard de l'éthique.

« D'une science « contemplative » nous sommes passés à une science « opératoire » du fait de son association à la technologie. Les progrès en matière biomédicale ont ouvert des perspectives sans précédent en matière... d'amélioration de la vie humaine. Mais dans le même sens, ces nouvelles perspectives suscitent des débats et des polémiques au sein de la communauté scientifique, et plus largement au sein du grand public » (MONDIELLI E. 2008).

Liens internes : génie génétique – génome humain – patrimoine génétique
Liens externes : MONDIELLI E. (2008) *L'essentiel de la bioéthique et du droit de la biomédecine.* DOUZOU. P DURAND G. (2001) *Les biotechnologies.* Que sais-je ?

12. BREVETABILITÉ DU VIVANT

1. Retour sur la notion de « brevet ».

Le brevet est un titre de propriété industrielle qui confère à son titulaire un monopole d'exploitation de son invention dans le temps lui permettant de s'opposer à ce qu'un tiers utilise son invention. Pour être reconnue brevetable une invention doit répondre aux trois conditions de nouveauté, d'invention et d'application industrielle. La simple découverte n'est donc pas brevetable.

2. Brevet et corps humain

Le corps humain et ses divers éléments sont-ils brevetables ? Cette question est complexe, lourde d'enjeux. Elle a été l'objet de débats contradictoires au sein de la communauté scientifique et des acteurs de la bioéthique. Selon la loi du 29 juillet 1994 le corps humain aux différents stades de sa constitution et de son développement ainsi que la simple découverte de ses éléments, y compris la séquence d'un gène ne peuvent constituer des inventions brevetables.

Dans le but d'harmoniser le droit des brevets, le Parlement européen a adopté le 6 juillet 1998 une directive relative à la protection juridique des inventions biotechnologiques. Elle reprend l'exclusion imposée par la loi française. Mais elle apporte la précision suivante : *Un élément isolé du corps humain, ou autrement produit par un procédé technique, y compris la séquence ou la séquence partielle d'un gène, peut constituer une invention brevetable même si la structure de cet élément est identique à celle d'un élément naturel (art. 5-2).* Isolement et production artificielle d'une séquence de gène peuvent constituer une invention brevetable. La matière biologique est donc reconnue comme brevetable dès lors qu'elle est isolée de son environnement naturel ou produite à l'aide d'un procédé technique. Ce texte semble dire tout et son contraire. Voici la traduction qu'en donne FELDMANN G. : *« Les gènes, mais également les tissus humains vivants et les lignées cellulaires qui en sont issues, tout comme leurs produits, peuvent être brevetés s'ils ont une application industrielle ».*

La transposition de ce texte dans le droit national des États membres a été marquée par de multiples oppositions. En 2003 seuls six États européens ont achevé la transposition de la directive dans leur droit national.

Pour la France cette démarche fut l'occasion de débats houleux, et la majorité des parlementaires hostiles au texte de la commission, a affirmé leur opposition pure et simple à la brevetabilité du matériau biologique humain. Apparemment, une solution de compromis a été trouvée dans la loi du 6 août 2004. D'une part elle protège les éléments du corps humain en continuant à l'exclure du champ du brevet. D'autre part elle reconnaît cependant le droit au brevet pour toute matière biologique obtenue par un procédé de reproduction ou de multiplication et dotée des mêmes propriétés.

Conclusion : la matière biologique devient brevetable dès lors qu'elle est associée, d'une manière ou d'une autre, a un procédé ou une technique d'isolement, de production, de multiplication ou d'application fonctionnelle.

3. Éléments critiques

Lors des débats sur la directive européenne, plusieurs parlementaires, hostiles au texte, mettaient en avant la notion de patrimoine commun de l'humanité contenue dans la **déclaration sur le génome humain*** de l'Unesco (1997) Mais « *la critique la plus virulente à l'égard de la brevetabilité des séquences génétiques est fondée sur le principe de non-appropriation et de non-commercialisation du corps humain et de ses éléments* ». (Cassir M. 2003). C'est du reste la position défendue par le CCNE dans son avis du 8 juin 2000.

Références juridiques : loi du 6 août 2004. J.O. du 7 août 2004

Liens internes : principes de base de la bioéthique – indisponibilité du corps humain.
Liens externes : CASSIR M. (2003) *Les débats sur la brevetabilité du vivant et du génome humain* in Regards sur l'actualité (s.d.).- CCNE (2000) Avis du 8 juin 2000. FELDMANN G. (2010) *La bioéthique*

C

13. CELLULES

On sait qu'en biologie, une cellule est un élément fondamental constituant tous les organismes vivants. Lorsqu'il s'agit de la génétique humaine, les chercheurs sont fascinés et concentrés sur ce qu'ils appellent depuis longtemps des « cellules-souches ».

1. Cellules-souches

Une cellule-souche se définit par son potentiel de prolifération, de renouvellement, de diversification cellulaire. Autrement dit elle a un riche capital de régénération des cellules et donc des organes humains. *« Une cellule-souche peut être totipotente, capable de se différencier en tous types de cellules, et donc de redonner un embryon entier ou pluripotente, capable de donner plusieurs types de cellules. Elle se définit en outre par ses propriétés de prolifération et* d'auto renouvellement, *ce qui lui confère la capacité de reconstitution d'un tissu après greffe in vivo ».* (L'A.B.C. de la bioéthique. Hors série. LA CROIX s.d.) Ces cellules-souches, à l'heure actuelle, viennent de quatre provenances différentes.

2. Provenances des cellules-souches

Les cellules-souches embryonnaires. Elles intéressent particulièrement les chercheurs. Extraites de l'embryon âgé de 5 à 7 jours elles sont dites indifférenciées ou totipotentes car elles peuvent produire n'importe quel type de cellule humaine (de sang, de foie, de cœur, de muscle). Elles sont d'abord nécessaires, expliquent les scientifiques, à la recherche fondamentale. Ces cellules pourraient aussi servir à soulager, voire traiter plusieurs pathologies graves. L'idée est de parvenir à maîtriser leur spécialisation en les forçant à évoluer vers le type de cellule que l'on souhaite pour une véritable thérapie cellulaire. Prélevées, ces cellules sont ensuite mises en culture. Selon la substance nutritive qu'on leur donne, elles fabriquent différentes cellules. Elles pourraient ensuite être utilisées sur des personnes atteintes de maladie génétique : c'est la thérapie cellulaire ou régénératrice.

Les cellules-souches dites adultes. Il s'agit de toutes celles qui composent l'organisme (moelle osseuse, le sang). Présentes en faible quantité dans la majorité des tissus, leur potentiel est moindre que celui des cellules-souches embryonnaires. Elles sont des cellules multipotentes. Elles peuvent se renouveler, mais ne donnent naissance qu'à un nombre limité de cellules, telles les cellules-souches de la moelle osseuse qui se différencient en lignées hématopoïétiques (globules rouges, plaquettes). Elles sont soit des cellules unipotentes, à l'état adulte elles ne donnent qu'une lignée cellulaire, par exemple la cellule-souche du foie.

Les cellules contenues dans le sang du cordon ombilical. Elles auraient un grand pouvoir de régénération. Elles sont pluripotentes. Ces cellules sont déjà utilisées dans des thérapies visant un bon nombre de maladies. Chercheurs et acteurs politiques font pression pour le développement des **banques de sang du cordon ombilical**.*

Les cellules « pluripotentes induites » (CPI) récemment deux équipes de chercheurs étrangers, l'une Japonaise, l'autre Américaine ont réussi à obtenir des cellules-souches à partir de cellules de la peau reprogrammées par l'introduction de gènes pour qu'elles aient les mêmes propriétés que les cellules embryonnaires. Cette découverte a déclenché une avalanche de publications à partir de 2007 (Généthique 21 novembre 2007).

Ces trois derniers types de cellules-souches non embryonnaires sont capables de se différencier en cellules spécialisées et susceptibles de réparer les tissus défaillants. Elles ont l'avantage de ne poser aucun problème éthique, alors que les travaux portant sur les cellules embryonnaires conduisent à la destruction de l'embryon.

« Cette découverte (CPI) étonnante, largement confirmée à travers le monde, oblige les chercheurs et politiques à reconsidérer leur position sur les cellules-souches. Mais rend-elle caduque l'utilisation des cellules embryonnaires, et, du même coup met-elle fin au débat bioéthique ? Non. La communauté scientifique, malgré les pressions dont elle est l'objet de la part des groupes qui s'opposent aux recherches sur l'embryon, estime qu'il faut considérer les deux abords comme complémentaires plutôt qu'alternatifs… » (FELDMANN G. 2010).

Liens internes : recherche sur l'embryon – banques du sang du cordon
Liens externes : GOMEZ M. *La recherche sur l'embryon* dans *l'A.B.C. de la bioéthique* Hors série LA CROIX FELDMANN (2010) *La bioéthique*

14. Centre d'étude et de conservation de l'œuf et du sperme humain (CECOS)

Contexte

Dans certains cas d'infertilité, il est nécessaire de faire appel au don. Si le don de sperme est aujourd'hui très répandu, le don d'ovocytes reste encore problématique en France. Quant à celui d'embryons, il est encore marginal.

De plus il y a un fort décalage entre la demande des parents et l'offre, et le délai d'attente est variable de 1 à 2 ans pour le don de spermatozoïdes, et de 2 à 3 ans pour les ovocytes.

C'est dans ce contexte de relation entre offres et demandes qu'ont été mises en place des institutions habilitées : les CECOS.

1. De quoi s'agit-il ?

Il s'agit de centres implantés dans les hôpitaux pour le recueil, traitement, conservation de gamètes et d'embryons provenant de donneurs.

Il existe en France, actuellement 24 CECOS qui ont, pour la plupart le statut d'association loi 1901 à but non lucratif. Ils sont regroupés en une fédération qui assure leur coordination afin d'harmoniser les décisions et pratiques.

On en trouve la liste sur le site : http ://fivfrance.com

2. Missions

Un CECOS a plusieurs missions : la première est de prendre en charge médicalement et psychologiquement les couples touchés par une infertilité nécessitant un don de gamètes et d'embryons pour réaliser un projet parental.

La seconde est recueil de ces éléments du corps, ce qui implique un recrutement des donneurs, la conservation, le traitement de sperme et de l'embryon en cas de maladie, l'attribution des gamètes et des embryons selon les règles éthiques de l'anonymat et de la gratuité.

De plus le CECOS assure l'autoconservation du sperme pour les hommes qui vont débuter un traitement potentiellement stérilisant.

Enfin le centre assume une mission de recherche dans le domaine de la procréation assistée médicalement.

3. Base juridique

Cette activité est réglementée par la loi du 29 juillet 2004 (Code de la santé publique art. L.1244-5). Les activités de recueil, traitement, conservation et cession de gamètes ne peuvent être pratiquées que dans les organismes et établissements de santé publics et privés à but non lucratif autorisés à cet effet par l'Administration.

4. Éléments techniques

Les éléments du corps humain recueillis sont conservés par congélation. C'est la cryoconservation. Cette technique est une branche de la cryobiologie qui s'est développée depuis le début des années 1970. Le procédé nécessite l'utilisation de substances spécifiques provoquant la congélation et aboutit au stockage des éléments dans l'azote liquide c'est-à-dire à - 180°. Le procédé est le même pour la conservation des embryons, des gamètes, et des organes en vue d'une greffe.

Liens internes : procréation médicalement assistée – banques d'embryons – de gamètes d'organes et de sang placentaire – procréation médicalement assistée – don de gamètes – don d'embryons.
Liens externes : http :// : fivfrance.com

15. CHARTE DU PATIENT

Normalement affiché dans les hôpitaux, dans chaque chambre, ce texte rappelle les droits du patient. La première charte du patient a été signée par Simone Veil, publiée en septembre 1974 dans le cadre de la réforme hospitalière de décembre 1970. Elle traduit dans les termes les plus solennels les droits de la personne, le respect dû à sa dignité, condition d'une véritable humanisation de l'hôpital.

Elle a été relayée par celle du 6 mai 1995. Cette dernière traduit une nouvelle volonté politique de réaffirmer les droits des malades. Elle a été annexée à une circulaire en date du 6 mai 1995. Elle n'a pas de valeur normative. Une dernière actualisation a été faite par la charte du 2 mars 2006 réplique de la loi du 4 mars 2002. Le contenu de cette charte énonce cinq principes de base : le libre choix de l'établissement et du praticien, l'information, le consentement libre et éclairé du malade, le droit au refus de soin, le respect de la vie privée.

La charte reste un outil de référence. Son intérêt est de « *procéder à un recensement quasi exhaustif de ces droits (du patient hospitalisé) et en a permis une présentation lisible et intelligible pour le malade et ses proches et pour la plupart des acteurs de la communauté hospitalière parfois allergiques à la terminologie administrative ou juridique ». (Actualités JuriSanté 2006).*

De façon plus générale, dans le champ sanitaire, social, médical des chartes sont octroyées par de nombreux acteurs : ministres, associations, sociétés savantes, ou établissements de soins. Une charte est avant tout le reflet d'une société dans un contexte particulier. La charte du patient s'inscrit dans un contexte international (déclaration universelle des droits de l'homme 1948) et national (préambule de la Constitution du 27 octobre 1946).

Liens internes : droits du patient – droits du patient en fin de vie.
Liens externes : ministère de la Santé et des Solidarité. *Usagers, vos droits.* Charte de la personne hospitalisée.www.santé.gouv.fr
Actualités JuriSanté *Aspects historiques des droits des malades.* N° 54 juillet 2006

16. Clonage

1. Un rêve d'immortalité ?

Chacun se souvient du battage médiatique qui a suivi la naissance de la brebis Dolly. C'était en Écosse en 1997. Il s'agissait du premier mammifère cloné par un biologiste britannique Ian Wilmut. Cette réalisation montrait combien l'ADN conserve toute sa plasticité et comment la cellule placée dans des conditions adéquates peut revenir à l'état embryonnaire et réenclencher sa différenciation. Cette technique peut-elle matérialiser le rêve d'immortalité entretenu par les humains depuis la nuit des temps ? En tout cas elle a fait fantasmer des illuminés, depuis ce gynécologue italien, Séverine Antinori, qui a annoncé en 2002 la naissance de trois bébés clonés, jusqu'aux adeptes de la secte raëlienne qui prétendent qu'Ève, une petite fille née le

26 décembre 2002, est le premier bébé conçu par clonage… et jusqu'au biologiste sud-coréen Hwang (2005) qui annonce le premier clonage d'embryons humains réussi qui s'est révélé être une imposture. Rien n'a été retenu de toutes ces déclarations concernant le clonage humain.

2. De quoi parle-t-on ?

Le clonage est une technique mise au point par le chercheur Écossais Wilmut. Il s'agit d'une manipulation destinée à reproduire, de manière non sexuée, un être humain identique à l'original. On enlève le noyau de l'ovule et on le replace par le noyau d'une cellule (non sexuelle), prélevée sur le corps du donneur à cloner. Moyennant un traitement ou une manipulation technique et une culture adaptée, on obtient un embryon « jumeau » du donneur. Il ne reste plus qu'à l'implanter dans un utérus pour son développement.

2.1. Une distinction essentielle

Dans ce domaine, comme le font remarquer FEDLMANN (2010) et BINET J.R. (2010), il faut distinguer entre clonage reproductif et clonage thérapeutique.

Dans le premier cas l'ovocyte qui reçoit le noyau de la cellule est cultivé in vitro pendant quelques jours jusqu'à former l'embryon qu'on implante dans un utérus.

Dans le cas du clonage thérapeutique, l'embryon n'est pas implanté dans l'utérus mais détruit. Les cellules-souches embryonnaires produites sont récupérées dans l'espoir de soigner certaines maladies graves. On constitue une sorte de banque de cellules pour soigner l'original, le moment venu. Cette technique a cependant perdu de son actualité depuis 2006 avec la découverte par les équipes japonaise et américaine des **cellules pluripotentes induites***. La recherche actuelle, du reste, se développe de façon concurrentielle dans ces deux couloirs : cellules embryonnaires, et cellules-souches induites, jusqu'au jour où l'on pourra comparer les résultats et performances et éventuellement choisir pour l'avenir l'une des voies plutôt que l'autre.

Pour ces deux formes de clonage, la technique est la même ; la différence est dans le but recherché. Très vite la seconde a été vue par certains milieux scientifiques comme acceptables, et la première comme inacceptable en raison du décryptage des enjeux.

2.2. Le décryptage des enjeux.

Le pseudo-événement « clonage humain » a produit de très vives réactions dans les milieux politiques. Très vite la communauté scientifique a condamné les recherches pouvant aboutir à un clonage reproductif humain. L'enjeu est le respect de l'identité singulière de chaque individu, constitutif de sa dignité et de son unicité. Mieux que je ne saurais le faire, ANDORNO (1997) a fait ce décryptage.

« *Si la personne est ce qui ne peut être répété deux fois, il n'y a pas d'atteinte plus radicale à son identité que d'en créer délibérément une autre à l'identique. Si le clonage reproductif humain est l'objet de critique quasi unanime c'est parce que la duplication de l'homme le réduit au statut de chose fabriquée en série. Ce qui est le plus grave n'est pas tant le résultat, mais ce qui le cause : la volonté d'un homme qui façonne, à la manière d'un démiurge, d'autres hommes. Peut-on imaginer ce que supposerait pour quelqu'un de savoir que le plus intime de son être n'est que le fruit du choix d'autrui, qu'il a été décidé par autrui ?* »

2.3. Comment le droit s'invite à la table des enjeux ?

En France, dès avril 1997, peu après la naissance de Dolly, le **Comité Consultatif National d'Éthique (CCNE)*** saisi par le président Jacques Chirac, a formellement condamné l'utilisation de cette technique sur l'espèce humaine. Il a demandé qu'une loi traduise la position des parlementaires. Ce qui a été fait.

La loi du 6 août 2004 prend une position éminemment rigoureuse et sévère à l'encontre du clonage reproductif.

Est interdite toute intervention ayant pour but de faire naître un enfant génétiquement identique à une autre personne vivante ou décédée (Code pénal… art.16-4). L'article est repris dans le CSP (2151-1). L'interdit est pénalement sanctionné au titre des **crimes contre l'espèce humaine*,** une nouvelle catégorie créée par la loi du 6 août 2004 (Code pénal art. 2104-2 : 30 ans de réclusion criminelle et 7 500 000 euros d'amende).

Cet interdit repose sur un fondement interne : ce mode de reproduction humaine est une manipulation incontrôlée du point de vue éthique, elle est une atteinte à la dignité humaine. « *Il ne répond pas à une nécessité scientifique ou médicale, il fait courir un certain nombre de risques à l'enfant à naître et il met en cause la dignité de cet enfant* » (Mathieu 2009).

Il s'appuie également sur un fondement externe : l'unanimité de la condamnation de ces pratiques sur la scène internationale. Le clonage est certainement la seule question qui ne fasse pas débat concernant l'applicabilité du principe de sauvegarde de la dignité humaine. Auparavant, dès 1998 le Conseil de l'Europe, par la **Convention d'OVIEDO*** (protocole additionnel 1) avait formellement interdit le clonage reproductif.

Pourtant les arguments invoqués pour le soutien du recours au clonage reproductif ne manquent pas : certains sont d'ordre fantasmagorique (par exemple recréation d'un enfant décédé), d'autres relèvent des exigences médicales (lutte contre la stérilité, prévention de certaines maladies) d'autres enfin s'appuient sur la revendication de droits individuels (droit à la survie de son génome, par exemple). (MATHIEU 2009).

Quant au clonage « thérapeutique », il a été, dans les années 2004, l'objet de positions hésitantes de la part du CCNE et des milieux politiques.

Les arguments pour l'acceptation sont d'ordre éthique et pragmatique. L'interdit bloque la recherche. Il y a un devoir de solidarité avec les personnes qui souffrent de maladies graves. Les travaux de clonage vont se développer dans les autres pays ; de ce fait la France va prendre du retard dans la compétition internationale et dépendre des travaux étrangers.

Les arguments du refus sont surtout d'ordre philosophique et pragmatique. Accepter le clonage thérapeutique c'est transgresser les règles du respect dû à la nature singulière de l'embryon ; c'est ouvrir le risque d'un transfert de l'embryon in utero. Ce qui serait basculé vers le clonage thérapeutique.

La loi de 2004 a prononcé le même interdit (CSPart.l.2151-4) « *Est interdite toute constitution par clonage d'un embryon humain à des fins thérapeutiques* ». Les sanctions pénales sont plus légères qu'en matière de clonage reproductif (Code pénal 511-18-1 : 7 ans d'emprisonnement et amende de 100 000 euros).

Depuis le recours aux **cellules-souches induites (C.S.I***.) reprogrammées, pourrait répondre aux besoins de cellules régénérées et différenciées dans la perspective d'une thérapeutique régénérative. Ce que l'on cherchait dans le clonage thérapeutique on le trouve donc ailleurs, ce qui rend vraisemblablement la technique du clonage caduque. Il reste que la loi française est loin de faire l'unanimité sur la question du clonage thérapeutique. Malgré cela elle n'a pas été revisitée lors de la dernière réforme de 2011.

2.4. Et ailleurs comment fait-on ?

Il n'existe aucun pays qui donne une autorisation explicite concernant le clonage reproductif.

Le protocole additionnel à la convention d'Oviedo (2001) a été ratifié par 18 pays européens et extra-européens en 2009. Ceux-ci sont donc soumis au régime de l'interdiction. Par ailleurs de nombreux pays (Japon Australie etc.) ont voté des lois allant explicitement dans le même sens. « *Mais cette position vaut-elle pour l'ensemble de la planète ? Qu'en est-il de certains pays asiatiques par exemple, qui ne reconnaissent pas l'universalité de nos principes de bioéthique ?* » *(Feldmann 2010)*. Par ailleurs il existe des pays où aucune mesure explicite n'a été adoptée dans ce domaine. Il y a un flou législatif qui peut permettre le développement de certaines recherches (États Unis).

Quant au clonage thérapeutique, il est également interdit en Allemagne et en Autriche. En revanche, La Belgique et la Grande Bretagne, les Pays bas, l'Australie, la Corée du sud ont une législation permissive dans ce domaine. Aux États Unis il est interdit d'utiliser le clonage thérapeutique dans le domaine public mais rien n'est précisé pour la recherche privée.

Références juridiques : CSP 2151-1, 2, 3,4.
Liens internes : fécondation in vitro – procréation médicalement assistée – embryon – cellules embryonnaires – crime contre l'espèce humaine.
Liens externes : HURIET C. RENARD J.P (2003) *Pour ou contre le clonage thérapeutique.* Dans Regards sur l'actualité n°291- MATHIEU (2009) *La bioéthique* – BINET J.R. (2010*) Droit médical* ; FELDMANN G. (2010) *La bioéthique* ; ANDORNO R. (1997) *La bioéthique et la dignité de la personne.*

17. CODE DE DÉONTOLOGIE MÉDICALE

1. Éléments historiques

Le vocable « déontologie » a été forgé par le philosophe Jérémy Bentham à partir des termes grecs *déon* qui signifie ce qui est convenable, et *logos* qui veut dire connaissance. La déontologie est donc « *la connaissance de ce qui est juste ou convenable* » (Bentham). Le mot « déontologie » apparaît en 1825 pour la première fois en langue française dans la traduction d'un ouvrage de Bentham intitulé « *l'essai sur la nomenclature et la classification des principales branches d'Art et Science* ». Il écrit : *l'éthique a reçu le nom plus expressif de déontologie*. Le fondement de la notion réside dans la maximisation de l'utilité sociale.

Aujourd'hui cette science des devoirs est limitée aux comportements professionnels, et de façon plus précise aux professions qui sont organisées autour d'un ordre. La déontologie peut se définir comme « *l'ensemble des règles de probité et de morale que les membres d'un corps professionnel doivent respecter* » ou « *l'ensemble des devoirs imposés à l'individu dans le cadre de sa profession » (MONNIER E. 2005).*

Le concept de déontologie s'introduit dans le domaine médical en France en 1845. Le terme est nouveau mais recouvre des conceptions anciennes de la médecine, le serment d'Hyppocrate reste la référence fondamentale ; l'innovation réside dans la codification des droits et devoirs des médecins. Le premier code de déontologie (1941) affirme que le médecin est au service des malades. Service sacré que le médecin doit assurer « en toutes circonstances, même au prix de son propre intérêt et au risque de sa vie ». (Bulletin de l'ordre des médecins n° 1 d'Avril 1941). Au-delà de cette générosité d'accent, le code reste muet les conditions de l'expérimentation médicale et sur les innovations en cours dans le champ médical. En revanche Il stipule que *« le médecin doit avoir le plus grand respect de la personne humaine. Cette règle morale doit être présente à l'esprit de tout médecin employant une thérapeutique nouvelle ».*

Remarque importante, c'est en 1947 qu'en vertu de l'ordonnance du 24 septembre 1945, ce Code prend, pour la première fois la forme d'un décret (décret du 27 juin 1947 portant code de déontologie médicale).

2. Statut juridique du code de déontologie médicale

Le code de déontologie médicale est revu régulièrement. La dernière version, est parue en septembre 1995. Il est établi par la profession représentée par l'Ordre national des médecins, chargé d'élaborer le texte. Mais il est soumis au Conseil d'État et finalement au gouvernement chacun ayant la charge de vérifier sa conformité avec les lois et autres règlements. Enfin le Code est publié au Journal officiel par décret du Premier ministre. De ce fait il a une force contraignante, obligatoire et trouve sa place dans la pyramide des normes juridiques. Du reste le code de la Santé Publique, en sa 4e partie ayant trait aux professions de santé, contient en son livre Ier, titre II, chapitre VII le code de déontologie des médecins, comme aussi celui des chirurgiens-dentistes et des sages-femmes. Par ailleurs Il existe une multitude d'autres codes de déontologie. Dans tous les cas la déontologie est le fruit d'une autorégulation. Elle émane de la profession concernée d'une part et d'autre part sa création est empirique, basée sur les usages et coutumes, forgés par les professionnels eux-mêmes.

Le contenu du code de déontologie précise les droits et obligations des médecins concernant exclusivement l'exercice de leur profession : conditions générales de l'exercice de la profession, inscription au tableau de l'ordre, règles communes d'exercice de la profession

3. Quel lien avec la bioéthique ?

Le code de déontologie médicale n'est pas un manuel de bioéthique. Mais dans la mesure où il définit les droits et obligations des médecins, il entre en communication directe avec un secteur de la bioéthique « les droits du patient ».

Sources juridiques : CSP Art.R.1724-1736
Liens internes : droits et obligations du médecin – Droits et obligations du patient.
Liens externes : MONNIER S. (2005) *Les comités d'éthique et le droit.* BINET J.R. (2010) *Droit médical.*

18. Code de Nuremberg

Le contexte historique de l'émergence de ce code est celui d'une barbarie atroce, d'une violation organisée des droits fondamentaux de la personne sur des êtres vulnérables.

1. Éléments historiques

À l'époque il s'agissait de la poursuite judiciaire de médecins et chercheurs nazis ayant d'une part utilisé comme cobayes pour leurs expériences médicales, des hommes et des femmes déportées et internées, et d'autre part ayant pratiqué l'euthanasie de malades mentaux handicapés. Par un accord international de Londres signé par le Royaume-Uni, les États-Unis et la France, puissances signataires, ont créé un tribunal international formé de 4 juges avec voix prépondérante du président. Pour le sujet qui nous intéresse, 23 accusés ont comparu, 16 ont été reconnus coupables, 7 ont été condamnés à mort et exécutés durant l'année 1948. Ces décisions sont connues sous le nom de « jugement de Nuremberg » (19 et 20 août 1947). Les juges étaient en présence d'un vide juridique et éthique sur cette question des expérimentations sur l'humain. Aussi avant d'entamer la procédure ont-ils procédé à l'établissement de critères moraux de jugement pour apprécier la conduite des médecins inculpés. Pour la première fois, à défaut de cadre juridique précis, un tribunal a fixé un cadre formel de l'expérimentation sur l'homme sur la base de dix principes éthiques connus sous le nom de code de Nuremberg. Ces dix principes sont les suivants : consentement libre, utilité de l'expérimentation, précaution, impossibilité d'atteindre le même but par une autre voie, recherche d'un équilibre entre risques et bénéfices attendus, liberté d'interruption, l'expérimentation sur l'homme est précédée d'une expérimentation sur l'animal, refus de toute éventualité susceptible de provoquer blessures ou mort du sujet, appel à des personnes qualifiées, refus de la souffrance non nécessaire. En résumé, primauté de la personne, bénéficiaire de la science et non instrument servile soumis à la recherche.

2. Portée juridique de ce code

Sans valeur juridique directe, les principes éthiques ont reçu par la suite une consécration juridique, tant en droit interne qu'en droit international. *« Cette déclaration constitue le premier acte de naissance de la bioéthique »* Il serait exagéré de dire qu'auparavant était le vide complet et que le Code de Nuremberg a tout créé et défini. Certaines règles affirmées ici, préexistaient sans être formalisées juridiquement et organisées dans un tout cohérent. Par exemple le consentement du patient avait été affirmé en France par la Cour de Cassation dans un arrêt très célèbre, l'arrêt Teyssier (28 janvier 1942). Il est plus exact de dire que les juges de Nuremberg ont compilé et organisé quelques règles de base forgées par la pratique professionnelle et par le juge. De ce point de vue l'importance du Code est indéniable. *« Il demeure à l'évidence l'une des assises les plus solides de l'éthique biomédicale contemporaine »* (BINET J.R.2010).

Liens internes : principes de base de la bioéthique – Expérimentation et recherches sur l'homme.
Liens externes : BINET J.R. (2010*) Droit médical*

19. C.C.N.E. (COMITÉ CONSULTATIF NATIONAL D'ETHIQUE)

1. Historique

Nous sommes dans les années 1980. Le premier bébé français conçu par fécondation in vitro est né en 1982 sous le nom d'Amandine. L'événement a produit des ondes de choc dans les milieux engagés dans la procréation artificielle, comme aussi dans le domaine de l'éthique médicale. François Mitterrand président de la République, à la fois conscient de la nécessité d'une réflexion multidisciplinaire sur les conséquences possibles des progrès de la médecine, soucieux de doter la France d'un organisme national chargé de l'étude des questions d'ordre de la bioéthique a été l'initiateur de cette institution. Le CCNE a été créé par décret du 23 février 1983. La France a été le premier pays à se doter d'une structure nationale de ce type. Ce qu'il faut remarquer c'est l'externalité de la structure. En effet celle-ci a été créée en dehors du milieu hospitalier, pour éviter la simple « autorégulation ». Elle s'installe dans la société civile extra-médicale, pour exercer une compétence non du type local, mais national. Elle va devenir progressivement le phare par excellence en matière de bioéthique.

2. Missions

Quelles vont être les missions ?

Elles sont extrêmement larges : donner un avis sur les problèmes éthiques et les questions de société soulevées par les progrès de la connaissance dans les domaines de la biologie, de la médecine et de la santé. Ce comité ne rejette pas le progrès médical et ses applications, il en prend acte, les questionne, les évalue en prenant comme référent : le devenir de l'homme, le respect de sa dignité, et le type de société que l'on veut construire. Autrement dit, il utilise une échelle de quatre valeurs « cardinales » : la primauté de la personne, supérieure à toute forme d'intérêt – la non-patrimonialité du corps humain exclu de ce fait de toute forme de commerce – le principe de l'anonymat en matière de dons de matériaux génétiques – protection du patrimoine génétique qu'il s'agisse de celui de l'individu ou de l'espèce.

3. Composition

C'est un organisme strictement consultatif, une autorité administrative indépendante des pouvoirs publics ou financiers. Il est composé de 39 membres qui se répartissent en 3 collèges : les représentants des principales familles philosophiques et spirituelles (5). Les représentants du secteur de la recherche médicale et génétique (15). Les experts : choisis en raison de leur compétence et de leur intérêt pour la bioéthique : juristes, philosophes, médecins… (19) Tous les membres sont nommés par le président de la République pour une durée de 4 ans renouvelable une fois. L'ensemble est renouvelé tous les deux ans par moitié. Le président est nommé par le président de la République pour une durée de 4 ans renouvelable une fois. Présidé à l'origine par un scientifique de renom, le Professeur Jean Bernard, le comité est présidé aujourd'hui par J. CL. Ameisen nommée en 2012.

Trois principes fondamentaux gouvernent la composition et conditionnent la légitimité de cette instance. On les retrouve du reste dans les comités locaux. La pluridisciplinarité - Le pluralisme : il garantit la représentation des courants de pensée et d'opinion. - l'indépendance : il s'agit par là d'éviter un contrôle déguisé du pouvoir médical, économique ou politique. De plus les membres sont irrévocables, condition de l'indépendance. Pluridisciplinarité et pluralisme sont le symbole de l'équilibre des intérêts à représenter. La légitimité du comité dérive de sa composition. Cette instance plurielle, indépendante, permanente est porteuse d'un enjeu : l'investissement des questions de bioéthique par la société dans son entier. Elle incarne, théoriquement, le refus de la sanctuarisation, de l'enfermement de la question bioéthique dans le cercle restreint de professionnels et experts. Évidemment au-delà de la représentation des courants de pensée et d'opinion on peut s'interroger sur la place et le rôle joués par les citoyens dans ce comité.

4. Éléments critiques

Théoriquement le comité devrait promouvoir le débat démocratique. À cet effet le règlement prévoit ceci : Il doit organiser des journées annuelles pour établir des échanges avec la société ou les citoyens. Qu'en est – il dans les faits ? Voici ce qu'en dit une observatrice extérieure avertie. Je m'appuie ici, essentiellement, sur le travail imposant de MONNIER S. (2005)

« Des efforts sont faits pour dispenser et associer le public aux débats. Les journées annuelles du CCNE participent à une certaine théâtralisation de l'éthique, où l'échange avec le public est absent. Alors que les journées présentaient l'occasion pour l'opinion publique de s'exprimer et de débattre, la confrontation avec le public et les discussions sont esquivées... Dès lors, il n'y a pas de communication avec le public, mais diffusion unilatérale de l'information. Le comité devient une cour devant le public. Le prestige de cette cour est mise en scène pour se renforcer dans sa légitimité ». (MONNIER S. 2005.)

l y a donc loin du rêve à la réalité. Mais en même temps la participation de citoyens, comme on a pu le voir lors des **États généraux de la bioéthique* (2009-2011)** pose alors la question d'une formation minimale, d'un enseignement de la bioéthique, non seulement aux médecins, mais au tout public sans oublier les jeunes lycéens d'aujourd'hui. N'est- ce pas le passage obligé pour que les citoyens d'aujourd'hui et de demain deviennent « acteurs » de ce qui les concerne : la question bioéthique.

Liens internes : États généraux de la bioéthique – comités d'éthique
Liens externes : MONNIER S. (2005) *Les comités d'éthique et le droit.*

20. COMITÉS DE BIOÉTHIQUE

1. Le fait historique

Au début des années soixante, un phénomène international d'une ampleur insoupçonnée émerge : c'est l'apparition d'un type original d'acteurs : les comités de bioéthique, au côté des organisations internationales. Acteurs qui en partie, extérieurs au cénacle médical, ont pu faire figure d'intrus, mais qui ont réussi à s'imposer comme des acteurs désormais incontournables de la régulation. Grâce à eux le processus va passer d'une régulation clôturée par le corps médical à une régulation ouverte, aux citoyens, en rupture avec la précédente.

L'origine des comités se situe aux États Unis. Leur création a été stimulée par deux types de facteurs internes à la société américaine : les uns sont d'ordre socio - culturels, les autres sont liés au développement technologique des pratiques médicales et la prise de conscience de leurs répercussions sur le devenir de la société (MONNIER S. 2005).

Nous sommes dans les années soixante. Le pays est traversé par une vague de mouvements contestataires porteurs de revendications nouvelles ; défense des droits civiques, mouvement contre la guerre du Viet - Nam, mouvements étudiants, mouvement féministe, mouvement de protection des consommateurs. Dans ce contexte la critique a touché l'impérialisme de l'autorité médicale. En effet les médias ont focalisé l'attention du public sur des questions vives en relatant des pratiques expérimentales scandaleuses, menées sur des enfants handicapés mentaux et sur des personnes noires. L'éthique médicale est devenue une affaire publique : cet état de fait a contribué à l'émergence de comités d'éthique médicale. L'objectif consiste à observer, analyser, contrôler la pratique médicale, démêler l'acceptable de l'intolérable. Il fallait s'y attendre, ces comités vont intégrer progressivement dans leur composition des non-médecins, des citoyens plus ou moins représentatifs de la société civile. Voila pour les facteurs d'ordre socioculturel.

– L'essor technologique en médecine est considérable à partir des années 1950 : dialyse rénale, transplantation d'organes, diagnostic prénatal, respirateur artificiel, élucidation de la structure de l'ADN, puis déchiffrage du code génétique. Ces progrès scientifiques bousculent l'appréhension de l'humain : début de la vie humaine, fin de la vie, le concept de « personne humaine ». Autant de questions qui débordent la médecine, parce qu'elles intéressent la société civile : philosophes, juristes, théologiens, et citoyens. La maîtrise de l'essor technologique et de ses enjeux, le refus des dérives sauvages va renouveler et renforcer la problématique de la question éthique. Elle s'appuie sur deux repères ou référents toujours actuels : celui de risque, et de responsabilité collective Nous avons là la racine originelle des « comités de bioéthique » qui vont se développer progressivement.

– De plus, c'est au lendemain du procès de Nuremberg, compte tenu des dérives qui s'étaient produites pendant la guerre, qu'est né le besoin et la demande universelle de créer des instances externes de régulation à condition qu'elles soient pluridisciplinaires, compétentes au plan juridique et indépendantes. Ce besoin et cette demande ont été formalisés en 1964 par l'association médicale mondiale dans la déclaration d'Helsinki. Celle-ci préconisait que toute expérimentation sur un être humain soit clairement définie dans un protocole de recherche soumis « pour avis et conseil » à un comité de recherche ad hoc et indépendant.

2. Émergence et création des comités locaux d'éthique

Des comités locaux commencent alors à se développer aux États-Unis à partir de 1968. Ils s'implantent tout naturellement dans les instituts de recherche, facultés de médecine associations de médecine et même les hôpitaux. Ils commencent à s'ouvrir aux non professionnels. C'était l'objectif ardemment recherché par des associations de défense des patients. Le phénomène s'étend par la suite à d'autres pays, le Canada, dans les pays européens. Le mouvement ne s'arrête pas là. La poussée conduit l'implantation jusqu'au sein d'instances internationales, comme l'UNESCO. Autant dire qu'il s'agit d'une prise de conscience et d'une demande qui couvre l'ensemble des pays occidentaux. Reste à savoir ce que pouvaient faire ces comités.

À l'origine ces comités locaux ont voulu jouer le rôle de contrôle de la recherche médicale. C'était le sens de la déclaration d'Helsinki (1964) mentionnée plus haut. Peu à peu, vers 1976, les États-Unis ont diffusé une deuxième conception des comités de bioéthique : le comité clinique, c'est-à-dire une structure de conseil, de prise de décision collective, d'ordre thérapeutique. Que faire face à ce cas de maladie ? Que décider pour tel ou tel malade ? C'était bien vu ; cette dualité de comités permettait aux acteurs de maîtriser les deux bouts de la chaîne : non seulement la recherche mais aussi et surtout ses applications dans un contexte donné. La France a suivi cette double voie. On y voit fleurir des comités d'éthique répondant tantôt à l'une tantôt à l'autre de ces deux conceptions.

3. Développement des comités locaux. En France

L'émergence des premiers comités locaux, en France comme du reste dans les autres pays relève de l'initiative privée ou associative. Les pouvoirs publics n'y sont pour rien. Ils vont remplir tantôt une mission de recherche tantôt une mission clinique dans les hôpitaux.

Par exemple, l'Inserm (Institut national des sciences et de la recherche médicale) créé de lui-même son propre comité de bioéthique en 1974. Second exemple, au début des années 1980 divers comités locaux sont créés, dont ceux des « hospices civils de Lyon », ou au sein de l'assistance publique (1981), ou auprès des conseils départementaux de l'ordre des médecins. Mais fait majeur : tous ces comités, quel que soit le lieu d'implantation, structures de recherches ou hôpitaux, centre leur activité de réflexion sur la problématique de la recherche médicale concernant l'humain. Peut-être fallait-il commencer par ce bout-là. Pour l'instant la préoccupation clinique n'est pas au rendez-vous. Elle sera invitée plus tard, dans un contexte quelque peu troublé. C'est une intervention du gouvernement, justifiée par ailleurs, qui va semer le trouble, au sein du travail des comités locaux.

Permettez – moi cette analogie imagée.

Représentez-vous un instant l'ensemble des comités locaux existant comme une petite ville formée de maisons de bioéthique médicale. Soudain l'État, intéressé par la question bioéthique vient construire au cœur de la ville une sorte de « grande surface », pour dominer ce terrain de l'éthique médicale. Il arrive, ce qui arrive dans les villes avec l'arrivée de grandes surfaces. Les relations entre les commerçants sont remises en cause et perturbées. Les rapports se réorganisent autrement, il y a une redistribution des rôles. Par analogie c'est ce qui se passe. Symboliquement la « grande surface » ici a un nom. Elle s'appelle Comité consultatif national d'éthique* créée en 1983. Son rôle va être l'analyse, la surveillance, le contrôle du développement de la recherche médicale d'un point de vue éthique. J'ai bien dit « recherche ». Or c'était déjà la préoccupation, à une petite échelle des comités locaux. Ils ont dû déplacer et redéfinir leur mission, faire autre chose. C'est de cette manière que les comités locaux ont évolué de la recherche médicale vers « l'intervention clinique », parfois en gardant les deux bouts de la chaîne : recherche, et applications cliniques.

Que sont-ils devenus aujourd'hui ?

4. Les comités locaux aujourd'hui ?

Ils sont de création spontanée. Aucun texte juridique ne vient encadrer leur composition, ni leur statut juridique, ni leurs modalités de fonctionnement. Parfois il s'agit d'associations types 1901. En effet certains sont des groupes de pairs, d'autres s'adjoignent fort heureusement des non-médecins juristes théologiens philosophes. À titre d'exemple, voici comment le comité du CHU de Perpignan définit sa composition.

Créé en janvier 2010 le comité d'éthique du Centre hospitalier de Perpignan ouvre un espace d'éthique, de réflexion et de concertation. Il associe des expertises multiples dans le champ des sciences humaines. Il est composé de médecins, de personnels soignants et de membres extérieurs : la directrice de l'IMFSI (Institut méditerranéen de formation en soins infirmiers) un médecin médiateur, un médecin légiste, le Président de l'Université, un magistrat ou professeur de droit, un philosophe, un psychosociologue, un administrateur, un représentant des usagers. Ce comité est donc relativement ouvert sur la société civile, parce que les problèmes de bioéthique engagent les citoyens, vous comme moi.

Pour l'essentiel ces organismes se trouvent auprès des groupements scientifiques, des instituts de recherche ainsi qu'en milieu hospitalier : hôpitaux locaux, CHR CHU ; services de pointe ou très spécifiques (médecine fœtale, néonatale, réanimation soins palliatifs). Ces comités apparaissent désormais comme étant essentiellement des comités cliniques ayant une mission de réflexion de formation et d'information éthique des personnels auprès desquels ils fonctionnent. Ils peuvent constituer des relais, des impulseurs de la réflexion éthique ; on peut les voir aussi comme des instances d'aide à la décision en matière clinique, notamment dans le cadre d'une médecine de plus en plus pointue ; ou comme des viviers où se forme la pensée bioéthique de terrain. Leur avis n'a aucune force juridique. Totalement facultatif, cet avis repose entièrement sur l'autorité personnelle des membres du comité, et n'a au plus qu'une valeur d'usage.

À titre d'exemple, voici comment le comité d'éthique du CHU de Perpignan définit lui-même ses missions : vous allez voir il s'intéresse surtout aux cliniques. Ce comité permet d'offrir aux « consciences » un éclairage qui guide les décisions. Sa vocation consiste à identifier des problèmes éthiques rencontrés dans l'établissement. Favoriser des réflexions ou recommandations. Il produit des avis sur des orientations générales à partir d'études de cas, des questions particulières ou thèmes généraux (www.ch.perpignan.fr).

Pour le CHU de LYON, le comité de bioéthique (créé en 1981) est le lieu privilégié d'analyse des problématiques transversales qui concernent tout l'établissement. Il est appelé à donner des avis éthiques sur des problématiques spécifiques, et une aide éthique au niveau de l'institution. Ces formulations sont très proches et insistent sur le rôle consultatif en matière d'éthique clinique lié à des études de cas, et sur l'accompagnement à la prise de décision (**www.chu-lyon.fr**/ *Ethique ; comité d'éthique du CHU de Lyon historique).*

Pour conclure

*« Le CCNE considère les Comités d'éthique des établissements de santé comme des comités d'aide éthique à la décision médicale ». Le rôle des comités locaux d'éthique est, cependant double : ils sont d'une part, un lieu de mobilisation qui a pour mission de définir la logique éthique de la pratique dans l'hôpital et, d'autre part, un appui au soignant lorsque, dans ses pratiques professionnelles, il est confronté à une situation qui remet en question ses décisions et agissements. (MACSF mutuelle d'assurance du corps sanitaire français) (**http ://personneldesanté.fr**)*

Liens internes : CCNE – Bioéthique et histoire **Liens externes** : MONNIER S. (2005*) Les comités d'éthique et le droit* – AMBROSELLI CL. (1990) *Le comité d'éthique.*

21. Comité international de bioéthique (CIB)

L'histoire de la bioéthique montre un vigoureux développement des comités d'éthique à partir de 1968, aux États Unis d'abord, puis en Europe. La création d'un comité international de bioéthique s'inscrit dans cette dynamique.

1. Structure

Ce Comité fait partie de l'UNESCO. C'est une structure permanente et pluridisciplinaire mise officiellement en place à Paris le 15 septembre 1993. Il est, à ce jour, la seule instance internationale dans le domaine de la bioéthique.

2. Missions

De façon générale, sa fonction est de développer la réflexion éthique en exposant les enjeux en présence, sans pour autant condamner telle ou telle position. Pour le CIB il incombe aux États et en particulier au législateur national, d'opérer des choix de société dans le cadre des législations nationales et de trancher entre différentes positions.

Pour autant l'intervention de ce comité est très structurée et prend appui sur « un programme » spécifique qui s'inscrit dans le projet général intitulé « L'Éthique des sciences et des techniques ». Ce programme est ambitieux et trop méconnu à mon sens. Selon l'institution, le programme s'articule autour de trois axes d'actions principales :

Forum intellectuel : l'Unesco offre un espace intellectuel de réflexion pluridisciplinaire pluraliste et multiculturelle en matière de bioéthique par le biais du Comité. Il s'agit de favoriser un débat sur les grands enjeux éthiques posés par les récents développements des sciences de la vie et de leurs applications, afin d'élaborer des repères éthiques, voire des lignes directrices pour la communauté internationale et les États membres.

Action normative : le programme vise à définir un cadre éthique normatif commun que les États pourront utiliser afin de mettre en place leur législation. Voici deux exemples éloquents : la déclaration universelle sur les données génétiques humaines * (2003) la déclaration universelle sur la bioéthique et les droits de l'homme * (2005)

Action pédagogique et sensibilisation : ce volet est très rarement abordé dans les législations nationales. Le CIB entend poursuivre une action d'éducation (chercheurs, juristes, journalistes) des décideurs, du grand public à la bioéthique. Il tente de favoriser des échanges avec les universités qui offrent un enseignement en bioéthique, dans une logique de réseau d'institutions pour l'éducation à l'éthique médicale (NIMEE/ Network of Institutions for Médical Ethics Education).

On peut poser cette question pratique. Quelles sont les modalités de mise en œuvre de ce programme ? Quelles en sont les manifestations visibles ?

3. Composition

Ce comité se compose de trente-six experts indépendants. Il appartient au directeur général de désigner les membres du CIB qui siègent à titre personnel, pour un mandat de quatre ans. Le directeur convoque le CIB au moins une fois par an. Lors de ses sessions et grâce à ses groupes de travail, le CIB produit des avis et recommandations sur des questions spécifiques, qui sont largement diffusés et transmis aux États membres.

Liens internes : UNESCO (1993) *Déclaration universelle sur les données génétiques humaines. Déclaration universelle sur la bioéthique et les droits de l'homme (1995).*
Liens externes : MONDIELLI E. (2008) *L'essentiel de la bioéthique* - http://unesco.org/new/social

22. Conflits d'intérêts et bioéthique

« Les intérêts de l'individu devraient l'emporter sur le seul intérêt de la science ou de la société » Déclaration universelle sur la bioéthique et les droits de l'homme de l'UNESCO (19 octobre 2005).

La question des conflits d'intérêts est au cœur de la biomédecine et de la bioéthique en raison de la multiplicité d'acteurs et de la complexité des enjeux. Cette problématique retient de plus en plus l'attention. Par exemple le 20 mai 2011 l'Association internationale droit – éthique et sciences organisaient à Paris un premier congrès médical sous le titre : « les conflits d'intérêts en médecine ».

En bioéthique ce thème peut être envisagé sous trois angles différents : les usagers de la médecine, les professionnels de santé et enfin les acteurs politiques.

Les questions au cœur de la bioéthique engendrent des conflits d'intérêts. Choisir entre plusieurs hypothèses rend la solution prise souvent irréversible et vitale. En effet elle atteint l'homme au plus profond de lui-même : la naissance, la mort, la souffrance, la relation à autrui. Se pose le conflit entre le bien d'un individu et le bien de la collectivité sur le plan des dépenses de santé, par exemple. Par ailleurs le principe de justice peut se heurter au progrès médical face aux expérimentations sur les malades mentaux. Le souci de résoudre la rareté de l'offre en matière de greffons, face à une demande croissante, pose le principe d'efficacité et le principe de bienfaisance entre donneurs et receveurs de greffons. AZOUX BACRIE (2000) Il y a conflit d'intérêts lorsqu'une décision apportant satisfaction à certains intérêts, ne peut être prise sans compromettre les intérêts d'autres personnes.

Au niveau des professionnels de santé, il y aurait conflit d'intérêts lorsque les praticiens s'organiseraient de manière à favoriser leurs intérêts propres (intérêts seconds) au détriment des intérêts des bénéficiaires intérêts premiers. Le conflit d'intérêts est une situation dans laquelle les professionnels risquent de compromettre leur décision concernant un intérêt premier (le bien-être du patient) en faveur d'intérêts secondaires (financiers, personnels, politiques ou idéologiques). Ce serait le cas d'un médecin qui, recommandant ou prescrivant par priorité tel ou tel médicament plutôt qu'un autre, bénéficierait de ce fait de primes financières de la part des laboratoires pharmaceutiques. En France, on le sait, c'est le Conseil de l'Ordre qui contrôle les médecins, et vérifie l'existence ou non de risques de conflit d'intérêts dans le respect du code de déontologie.

Au niveau des acteurs politiques, dans le cadre de la dernière révision des lois de bioéthique (2088-2011) une quarantaine de députés ont tiré la sonnette d'alarme par l'intermédiaire d'une lettre ouverte et signée sous le titre « bioéthique et conflits d'intérêts » (2011). Que dénoncent-ils ? À l'occasion de la révision des lois, les pressions des firmes de biotechnologie sur les décideurs politiques s'amplifieraient. La dérive eugénique, liée aux tests de dépistage manifesterait un conflit d'intérêts : santé et finances. Cette pratique du dépistage serait selon eux une véritable manne pour les firmes de génie génétique… Concernant la recherche sur l'embryon, J. Testard estime qu'on devrait défendre l'idée d'une expertise indépendante des promesses médicale et des conflits d'intérêts qui y sont assortis. Il peut y avoir conflit entre des intérêts scientifiques et des intérêts commerciaux. (christianvanneste.fr 2011/06/24. Bioéthique et conflits d'intérêts.)

Liens internes : Principes de base de la bioéthique – droits du patient – économie et bioéthique
Liens externes : AZOUX BACRIE L. (2000) *Vocabulaire de bioéthique.* Christianvanneste.fr 2011. *Bioéthique et conflits d'intérêts.*

23. CONSENTEMENT DU PATIENT

La dignité du patient est au cœur des pratiques médicales et de son encadrement bioéthique. Il est normal que la problématique de son consentement aux divers actes médicaux soit au premier plan, en raison de ses implications majeures au regard de la **dignité de la personne*.**

1. Définition

Accepter, refuser les soins, c'est décider. Le consentement est donc décision, autorisation donnée au médecin d'intervenir, en connaissance de cause.

Le recueil du consentement est une obligation incontournable qui s'impose à tout praticien de santé. Cette obligation a été élaborée d'abord par la jurisprudence, notamment par le célèbre arrêt Mercier (Cas.civ. 20 mai 1936). Par la suite il est formalisé dans de nombreux textes internationaux. Code de Nuremberg de 1947, la Convention dite d'Oviedo (1997). Il trouve des prolongements dans la plupart des législations nationales. Rares sont désormais les États dans lesquels l'exigence de consentement explicite du patient et les modalités concrètes de l'exercice de ce pouvoir ne soient pas juridiquement explicitées.

Elle est transversale à tout le dispositif français de bioéthique : de la procréation médicalement assistée, jusqu'à la gestion de fin de vie, en passant par le don d'organes et les examens génétiques. Elle est rappelée, maintes et maintes fois au fil du déroulement de la relation médecin patient.

2. Formalisation

En France, la loi de 2002 relative aux droits des patients et à la qualité du système de santé pose clairement le principe :

Toute personne prend avec le professionnel de santé et compte tenu des informations et préconisations qu'il lui fournit, les décisions concernant sa santé. Aucun acte médical ni aucun traitement ne peuvent être pratiqués sans le consentement libre et éclairé de cette personne et ce consentement peut être retiré à tout moment (CSP Art. L.1111-4).

C'est un **des principes de base de la bioéthique***. Quel en est le fondement ?

3. Fondement

La solution de facilité serait de faire appel à une sorte de contrat médical. Mais ce n'est pas seulement parce qu'il y a contrat médical qu'il y a exigence de consentement. Le juge lui-même fonde parfois cette obligation sur des principes extérieurs au contrat, tel le « respect de la personne humaine » (Cass. Req. 28 janvier 1942). Cette référence à la théorie du contrat médical est de plus en plus écartée par les spécialistes du domaine au profit de celle de la responsabilité professionnelle autonome du médecin (BINET J.R. 2011).

« Il serait inexact de croire que cette obligation du médecin résulte de l'exigence d'un contrat médical... le respect de la volonté du malade est une règle de portée générale permettant de sauvegarder la liberté du patient ». (Nerson 1978). Autrement dit le fondement se trouve dans le principe de la dignité de la personne, qui s'exprime par l'autonomie, la liberté de décision. Les implications philosophiques sont lourdes. La figure du patient que les règles juridiques veulent

propulser est celui du patient qui décide, acteur de sa santé. C'est un contrepoids à une tradition paternaliste médicale qui perdure encore (HENNETTE-VAUCHEZ S. 2009).

4. Modalités de mise en œuvre

Le consentement doit être libre, c'est-à-dire en l'absence de contrainte et éclairé, précédé d'une information adaptée. Celle-ci concerne les actes que le patient va subir, les risques normalement prévisibles en l'état des connaissances scientifiques et les conséquences que ceux-ci pourraient entraîner. Ces deux qualificatifs « libre et éclairé » sont fréquemment repris par la jurisprudence.

Tout patient informé, peut refuser un acte de diagnostic ou un traitement, l'interrompre à ses risques et périls. **Le refus de traitement*** est devenu un droit. Ainsi l'obligation du recueil du consentement a une dimension dialectique : il couvre aussi bien l'acceptation ou le refus du patient. Dans les deux cas l'obligation du médecin reste la même : la prise en compte, le respect. Le pouvoir du personnel médical s'arrête là où commence le refus du patient.

5. Éléments critiques

5.1. Un nouveau paradigme ?

On a évoqué l'émergence d'un nouveau paradigme concernant la relation médicale entre le patient acteur de sa santé et le médecin. Qu'en est-il dans la pratique ?

*« Cette reconnaissance juridique du nécessaire consentement du patient à l'acte médical a-t-elle pour autant effectivement modifié les équilibres de la relation médecin patient ? A-t-elle contribué dans les faits à reléguer le vieux paradigme paternaliste pour faire émerger la figure d'un patient codécideur ? Il est permis d'en douter. C'est que la question du consentement... est plus complexe qu'il n'y paraît ; en ce cas, comme en d'autres, l'omniprésence de la notion ne parvient pas à dissimuler quelques ambiguïtés profondes qui perdurent en son principe » (*Hennette-Vachez S. 2009).

5.2. Les formes fragilisées de consentement

Les formes de consentement, dans le domaine médical sont multiples : Il y a les formes explicites, les plus courantes qui s'expriment oralement, les formes renforcées basées sur la production d'un écrit. Par exemple : le don et le prélèvement d'un organe sur une personne vivante, les examens génétiques à des fins médicales… Enfin les formes fragilisées et pourtant légitimées par la loi : le consentement implicite ou présumé prévu pour le don d'organe prélevé sur une personne morte. Le consentement représenté, exprimé par le représentant légal pour les enfants mineurs ou les majeurs incapables, et même par la personne de confiance concernant le malade en fin de vie, le consentement préconstitué rédigé à un moment donné dans les directives anticipées. *Une conception extensive de la notion de consentement est susceptible de vider de son sens le principe lui-même (*Mathieu 2009). On peut douter que toutes ces formes de consentement représentent en toutes circonstances les caractéristiques d'un véritable consentement.

5.3. Les limites du recueil du consentement

Élisabeth Lucchi oncologue (*le consentement éclairé du patient lors des procédures de greffe de moelle,* cité par Wikipédia. org.consentement éclairé) fait remarquer qu'il existe des situations extrêmes, marquées par des procédures lourdes, des informations complexes difficiles à faire partager, où le malade ne choisit pas et s'en remet aux conseils de son médecin. Dans ce cas, il faut se rendre à l'évidence, la notion de consentement éclairé prise dans son acception classique, c'est-à-dire s'enracinant dans l'autonomie du patient et d'égalité n'est pas opérante. Autrement dit, le réalisme conduit à identifier des situations où le recueil du consentement est impossible. Le législateur, de façon très générale, à travers des formules très ouvertes en a tenu compte. Le consentement est nécessaire : « *hormis le cas où son état (du patient) rend nécessaire une intervention thérapeutique à laquelle il n'est pas à même de consentir* » (Loi du 27 juillet 1998. Code civil art.16-3). Ou encore : *« lorsque la personne est hors d'état d'exprimer sa volonté, aucune intervention ou investigation ne peut être réalisée, sauf urgence ou impossibilité, sans que la personne de confiance… ou la famille, ou à défaut un de ses proches ait été consulté ». (CSP Art. L.1111-4).*

Références juridiques *: CSP Art.M.1110-10-Art.1111-4-Art.L.1111-4,5.-Art.R.4127-36- Code civil art.16-3*
Liens internes : principes généraux de la bioéthique – droits du patient – Refus de soins – Fin de vie.
Liens externes : MATHIEU (2009) *La bioéthique* – HENNETTE-VAUCHEZ (2009) *Le droit de la bioéthique.*

24. Convention européenne de sauvegarde des Droits de l'homme et des libertés.

Cette convention, élaborée par le Conseil de l'Europe, a été signée le 4 novembre 1950 ; elle est entrée en vigueur en 1953. Quarante-sept États dont la France l'a adoptée et transcrite dans leur droit. Ce texte ne comporte pas d'article spécifique relatif à la bioéthique. Cependant il contient plusieurs principes directement applicables à ce champ. Ce sont les suivants :

Le droit à la vie. Ce droit n'est pas pour autant absolu. Il peut, en effet faire l'objet d'exceptions légales (atteintes à l'embryon dans le cas de l'IVG ou recherche sur l'embryon). Ce qui est interdit ce sont les essais ou expérimentations à conséquences mortelles pour l'homme dans le cas d'atteintes intentionnelles. Une stérilisation peut éventuellement constituer une violation du droit à la vie.

L'interdiction des traitements inhumains ou dégradants. « *Nul ne peut être soumis à la torture ni à des peines ou traitements inhumains ou dégradants* ». Un traitement médical expérimental, administré sans le consentement de l'intéressé contrevient directement à cette interdiction.

Le respect de la vie privée et familiale. La notion de vie privée concerne la protection de l'intégrité physique et mentale et recouvre la vie sexuelle de l'individu.

Le principe de non-discrimination directement applicable, par exemple, à l'utilisation des résultats de **l'examen des caractéristiques génétiques*** d'une personne.

Cette convention donne une force particulière aux droits et libertés énoncés ci-dessus, car elle crée en même temps une juridiction chargée de sanctionner la transgression de ces dispositions : **la Cour européenne des droits de l'homme***. Du reste celle-ci à plusieurs reprises a fait application des principes de la Convention dans des affaires liées à la bioéthique. La Convention ayant pour nature celle d'un traité loi, chaque État choisit la manière d'en assurer l'application effective dans son droit interne.

Liens internes : Cour européenne des droits de l'homme – Textes internationaux et bioéthique.
Liens externes : www.coe.int/ethics – SEBAG V. (2007) *Droit et bioéthique*.

25. Convention sur les droits de l'homme et la biomédecine (Convention d'Oviedo 1997)

Cette convention a été signée le 4 avril 1997 par les membres du Conseil de l'Europe. Elle est entrée en vigueur le 1er décembre 1999. C'est le fruit d'un long travail qui a débuté dans les années 1970. Une vingtaine d'États l'ont ratifiée. Pour la France, le ministre des affaires européennes Jean Léonetti l'a ratifiée le 13 décembre 2011.

Elle a pour objet de compléter les droits de l'homme par un certain nombre de principes spécifiques au domaine biomédical : la garantie du respect de la dignité de l'être humain, les libertés fondamentales de l'être humain face aux applications de la médecine et de la biologie. Il s'agit de respecter l'être humain à la fois comme individu et dans son appartenance à l'espèce humaine, par le rejet d'un usage impropre de la biologie et de la médecine. À lui seul l'article 2 de ce texte donne une orientation durable et fulgurante concernant la primauté de l'être humain : *l'intérêt et le bien-être de l'être humain doivent prévaloir sur le seul intérêt de la société ou de la science.*

Élément important : la convention interdit toute discrimination fondée sur le patrimoine génétique d'un individu et n'autorise les tests ou **examens prédictifs** de maladies génétiques que pour des raisons médicales. Les interventions sur le **génome humain** ne doivent pas modifier le patrimoine génétique de la descendance. En outre la convention rejette l'utilisation des techniques de la PMA pour choisir le sexe de l'enfant à naître, sauf en vue d'éviter une maladie héréditaire grave. Toutes ces régulations ont été intégrées dans notre droit national.

La convention est un jeu de normes contraignantes dans la mesure où elle s'impose aux États qui l'ont ratifiée et qui ont fait une transposition dans leur droit national pour son application. Il revient également aux États d'assurer le contrôle juridictionnel des droits énoncés par la Convention. En définitive celle-ci est le premier instrument juridique international contraignant dans le domaine de la bioéthique. En même temps c'est un texte à vocation universaliste car elle prévoit que les États non-membres du Conseil de l'Europe peuvent y adhérer. Ouvert, le dispositif est en même temps évolutif. En effet les avancées scientifiques, notamment en matière de **clonage** (Dolly avril 1996) ont suscité de nouveaux développements sous la forme d'un protocole « additionnel » signé à Paris le 12 janvier 1998. Ce dernier texte interdit explicitement le clonage reproductif appliqué à l'homme. Deux autres protocoles ont suivi : l'un concerne les conditions de transplantation des organes et des tissus humains (2006) l'autre concerne la recherche biomédicale (2007).

Liens internes : textes internationaux et bioéthique – principes de base de la bioéthique – examens génétiques – Clonage. **Liens externes** : FELDMANN G. (2010) *La bioéthique*

26. Cour européenne des droits de l'homme

Cette Cour a été créée en 1959 par la **Convention européenne de sauvegarde des droits de l'homme*** émanation du Conseil de l'Europe. C'est un organe judiciaire supranational qui garantit à toutes les personnes se trouvant sous la juridiction d'un État membre le respect des droits inscrits dans la convention européenne des droits de l'homme. Elle siège en permanence à Strasbourg.

1. Quelle composition ?

Elle est composée d'un nombre de juges équivalent au nombre d'États membres du Conseil de l'Europe et parties à la Convention (47). Les juges sont totalement indépendants. Ils ne représentent pas leur pays comme tels. Ils sont élus par l'Assemblée parlementaire du Conseil de l'Europe. Leur mandat est d'une durée de 9 ans et non renouvelable. La Cour est renouvelée par tiers tous les 3 ans.

2. Activité

En près de 50 ans, la Cour a rendu plus de 10 000 arrêts. Ces décisions sont contraignantes pour les États concernés. Elles leur imposent de réparer les conséquences des violations pour les requérants et éventuellement de modifier leur législation et leurs pratiques dans de nombreux domaines, sous la surveillance du Comité des Ministres. La jurisprudence de la Cour fait de la Convention un instrument dynamique et puissant pour relever les nouveaux défis et consolider l'État de droit et la démocratie en Europe.

3. Qui peut saisir la Cour ?

Elle peut être saisie directement par les particuliers ou par les États qui estiment que leurs droits ont été violés. Les requêtes sont individuelles lorsqu'elles sont introduites par un particulier, un groupe d'individus ou une organisation contre un ou plusieurs États. Elles sont interétatiques lorsqu'elles sont portées par un État contre un autre État. Depuis la création de la Cour, la quasi-totalité des requêtes a été introduite par des individus. Pour qu'une requête soit recevable, les requérants doivent apporter la preuve qu'ils ont épuisé les voies de recours nationales, que l'instance juridique la plus élevée du pays les a déboutés de leurs griefs, et déposer la requête dans les six mois qui suivent la décision finale prise dans le pays.

4. Quel lien avec la bioéthique ?

La Cour a publié un rapport sur sa jurisprudence en matière de bioéthique (Research Report Bioethics an the casse-low of the Court). Le nombre de questions abordées est très large : diagnostic prénatal, avortement, procréation médicalement assistée, suicide assisté, consentement du patient à une intervention médicale, l'identité biologique. Les points d'ancrage sont donc nombreux.

Dans un arrêt célèbre du 8 juillet 2004 (affaire VO France) la Cour refuse de considérer l'enfant conçu comme une personne au sens juridique, et par là de protéger pénalement la vie de l'enfant à naître en cas d'accident mortel. Selon la Cour la détermination du point de départ de la vie relève de l'appréciation des États. Cela tient d'une part au fait que la majorité des pays ayant ratifié la Convention n'ont pas arrêté la solution à cette question et en particulier en France où elle donne lieu à un débat, et d'autre part à l'absence de consensus européen sur la définition scientifique et juridique du début de la vie.

Lien interne : Convention européenne de sauvegarde des droits de l'homme.
Lien externe : www.strasbourg-europe/cour -européenne-desdroits-de-l'homme-www ? diplomatie.gouv.fr/courty-européenne-des-droits-det-l'homme.

27. CRIME CONTRE L'ESPÈCE HUMAINE

L'espèce humaine est une entité totalement inconnue du droit français avant 1994. Elle y est entrée pour occuper une place de choix parmi les valeurs juridiques particulièrement bien protégées. Par un phénomène curieux elle s'est imposée naturellement, au législateur ainsi qu'à la doctrine. Elle est entrée, pratiquement sans débat, sans coup férir et sans que l'immense majorité des juristes s'en inquiètent.

1. Droit et espèce humaine

En partant de la personne humaine à protéger, en passant par le corps humain, la loi en arrive à s'attacher à l'espèce humaine comme telle. Elle vient garantir la protection du patrimoine génétique.

C'est la loi du 29 juillet 1994 relative au respect du corps humain, qui a ouvert la porte pour accueillir cette notion. *« Nul ne peut porter atteinte à l'intégrité de l'espèce humaine »* (Art. 15-4). Avec la loi du 6 août 2004 portant révision des lois de bioéthique, l'espèce humaine est devenue une des valeurs les mieux protégées par le droit pénal français. Cette loi a en effet institué une nouvelle incrimination, les « *crimes contre l'espèce humaine* » (Code pénal art.214-4). On désigne par là les crimes d'**eugénisme*** (214-1) les crimes de **clonage reproductif** * (214-2). Cette nouvelle incrimination punit ces crimes d'une peine de 30 ans de réclusion criminelle et d'une amende de 7 500 000,00 euros. Les sanctions prévues pour ces crimes sont exceptionnellement dures puisqu'elles sont comparables à celles prévues en cas de meurtre avec préméditation. En plus la nouvelle incrimination est affectée du plus long délai de prescription que connaisse le droit français, si l'on excepte les « **crimes contre l'humanité** * » qui font par ailleurs l'objet d'une définition internationale.

2. Inquiétudes juridiques

Ce n'est pas le contenu de l'incrimination et ses peines, mais l'entrée de la notion de « l'espèce humaine dans le droit » qui a été l'objet de quelques vives critiques. *Ce bricolage juridique décidé à la volée sur pression du lobby catholique à l'Assemblée est aussi imprécis qu'aberrant.* (Les mutants s.d.). Plus sérieusement je pose trois questions en prenant appui sur une étude très impliquante de DESCAMPS Ph. (2006).

Est-ce un bouleversement ?

Oui dit DESCAMPS Ph. (2006). « L*'introduction de l'espèce humaine dans le droit a peu à peu modifié la définition de la personne juridique en tant que sujet de droit... Tout se passe comme si, au contraire, en intégrant l'espèce humaine comme valeur fondamentale, le droit avait relégué la personne dans un second rôle »*.

Le recours à cette notion est-il pertinent ?

Non. Cette notion renvoie à une tout autre discipline que le droit, à savoir la biologie. Comment le droit peut-il se saisir d'une notion qui semble avoir été littéralement importée de la biologie ? Or la biologie est embarrassée de cette notion.

Quel est le statut juridique de l'espèce humaine ?

Elle n'est ni personne, ni chose, deux catégories essentielles au droit. Tout au plus un objet éthique, un objet d'un souci éthique qui accompagne le développement des biotechnologies et particulièrement l'extension du pouvoir de la technique sur la reproduction humaine. On pourrait parler d'un paradigme dont la fonction serait de contenir ou d'endiguer la puissance technicienne en s'attachant à préserver les caractéristiques fondamentales et essentielles de la nature humaine. Paradigme naturaliste et essentialiste. « *Dès lors, le droit ne peut plus être compris comme ce qui rend possible la coexistence des libertés, mais au contraire comme ce qui organise la surveillance de la structure biologique de l'espèce humaine sans égard pour l'individu et ses libertés* ».

Cette démarche critique, à laquelle je souscris partiellement, appelle des réserves. N'est-elle pas au croisement d'une sur dramatisation du recours à la notion d'espèce humaine personnifiée pour les besoins de la cause et d'un formalisme juridique excessif ? Il est clair que l'espèce humaine ne portera jamais plainte pour les dommages dont elle serait éventuellement victime. Mais où est le mal ? Il serait selon moi dans la maladresse de la formule **« crime contre l'espèce humaine*** » définie nulle part. En fait on peut y voir deux sens : soit l'espèce humaine est appréhendée comme une entité abstraite que l'on serait tenté de personnifier pour la mettre en proximité avec les personnes juridiques (physiques et morales). Soit on parle de ce qui est propre à l'espèce humaine, ses caractéristiques fondamentales : par exemple la dignité, la liberté, la diversité. Si on retient cette seconde signification, il n'est pas choquant de parler de crime contre l'espèce humaine, c'est-à-dire atteinte aux caractéristiques fondamentales de l'espèce humaine. Dans ce cas ce n'est pas l'espèce qui vient limiter le champ d'action des personnes, c'est la dignité, caractéristique fondamentale, qui restreint la liberté. Dignité est entendue ici dans le sens que lui donne la tradition humaniste issue des droits de l'homme, et sous-jacent au système de bioéthique à la française : valeur transcendante, extérieure, non négociable et qui s'impose à tous… tout en sachant qu'il y a, dans d'autres courants philosophiques, d'autres conceptions non essentialistes, non naturalistes de la dignité humaine et de l'espèce.

Et ailleurs ?

Rappelons que l'article 11 de la déclaration universelle sur le génome humain de l'Unesco interdit le clonage à des fins de reproduction comme contraire au principe de dignité. Il en est de même du protocole additionnel (12.01.1998) à la Convention d'Oviedo adopté par le conseil de l'Europe. Par ailleurs l'article 3 de la Charte des droits fondamentaux de l'Union européenne pose le même interdit (7 décembre 2000).

Références juridiques. CSP2151-1. Code civil.art.L.21.Code pénal art.214-2. 214-1 à 215-4
Liens internes : Crime contre l'humanité – Clonage reproductif.
Liens externes : ***www. Les mutants.com Sommes nous des criminels de l'espèce humaine ?*** *(s.d.)* DESCAMPS P.H (2006*) Sur la consécration de la notion d'espèce humaine. Quand la bioéthique bouleverse le droit. R4 mai 2006/ Raison-Publique.fr*

28. CRIME CONTRE L'HUMANITÉ

La notion de « *crime contre l'humanité* » est difficile à cerner juridiquement en raison de ses potentialités d'extension à un nombre de crimes, qui au fil des pratiques ne demande qu'à grandir comme le montre l'évolution historique de la notion.

1. Quels repères ?

1er repère

Il n'existe pas de définition généralement admise par tous. La notion est une catégorie complexe de crimes réunis au niveau international et national par un ensemble de textes qui regroupent plusieurs incriminations.

2e repère

Le concept de crime contre l'Humanité apparaît pour la première fois en tant que notion proprement juridique en 1945 dans le statut du Tribunal militaire de Nuremberg établi par la Charte de Londres (Art.6.C).

Plus qu'une définition, c'est une liste d'infractions qui est dressée au titre de Crime contre l'humanité. Cependant la richesse du texte tient à ce qu'il fournit trois caractéristiques généralement admises du crime contre l'humanité : les motifs, l'existence d'un plan d'exécution, l'orientation vers un groupe ou toute une population.

3e repère

La liste a eu le sort que l'on pouvait prévoir : des extensions au coup par coup en fonction de l'émergence de nouvelles conduites criminelles. La définition est élargie à l'apartheid (1973). Une résolution de l'ONU créée en 1993 un Tribunal international pour l'ex-Yougoslavie. (Onze crimes) Plus tard le Statut de Rome de la Cour pénale internationale (1998) (art.7) va donner la définition de onze actes constitutifs de crimes contre l'humanité, lorsqu'ils sont commis « dans le cadre d'une attaque généralisée ou systématique, dirigée contre toute une population civile et en connaissance de l'attaque ». La liste n'est pas exhaustive mais reste très ouverte. On retrouve ici deux des trois caractéristiques relevées plus haut : plan d'exécution organisé contre toute une population. Cette définition sera mise en cause lors de la révision de ce Statut (31 mai 2010) dans le sens d'un nouvel élargissement pour y inclure le génocide, les crimes de guerre et le crime d'agression.

4e repère. Approche personnelle

Pour moi l'approche la plus simple et la plus éclairante est celle de Nuremberg que je cite intégralement : *Par crimes contre l'humanité, il faut entendre : l'assassinat, l'extermination (génocide) la réduction en esclavage, la déportation et tous autres actes inhumains commis contre toute une population civile avant ou pendant la guerre, les persécutions pour des motifs politiques, raciaux ou religieux que ces actes ou persécutions aient constitué ou non une violation du droit interne du pays où ils sont été perpétrés, la participation à l'élaboration ou à l'exécution d'un plan concerté ou d'un complot pour commettre l'un quelconque des crimes ci-dessus définis*.

De cette définition j'extrais quatre grands principes : les motifs politiques, sociaux, ou religieux, une population visée, l'existence d'un plan concerté, et la suprématie du droit international sur le droit national. Il faut en ajouter un cinquième non formulé ici : « l'imprescriptibilité ».

Et la France ?

En France, après 1945, la répression des crimes de guerre sera effectuée par des juridictions mais pour des crimes dits de droit commun. On n'utilise pas la catégorie « crime contre l'humanité ». Mais le temps passant et la volonté que les criminels ne puissent bénéficier de la prescription s'affirmant, la loi du 26 décembre 1964 inscrit le crime contre l'humanité dans l'ordre juridique français. C'est alors un unique article du Code pénal qui renvoie à la Charte internationale de 1945. Il déclare ces crimes imprescriptibles par leur nature, c'est-à-dire qu'ils peuvent être jugés sans aucun délai dans le temps. Il s'agit du seul crime imprescriptible du droit français. Selon cette loi « *l'expression crime contre l'humanité doit s'applique à toute pratique, politique, juridique, médicale ou scientifique qui comporte la négation absolue du principe de singularité* ».

Enfin la loi du 1er février 1994 définit le crime contre l'humanité en prenant en compte la jurisprudence antérieure. Quelles peines ? La peine prévue par le Code pénal (art. 211-1, 212-1 et 212-2) est la réclusion criminelle à perpétuité.

2. Éléments critiques

L'article 7 du statut de la Cour pénale internationale se termine par une définition ouverte qui qualifie de crime contre l'humanité tout acte inhumain de caractère analogue à ceux énoncés précédemment causant intentionnellement de grandes souffrances ou des attentats graves à l'intégrité physique ou à la santé physique ou mentale. Cela devient de la littérature de polar ! De quoi faire bondir le juriste car le droit pénal ne procède pas par assimilation, analogie, extrapolation. C'est une violation du principe de spécificité et de détermination d'une infraction sanctionnable pénalement. C'est dénaturer la spécificité d'une infraction que de vouloir l'étendre à un trop grand nombre de conduites criminelles voisines. La dilution du concept constitue un risque évident. La spécificité du crime contre l'humanité pourrait être protégée en exigeant une intention commune, par exemple l'intention discriminatoire… Sinon le risque est de privilégier l'efficacité de la répression sur la cohérence de l'incrimination.

Références juridiques : Code pénal Art.L.211-1,212 -1, 212-2
Liens internes : Code de Nuremberg
Liens externes : AZOUX BACRIE L. (2000) *Vocabulaire de bioéthique.* EDELMAN G. *Crime contre l'humanité www.memo.fr*

D

29. Déclaration universelle sur le génome humain et les droits de l'homme (UNESCO)

Cette déclaration a été élaborée par le Comité international de bioéthique et adoptée par l'UNESCO le 11 novembre 1997.

Contrairement aux « conventions », elle n'a pas de valeur contraignante pour les États. Elle préconise des lignes de conduite acceptables universellement et pouvant être adaptées et transposées dans des contextes divers par les États. La déclaration pose le principe, bien connu et souvent repris, de la **dignité de la personne humaine*** qui entraîne l'interdiction du **clonage reproductif*** et la prohibition des discriminations fondées sur les caractéristiques génétiques. Mais l'article le plus original est celui qui dispose que « *dans un sens symbolique, le génome humain est le patrimoine de l'humanité ». Il doit être protégé contre toute marchandisation et manipulation abusive comme la modification (art.2).*

Référence juridique : **www.unesco.org**
Liens internes : principes généraux de la bioéthique – comité international de bioéthique.
Liens externes : MONDIELLI E. (2008) *L'essentiel de la Bioéthique et du Droit de la médecine*

30. Déclaration universelle sur la bioéthique et les droits de l'homme (UNESCO)

Adoptée le 19 octobre 2005, comme la précédente, elle a pour vocation de servir de cadre de référence pour les États, sans être contraignante. Globalement elle traite des questions éthiques posées par la médecine, les sciences de la vie et les technologies associées appliquées à l'être humains, en tenant compte de leur dimension sociale, juridique et environnementale. Elle a valeur de « rappel » des grands principes connus par ailleurs : dignité, liberté, respect de la vie privée. Surtout elle fournit deux ouvertures originales : l'une selon laquelle *« les intérêts et le bien-être de l'individu devraient l'emporter sur* le seul *intérêt de la science ou de la société* » ; l'autre concerne **la protection des générations futures** *

Source juridique : BORRILLO D. (2011) Bioéthique (pour le texte de la déclaration). **Liens internes** : principes généraux de la bioéthique. **Liens externes** : MONDIELLI E. (2008) *L'essentiel de la Bioéthique*

31. DIAGNOSTIC PRÉIMPLANTATOIRE (D.P.I)

Cette technique est apparue au début des années 1990 grâce aux avancées de la PMA. Elle concerne les familles touchées par une maladie génétique grave et incurable. Elle vise à permettre, après un tri embryonnaire, la naissance d'un enfant indemne de cette maladie.

1. Éléments techniques

De façon plus précise, le DPI repose sur l'utilisation d'une assistance médicale à la procréation, en l'occurrence une fécondation in vitro. Celle-ci permet d'obtenir des embryons. Ensuite un diagnostic biologique est pratiqué à partir de cellules prélevées sur ces embryons, afin de rechercher l'anomalie génétique redoutée par le couple demandeur de diagnostic. Au final, seuls les embryons dépourvus de l'anomalie sont transférés dans l'utérus de la femme et les autres détruits ou conservés pour la recherche avec l'accord du couple. De la sorte, le DPI est une alternative anticipatrice au **Diagnostic prénatal*** qui pourrait impliquer, en cas de futur enfant malade génétiquement, une éventuelle IVG.

Par ailleurs, Le DPI permet également la fabrication du « bébé du double espoir » ou **bébé-médicament*.**

2. Risques et enjeux

Le développement de ces pratiques pourrait ouvrir la porte sur la sélection génétique et donc l'admission d'une forme d'eugénisme dénoncé depuis longtemps, entre autres, par la Fondation Jérôme

LEJEUNE (La lettre de la fondation Jérôme Lejeune). La prise de conscience des risques et enjeux liés à ce type de pratique par les acteurs publics et privés a conduit les parlementaires à élaborer un encadrement bioéthique.

3. Que dit le droit ?

Le législateur de 1994 suivi par celui de 2004 a décidé d'autoriser et d'encadrer la pratique du diagnostic préimplantatoire, ce dernier permettant d'éviter nombre d'avortements thérapeutiques. Mais le recours au DPI est exceptionnel. Il n'est possible que dans deux cas. - Le couple du fait de sa situation familiale, a une forte probabilité de donner naissance à un enfant atteint d'une maladie génétique d'une particulière gravité reconnue comme incurable au moment du diagnostic. C'est le recours du fait du couple : par exemple, le couple a déjà un enfant porteur d'une maladie génétique pour lequel il est possible de recourir au **« bébé médicament** * » ou l'un des membres du couple est porteur sain d'une maladie génétique qu'il peut transmettre ou est lui-même malade.

Le recours peut-être du fait des ascendants, c'est le deuxième cas : on a identifié chez l'un des parents, ou l'un de ses ascendants immédiats des anomalies responsables d'une maladie gravement invalidante, à révélation tardive et mettant prématurément en jeu le pronostic vital (CSP Art.L.2131-4). Il ressort donc que, pour éviter la recherche à l'aveugle, seule la maladie identifiée sera alors recherchée, à l'exclusion de toute autre. Donc le dépistage systématique d'une ou de plusieurs maladies génétiques est interdit ; comme sont interdits aussi le tri des embryons et leur élection sur des critères de pure convenance. En posant ces limites, le législateur a voulu circonscrire le risque de dérive eugénique qui demeure réel.

4. Interrogations actuelles

Malgré la prudence du législateur et la rigueur de son dispositif, des pressions diverses tentent de faire reculer les lignes pour une extension du recours. Par exemple, dans un récent avis (107-2009) le CCNE a entrouvert une brèche dans ce dispositif en déclarant que l'interdiction de la pratique du DPI de la trisomie 21 à l'occasion du DPI d'une maladie génétique pourrait être levée. En avançant plus loin, certains pays (États Unis et Grande Bretagne) ont opté pour un élargissement des pratiques en admettant l'utilisation du DPI non seulement pour la recherche d'une maladie génétique précise, mais pour l'ensemble connu des maladies génétiques, pour des prédispositions éventuelles au cancer, plus encore, pour une simple convenance sociale (le choix du sexe du futur enfant).

En France, la problématique de l'extension ou non de cet usage a resurgi dans le cadre des États généraux de la bioéthique et des débats parlementaires concernant la loi de juillet 2011. Des propositions nouvelles tendant à donner un nouveau visage au DPI ont vu le jour. Certains, une fois de plus, ont avancé l'idée d'étendre systématiquement le DPI au dépistage de la trisomie 21. Autorisé à titre exceptionnel et pour une maladie, le DPI est en tension permanente vers son extension. Les arguments ne manquent pas. En effet alors que le dépistage de la trisomie 21 est déjà systématiquement proposé aux femmes dans le cadre du DPN, elle ne l'est pas dans celui du DPI. De plus, les méthodes développées par la science à l'heure actuelle permettent des dépistages plus poussés. À cet égard, certains préconisent l'usage du DPI pour sélectionner les embryons ayant de simples prédispositions au cancer. La nouvelle loi du 7 juillet 2011 ne s'est pas engagée dans cette voie. Finalement la physionomie du DPI n'a pas vraiment changé puisque son caractère exceptionnel est réaffirmé. Il faut dire que les panels de citoyens consultés lors des États généraux, ont exclu d'emblée la possibilité de recourir au DPI pour des raisons de convenance (le choix du sexe, ou de la couleur des yeux). Il semble bien que cette technique ne doive pas servir à éliminer des différences qui ne sont pas des maladies. Le DPI à la française, ne se fait donc pas réellement l'écho de la quête de l'enfant « parfait » LARRIBAU-TERNEYRE V. (2011). On est bien loin, on le voit, de l'idée selon laquelle il permettrait à des parents de « choisir » un enfant selon son sexe et/ou la couleur de ses yeux, idée qui, si elle se raréfie heureusement aujourd'hui dans le débat public, a eu son heure de gloire. (HENNETTE-VAUCHEZ S. 2009)

En France, depuis 2000, 200 enfants seulement sont nés par recours au DPI. Cette pratique fait débat au sein des pays d'Europe. 3 pays l'interdisent formellement (Allemagne Italie, Suisse), 15 autres la réglementent strictement (France Belgique Danemark...), 11 autres ne fournissent aucun cadre juridique (Irlande, Luxembourg, Bulgarie...) (LARRIBAU-TERNEYRE V. 2011).

Références juridiques : CSP Art.2131-4.
Liens internes. Procréation médicalement assistée – Bébé médicament – Eugénisme – Diagnostic prénatal.
Liens externes : BINET J.R. (2010) *Droit médical*. Généthique, Lettre mensuelle janvier 2009. LARRIBAU-TERNEYRE V. dir. (2011) *La révision des lois de bioéthique. Loi du 7 juillet 2011*.HENNETTE VAUCHEZ S (2009). *Le droit de la bioéthique.*

32. DIAGNOSTIC PRÉNATAL (D.P.N.)

1. Éléments de contexte

Se représenter au plus vite et dans les moindres détails, l'enfant à naître : tel est le souhait grandissant des parents. En témoigne l'extension considérable du diagnostic prénatal (DPN), ces trente dernières années. Une évolution rendue possible par les progrès des techniques échographiques, des prélèvements fœtaux et des actes de biologie moléculaire. Au final, le dépistage de certaines anomalies (comme la trisomie 21) est aujourd'hui proposé à l'ensemble des femmes enceintes. Non sans controverses. En effet, le DPN, susceptible d'améliorer de manière précoce la prise en charge médicale des enfants victimes d'un handicap ou d'une malformation a aussi alimenté le mythe de « l'enfant parfait » et débouché sur de nombreuses interruptions de grossesse.

2. De quoi parle-t-on ?

Je prends appui, ici sur une présentation de BOETON M.

Le terme « diagnostic prénatal » recouvre plusieurs pratiques, certaines étant d'application systématique, d'autres réservées aux « femmes à risques ». Toutes les futures mères se voient proposer trois échographies, de même qu'un test sanguin de dépistage de la trisomie 21. Une minorité d'entre elles sont amenées à se soumettre à une batterie d'examens complémentaires : les femmes dont les premiers résultats indiquent un risque élevé de trisomie chez l'enfant, celles âgées de plus de 38 ans, celles qui sont issues d'une famille porteuse d'une maladie génétique ou chromosomique et, enfin celles dont les échographies laissent apparaître une éventuelle malformation. Ces femmes dites « à risques » subissent une amniocentèse, c'est-à-dire prélèvement de liquide amniotique afin d'être fixées sur l'état de santé du bébé. C'est une technique à risque qui pourrait être remplacée par un prélèvement de cellules fœtales dans le sang maternel. On constate par ailleurs que la liste de maladies diagnostiquées n'a cessé, ces dernières années, de s'agrandir. Les praticiens décèlent aussi bien les aberrations chromosomiques (trisomie) que les maladies génétiques (mucoviscidose) ou encore les maladies infectieuses. Depuis peu, ils ont même entrepris de détecter certaines formes héréditaires de cancers susceptibles de déboucher sur des décès précoces (BOETON M.).

Dans ce contexte à la fois prometteur mais aussi redoutable au regard du sort de l'enfant à naître et de son traitement que dit le droit ?

3. Que dit le droit ?

3.1. Quel est l'objectif recherché ?

Le DPN, précise la loi, *« s'entend des pratiques médicales ayant pour but de détecter chez l'embryon ou le fœtus une affection d'une particulière gravité »* (CSP Art.L.2131-1). Il doit être précédé d'une consultation médicale adaptée à l'affection recherchée. Il n'existe pas de liste ou de critères formels définissants ce qu'est une affection d'une particulière gravité. La question est tranchée au cas par cas par les équipes médicales.

L'enjeu de ces techniques (radiographie, échographie, l'embryoscopie, la fœtoscopie ou les prélèvements aux fins d'analyses biologiques comme l'amniocentèse...) est de déceler dans le corps de l'enfant des malformations, ou anomalies et d'envisager une thérapeutique ou à défaut un avortement (CSP Art.L.2213-1). L'esprit de la législation est d'éviter que leur généralisation n'entraîne un rejet systématique de tout enfant handicapé ou présentant une anomalie mineure.

Depuis 2011, le médecin a obligation de proposer à toutes les femmes enceintes un DPN et particulièrement le dépistage de la trisomie 21 (loi du 7 juillet 2011 art.7). Attention ce n'est pas le dépistage qui est obligatoire mais la proposition.

3.2. Quels sont les acteurs d'intervention ?

Les laboratoires d'analyse

Les analyses en vue d'établir un diagnostic prénatal ne peuvent être pratiquées que dans des établissements publics de santé et des laboratoires d'analyses de biologie médicale autorisés, selon les modalités prévues (CSP Art.L.2131-1. CSP). Ces établissements sont tenus de présenter à l'Agence régionale de l'hospitalisation et à **l'Agence de la biomédecine*** un rapport annuel d'activité. (CSP Art.L.2131-2).

Que deviennent ensuite les couples dont l'enfant présente un handicap ?

Les Centres pluridisciplinaires du DPN

Sur un plan pratique, comme l'explique bien Marie Boëton (L'ABC de la bioéthique) les couples dont l'enfant semble, au vu des premiers examens, présente un handicap, sont orientés vers l'un des 48 centres pluridisciplinaires de DPN. Ils y sont écoutés et conseillés par plusieurs praticiens (médecins, échographistes, généticiens, chirurgiens…). L'objectif est d'aider les familles à mieux comprendre les effets de la pathologie diagnostiquée et de les informer sur les prises en charge médicales existantes. Cette réflexion, a pour but d'éviter l'arbitraire de choix faits par des médecins isolés. C'est après cette concertation qu'une interruption médicale de grossesse (IMG) peut, à la demande des parents être réalisée. Et ce, quel que soit le stade de la gestation. Cependant la loi pose une exigence : deux médecins doivent certifier qu'il existe une forte probabilité que l'enfant à naître soit atteint d'une affection d'une particulière gravité, reconnue comme incurable au moment du diagnostic. Si les praticiens refusent d'autoriser la mère à avorter, celle-ci peut prendre contact avec un autre centre.

3.3. Quels garde-fous ?

En France, c'est par l'instauration de centres pluridisciplinaires de diagnostic prénatal qui seuls peuvent autoriser des IMG que le législateur entend parer aux dérives.

Par ailleurs les violations des obligations légales sont sanctionnées pénalement. Le fait de procéder au DPN sans autorisation préalable, est puni de deux ans d'emprisonnement et de 30 000 euros d'amende (art.511-20 C.Pén). À titre complémentaire le même code prévoit une interdiction professionnelle d'exercice d'activité pour une durée de 2 ans au maximum. (C.P.511-27). Enfin la responsabilité sur le plan pénal des personnes morales est également prévue (Code pénal art.511-28).

3.4. Éléments de jurisprudence

Une erreur de diagnostic prénatal engage-t-elle la responsabilité du médecin ?

Il est établi par la jurisprudence et confirmé parla loi du mars 2002 (CSP Art.L.1142-1) que le médecin n'est tenu à l'égard de son patient qu'à une obligation de moyens, et non de résultats. Aussi il doit lui prodiguer des soins consciencieux, attentifs et conformes aux données acquises de la science. Sa responsabilité ne peut donc être engagée qu'en cas de faute prouvée. Il est également reconnu qu'une erreur ou un retard de diagnostic ne constituent pas en soi des fautes de nature à engager la responsabilité du médecin dès lors que le médecin a mis en œuvre tous les moyens en sa possession pour parvenir au diagnostic, conformément à l'art. R.4127-33 du CSP.

Selon la jurisprudence, l'erreur de diagnostic non fautive est celle que tout professionnel diligent, dans les mêmes conditions, aurait commise. A contrario, cela signifie qu'une erreur de diagnostic, reconnue comme fautive, car le médecin aurait manqué à son obligation de moyens pourrait entraîner la responsabilité de son auteur. Mais le simple fait de rapporter la preuve d'une faute est insuffisant pour engager la responsabilité d'un professionnel de santé. Encore faut-il que soit également démontrée l'existence d'un préjudice et d'un lien de causalité directe. Dans les faits, la naissance d'un enfant atteint d'une malformation a donné lieu à un important contentieux en responsabilité dirigé contre des médecins ou des laboratoires, lorsqu'à la suite d'une faute médicale, les investigations n'avaient pas été effectuées ou lorsqu'une erreur de diagnostic ou d'interprétation avait faussement rassuré les parents. Mais l'affaire emblématique qui a défrayé la chronique judiciaire en ce domaine est la fameuse affaire « Perruche » qui a posé une question inédite.

Un handicapé peut-il revendiquer le préjudice de sa naissance ?

Existe-t-il, au-delà du recours possible au diagnostic prénatal et de son champ de prévision, un droit de réparation pour une personne née handicapée ? Celle-ci peut-elle se prévaloir du préjudice de sa naissance ?

C'est l'affaire Perruche qui a ouvert ce genre de débat et déclenché un séisme doctrinal.

La Cour de cassation est allée très loin. (Cass. Plén.17 Novembre 2002 n° 9913-701). C'est le contentieux de la naissance d'un enfant handicapé suite à une faute en matière de diagnostic. La Cour admettait la réparation nécessaire du préjudice parental, le couple n'ayant pu, faute d'une information correcte, exercer son choix d'interrompre la grossesse ; mais surtout elle reconnaissait le préjudice subi par l'enfant lui-même estimant que la faute médicale était en relation causale directe avec son handicap. Sur ce point + il y avait conflit entre le Conseil d'État et la Cour de cassation. Depuis lors, un amendement dit « anti Perruche » est venu s'insérer dans la loi du 4 mars 2002 (Art.1) pour calmer les esprits et ramener sinon de la sérénité du moins de la clarification. Cet amendement interdit la réparation du préjudice subi par l'enfant né handicapé, tandis que les parents peuvent obtenir réparation du préjudice moral que le défaut d'information leur a causé. La charge matérielle des personnes handicapées appartient à l'État, en vertu d'une programmation annuelle continue.

4. Que sait-on des pratiques ?

Sur les 7 311 pathologies graves détectées au sein des centres de diagnostic, sur une année, 6 787 ont donné lieu à une IMG. Par ailleurs 402 familles ont choisi de ne pas recourir à l'avortement, alors même que la gravité de la maladie le permettait. En 2006, 655 732 tests de dépistage de la trisomie ont été effectués, concernant ainsi plus de 80 % des femmes enceintes. Les cas de trisomie avérés ont donné lieu dans 84 % des cas à une interruption médicale de grossesse (Agence de biomédecine, chiffres de 2006).

Au-delà du droit et des pratiques

De façon récurrente, les interrogations, les craintes, la confrontation de points de vue contradictoires concernant l'utilisation des DPN continuent à s'exprimer. Le débat est d'autant plus vif qu'il trouve des traductions institutionnelles bien marquées. En schématisant on pourrait dire ceci : Il faut développer le diagnostic prénatal pour prévenir et maîtriser, le plus vite possible, le risque d'enfant à naître handicapé. À l'extrême opposé : les pratiques du DPN telles qu'elles se développent aujourd'hui n'ouvrent pas un chemin vers le traitement thérapeutique des maladies repérées. Au contraire elles conduisent à un eugénisme massif dont les enfants trisomiques sont les premières victimes. Les acteurs sont respectivement le Collège national des gynécologues et obstétriciens français (CNGOF) et le Comité pour sauver la médecine prénatale.

En janvier 2013 le Collège publiait un communiqué recommandant le recours à un nouveau test de dépistage, non invasif, basé sur une simple analyse de sang. Le Comité a réagi aussi tôt et s'inquiète des dérives éthiques de ce nouveau test et prend position : *Si la possibilité de détecter et d'étudier précocement l'ADN fœtal circulant dans le sang maternel est un incontestable progrès médical, qu'en est-il du progrès éthique quand le DPN ne débouche toujours pas sur le traitement de la trisomie 21 ? Le résultat inéluctable sera de dépister plus et plus tôt pour éliminer encore plus. Résultat, qui amplifiera les pratiques et mentalités eugénistes de la France où actuellement 96 %, des fœtus diagnostiqués trisomiques sont éliminés.* (Le quotidien du médecin.18/02/2013). Plusieurs associations s'étaient regroupées pour dénoncer d'une même voix les dérives eugéniques, lors des débats entourant la loi du 11 juillet 2011, en particulier la Fondation Jérôme Lejeune qui se manifeste régulièrement sur ce terrain-là : le refus de toute pratique eugénique, l'acceptation du handicap et son traitement thérapeutique *Généthique.org. Thèmes (février 2011).*

Une fois de plus derrière des prises de positions contradictoires, se profilent des conceptions philosophiques diamétralement opposées : utilitarisme contre humanisme, immanence contre transcendance. Finalement c'est la société qui se trouve confrontée à l'acceptation ou non du handicap humain.

Et ailleurs ?

Le DPN est autorisé pratiquement dans toute l'Europe à l'exception de l'Irlande. Huit pays n'ont pas de législation en la matière. Il existe néanmoins des différences entre les États. Tous les pays interdisent le recours au DPN à des fins non médicales (par exemple le choix du sexe de l'enfant).

Références juridiques : CSP Art.L.2131- à 2131-5
Liens internes : Diagnostic préimplantatoire.
Liens externes : BOETON M. *Le diagnostic prénatal.* Dans La croix L'ABC de la bioéthique MONDIELLI E. (2008) *L'essentiel de la bioéthique et du droit de la biomédecine.* HENNETTE-VAUCHEZ S. (2009) *Le droit de la bioéthique.* MATHIEU B. (2009) *La bioéthique.* Le quotidien du médecin 18 février 2011.

La dignité, génère, du moins dans les discours, la notion de protection absolue de l'individu. Elle est très rarement définie pour elle-même. Je relève cependant l'approche de POISSON J.F. (2004) *« La dignité désigne dans l'homme une qualité particulière, par laquelle l'homme est sujet d'une excellence, due à son caractère spirituel, à sa capacité de connaître le monde et de s'autodéterminer dans son agir... ».*

En droit français, le mot a connu une spectaculaire ascension en 1994 : « *La sauvegarde de la dignité de la personne humaine contre toute forme d'asservissement et de dégradation est un principe à valeur constitutionnelle* » (Décision du Conseil du 27 juillet 1994). La dignité est inhérente à l'homme, elle est consacrée par les textes du Code civil avec une insistance particulière (art.16). C'est un des axes majeurs de la bioéthique française. Au niveau international, le concept a surgi dans les textes internationaux à propos des crimes contre l'humanité (Déclaration universelle des droits de l'homme, 10 décembre 1948), déclaration des libertés et des droits fondamentaux adoptés par le Parlement européen (12 avril 1989) Déclaration universelle sur le génome humain et les droits de l'homme (11 novembre 1997). La notion semble aller de soi.

Rien ne va de soi, surtout en ce qui concerne une notion dont l'usage est inflationniste. La « dignité » de la personne humaine serait-elle un grand principe ouvert aux contradictions ? Procédons par constats successifs.

Premier constat

La « dignité » de la personne humaine, souvent invoquée par les juristes et les acteurs de l'éthique, est un principe matriciel au sein du droit de la bioéthique. C'est la clef de voûte de tout un édifice. Tel est le discours commun qui fait problème. En effet la compréhension, l'interprétation de ce principe varie selon le système philosophique de référence. Cela conduit même à des positions contradictoires dans le contexte actuel.

Deuxième constat

Deux conceptions s'affrontent. La conception libérale ou immanente, et la conception substantialiste, ou transcendante. Je prends appui, ici, principalement sur les travaux de MONNIER S. (2005).

« En vertu de la conception libérale, la dignité ne renvoie pas à un contenu moral déterminé. La dignité symbolise, en effet, le respect des libertés affranchies d'une conception dogmatique du Bien... Elle signifie pour les libéraux, la capacité d'un moi libre et indépendant de se déterminer en fonction des finalités qu'il a lui-même choisies ; elle fonde la reconnaissance de l'individualité et la faculté de s'autodéterminer. Dans ce cas la dignité se confond avec la liberté » (MONNIER) On retrouve cette position dans les écrits philosophiques de Michel Onffray *(féeries anatomiques)*, Ruwen Ogien (*l'éthique d'aujourd'hui*), Dagognet (*une bioéthique libertaire* Le Nouvel observateur 13 novembre 2003) et du juriste BORRILLO D. *(Bioéthique)*

La seconde approche diffère totalement de celle-ci. *Il s'agit d'une approche substantialiste qui dépasse l'individualité et s'impose aux individus... Cette conception est souvent rattachée à la conception kantienne, en vertu de laquelle la dignité implique que tous les êtres humains sont dignes de respect, et que la personne humaine en tant que telle possède une valeur intrinsèque...* Elle est non négociable. Il y a autant de dignité dans un grabataire que dans une personnalité éminente. Elle ne se divise pas parce qu'elle ne se quantifie pas. Elle n'a pas de prix contrairement aux objets qui peuvent être mis sur le marché. Position de l'Église catholique : *Encyclique dignitas personnae.* Mgr. Pierre d'ORNELLAS *Bioéthique ;* de philosophes humanistes tels J.F. Poisson (L*a dignité humaine*), R. ANDORNO R. *(La bioéthique et la dignité de la personne*) ; de G. Feldmann, médecin (*La bioéthique*) ; de juristes : BINET J.R., *(Droit médical*) MATHIEU B. *(La bioéthique*) LABRUSSE-RIOU C. (*Produire l'homme, de quel droit*) DEKEUWER-DEFOSSEZ F. *Réflexions sur les mythes fondateurs du droit contemporain de la famille*, EDELMAN B. (*Vers une approche juridique du vivant*).

En résumé : d'un côté la liberté est plus grande que la dignité, c'est elle qui décide ; d'un autre la dignité préexiste, s'impose à tous et limite l'expression de la liberté.

Troisième constat

« En raison de cette distorsion concernant la conception de la dignité, on comprend pourquoi elle fonde des droits contradictoires. La dignité est invoquée autant par les partisans du droit au respect de la vie qu'elle est revendiquée par les partisans d'un droit à l'euthanasie ou d'un droit de mourir dans la dignité ». (MONNIER S.).

Quatrième constat

La notion et avant tout et demeure philosophique. Principe flou doté d'un caractère moralement et politiquement correct, la dignité devient extensible à l'infini. Notion la plus agaçante de la littérature judiciaire disent certains, tant elle se prête à des utilisations variées. N'ayant aucune densité juridique à l'origine, elle devient une sorte de voiture-balai du contrôle juridictionnel.

La bioéthique à la française, fidèle à la tradition des droits de l'homme, a pris position pour une conception substantielle et transcendantale de la dignité de la personne. Trois exemples d'applications : aucune atteinte ne peut être portée au corps humain sauf pour motif thérapeutique et avec le consentement de la personne. Le don d'embryons est gratuit et ne peut faire l'objet d'un commerce. On ne peut modifier le patrimoine génétique d'une personne, pour des raisons de convenance. Ces trois applications sont autant de dérivés de la dignité substantialiste.

Cinquième constat

Si l'on reste sur le registre humaniste de la dignité, le problème réside dans les règles d'application pratique de ce grand principe. Applications nourries d'une éthique de la conviction qui ne tolère aucune dérogation ? Ou applications qui empruntent parfois des références à l'éthique de la responsabilité et, à ce titre, admettent des dérogations, pour tenir compte du contexte ? L'Église a opté traditionnellement pour la première. La bioéthique à la française est un métissage de l'éthique de la conviction et de l'éthique de la responsabilité.

Liens internes : Principes de base de la bioéthique – bioéthique et philosophie
Liens externes : MONNIER.S (2005) *Les comités d'éthique et le droit.* POISSON J.F. (2004) *La dignité humaine.* BORRILLO D. (2011) *Bioéthique.* ONFFRAY M. *Féeries anatomiques* (2003). D'ORNELLAS P. MGR (2009) *Bioéthique. Propos pour un dialogue.* CONGRÉGATION POUR LA DOCTRINE DE LA FOI (2008) *Instruction Dignitas personae.*

1. Le principe

Toute personne majeure peut rédiger des directives anticipées pour le cas où elle serait un jour hors d'état d'exprimer sa volonté (CSP Art.L.1111-11). Ces directives indiquent les souhaits de la personne concernant sa fin de vie, les conditions de la limitation ou de l'arrêt de traitement. Elles sont révocables à tout moment, par simple déclaration verbale, et leur durée de validité est de trois ans, sachant qu'elles peuvent être renouvelées et modifiées. Précision importante : les directives n'ont pas de valeur contraignante, ni de force obligatoire pour le médecin, contrairement à d'autres législations étrangères (Angleterre, Belgique, Danemark, Suisse). En droit français le médecin doit seulement en tenir compte. Il reste libre d'apprécier les conditions dans lesquelles il convient d'appliquer les orientations exprimées par le patient.

Il est préconisé d'obliger le médecin à motiver son refus de suivre les directives anticipées.

2. La pratique

Les directives doivent figurer sur un document écrit, daté et signé par leur auteur (nom prénom date et lieu de naissance). La conservation des directives relève de l'office du médecin. C'est dans le dossier médical qu'elles sont en principe versées. Il est toutefois possible que le rédacteur les conserve ou les confie à sa **personne de confiance***. Dans ce cas le dossier médical donne les coordonnées de celle-ci.

Il est possible d'imaginer une contradiction entre d'une part les directives anticipées, et d'autre part, l'avis de la personne de confiance ou des médecins ou de la famille. La hiérarchie apparente résultant de la loi serait la suivante : au sommet se trouve l'avis médical, puis viennent les directives anticipées, puis l'avis de la personne de confiance, puis les autres avis non médicaux, c'est-à-dire les avis des proches. Finalement, la décision appartient donc toujours au médecin.

ATTENTION ! Une nouvelle proposition de loi, issue d'un rapport CLAEYS A. et LEONETTI J. et Léonetti, a été déposée au Parlement en décembre 2014 Le projet est en cours de discussion à la date du 1er avril 2015. Il apporte des modifications importantes. Les directives anticipées auraient désormais une force contraignante, et seraient opposables au médecin comme à la famille. Elles auraient de ce fait une valeur officielle, et le médecin serait tenu d'en respecter le contenu. Par ailleurs, on prévoit la création d'un fichier national informatisé rassemblant les directives. Enfin l'existence d'une directive serait inscrite dans la carte vitale de chaque patient. Un modèle de réaction sera publié par décret.

Lorsqu'il n'y a pas eu de formulation de directives anticipées, la loi prévoit, toutefois, la possibilité d'interrompre les soins dans des situations bien définies : malade en phase avancée, affection incurable, traitement devenu inutile, disproportionné : c'est l'hypothèse de **l'acharnement thérapeutique*.**

3. Éléments critiques

Comme le souligne à juste titre Hennette-Vachez S (2009), les directives anticipées, dont l'inspiration vient des États unis, sont une sorte d'aménagement d'un « consentement médié » pour le cas où les personnes seraient hors d'état de consentir. Mais « *comment décider pour le soi futur* ? » Sans compter *que « la technique française de consécration du consentement médié paraît inaboutie puisqu'il ne s'est agi pour le législateur que de créer par ce biais un élément supplémentaire du faisceau d'indices sur la base duquel il revient, in fine, au médecin de se faire une opinion sur ce qu'eût été la volonté du patient s'il avait pu l'exprimer ». (HENNETTE-VAUCHEZ S. 2009).* On le devine, cette remarque deviendra caduque si la proposition de loi évoquée plus haut est définitivement adoptée.

Sources juridiques : CSP Art. L.1111-11, (loi du 22 avril 2005 dite Loi Kouchner)
Liens internes : fin de vie – Personne de confiance – Interruption des soins – consentement du patient.
Liens externes : BINET J.R. (2010) *Droit médical*. HENNETTE-VAUCHEZ S. (2009) *Le droit de la bioéthique*. CLAEYS et LEONETTI (2014) Rapport sur la fin de vie.

35. DON CROISÉ D'ORGANES

– Le contexte

Le droit prévoit le don d'organes avec donneur vivant tout en délimitant le cercle des donneurs potentiels centré sur la famille et les proches. Encore faut-il qu'il y ait compatibilité entre donneur et receveur. C'est pour dépasser cette impasse que la biomédecine a recours à la démarche dite du « don croisé ». Cette pratique existe en Europe, essentiellement pour les greffes rénales et, la France avec le Portugal est un des seuls pays à l'interdire jusqu'à présent.

1. En quoi consiste-t-il ?

Il faut raisonner en termes de binômes familiaux A et B. Lorsqu'un don n'est pas possible au sein d'un binôme familial A (le père à son fils) en raison d'une incompatibilité sanguine ou immunologique, le donneur A donne son rein au receveur d'un binôme B dans la même situation d'incompatibilité intrafamiliale, mais compatible avec le donneur A. De même le donneur du binôme B donne son rein au receveur A, à condition, également de compatibilité. Sinon il faut trouver un troisième binôme. Il s'agit donc d'un don à partir d'un donneur vivant à quelqu'un de non apparenté. Autrement dit, si une transplantation entre donneur et receveur ne peut se faire, l'idée est de trouver un autre couple dans le même cas et de procéder à un échange.

2. Que dit le droit ?

Le droit récent (loi du 7 juillet 2011) (titre II art.7) autorise ce genre de pratique tout en l'encadrant. Les principes éthiques pour le don des produits du corps humain doivent être respectés : consentement, gratuité, mise en balance bénéfices/risques de l'intervention ;

La gestion des combinaisons d'appariement des paires est assurée par **l'Agence de biomédecine *.** La règle de l'anonymat est levée, comme dans le cas d'un donneur vivant.

3. Qu'en penser ?

De façon positive, cette solution est une ouverture supplémentaire face à la pénurie d'organes disponibles à un moment donné. Le receveur peut avoir une greffe que ne pouvait lui donner un membre de sa famille ou de ses proches. En entourant cette technique de précautions administratives et éthiques, cette technique n'est-elle pas en définitive, équivalente aux autres dons à partir de donneurs vivants ?

Certains milieux religieux craignent que la mentalité du « donnant-donnant » soit un premier pas vers la commercialisation du don. Il y a aussi le risque d'immixtion de pressions affectives familiales ou autres, le risque de chantage affectif et la culpabilisation d'un membre de la famille qui ne veut être donneur.

Cette interrogation rejaillit ailleurs. *Le don croisé d'organes pose surtout une question essentielle : en quoi cette nouvelle technique pourrait-elle constituer une remise en cause de la notion de don ? La réponse est simple : la loi instaure, ni plus ni moins, un échange d'organes. Cet échange correspond-il toujours à un don ? Dès lors qu'il est question de contrepartie, est-on toujours dans le registre du don ? (LARRIBAU-TERNEYRE V. 2011).*

Sources juridiques : loi du 7 juillet 2011 art.7
Liens internes : don d'organes – princeps de base de la bioéthique.
Liens externes : LARRIBAU-TERNEYRE V. dir. (2011) *La révision des lois de bioéthique. Loi du 7 juillet 2011.*

36. Don et prélèvement d'organes - Les principes

Le Code de la Santé publique livre les dispositions essentielles en la matière sous le titre : « *Don et utilisation des éléments et produits du corps humain* ». (Les éléments du corps humain incluent les organes qui sont des ensembles fonctionnels et nécessaires à la vie, les tissus et les cellules y compris les gamètes). Nous nous limitons ici aux organes proprement dits. Le dispositif est construit sur l'énoncé de principes de base et des mesures d'application pour deux situations distinctes : le prélèvement sur personne vivante et sur personne décédée. Les principes de base, au nombre de cinq, concernent surtout la protection du donneur de qui dépend tout le processus de transplantation.

1. Respect du corps

Le respect du corps a une traduction légale. Il fait partie des principes de base. Une de ses implications est l'inviolabilité qui interdit toute atteinte au corps sous la contrainte.

Par dérogation, une atteinte au corps humain peut être autorisée dès lors qu'il y a consentement de l'intéressé et un objet thérapeutique. « *Aucune intervention en matière de santé ne peut être effectuée sur une personne sans son consentement libre et éclairé convention européenne sur les droits de l'homme et la biomédecine ».* Le Code de la santé publique en fait une application au don d'organes (art.1211-2). Le consentement de l'intéressé ne suffit pas à valider une intervention sur son corps. Celle-ci ne peut être justifiée que par une nécessité médicale pour la personne, ou à titre exceptionnel dans l'intérêt thérapeutique d'autrui. (art.16-3 Code civil).

2. La gratuité du don

Le principe de gratuité de la part du donneur est en cohérence parfaite avec les exigences du Code civil : *« le corps humain, ses éléments et ses produits ne peuvent faire l'objet d'un droit patrimonial »,* c'est-à-dire d'un commerce. C'est la non-patrimonialité énoncée plus haut.

3. L'anonymat

L'enjeu est de taille : comment éviter un commerce, désagréments et problèmes divers entre donneur et receveur ? L'anonymat. Le donneur ne peut connaître *l'identité du receveur ni le receveur celle du donneur (CSP Art.L.1211-5). Cette règle a une portée générale : elle s'applique à tous les dons.* Néanmoins la loi prévoit deux dérogations : en cas de nécessité thérapeutique (besoin d'informations personnelles pour les médecins) et en cas de don d'organes entre personnes vivantes. Dans la mesure où donneur et receveur sont en principe apparentés, il est évident que la règle de l'anonymat est brisée. L'anonymat du don ne concerne donc que le prélèvement d'organes sur une personne décédée, ce qui est la situation la plus courante. Gratuité et anonymat sont un bouclier contre toute pression psychologique, affective et financière entre la famille du donneur et le receveur.

4. La sécurité sanitaire et le principe de proportionnalité

Le receveur peut éventuellement, être contaminé par une maladie transmissible du donneur (VIH, Hépatite B et C, infections bactériennes). Pour cette raison, la collecte des organes est soumise à des tests de dépistage des maladies transmissibles : sélection clinique, analyses de biologie médicale. De plus la loi consacre la règle de la balance entre avantages et risques. La transplantation n'est pas faisable si le risque mesurable en l'état des connaissances, couru par le receveur est supérieur à l'avantage escompté. (CSP Art.L.1211-6). A contrario elle est possible si le risque est inférieur à l'avantage. C'est au cas par cas que l'on évalue l'acceptabilité. Le principe vaut également pour le donneur. C'est l'application du principe de précaution.

5. L'interdiction de la publicité

Il s'agit de prévenir toute dérive portant atteinte à la non-commercialisation du corps et à l'anonymat. Cette interdiction ne fait pas obstacle à l'information du grand public en faveur du don.

Sources juridiques : CSP Art.L.1211-1 suiv.
Liens internes : bioéthique – Principes de base.
Liens externes : SEBAG V. (2007) *Droit et bioéthique*

37. DON ET PRÉLÈVEMENT D'ORGANES. APPLICATIONS

Il faut distinguer deux situations selon lesquelles le donneur d'organes est décédé ou au contraire vivant.

I. Le donneur d'organes est décédé

Quatre dispositions majeures encadrent juridiquement cette pratique. Il s'agit de sécuriser la démarche elle-même mais aussi les acteurs du début à la fin.

1. Le dispositif juridique

– Nécessité d'un constat de mort

Il est nécessaire d'établir **un constat de mort*,** régulièrement en tenant compte des critères de « mort » établi par le droit.

La finalité

Elle est double : la poursuite d'objectifs thérapeutiques ou scientifiques (CSP Art.L.1232-1) La finalité fonde la légitimité de l'acte.

Le consentement présumé du donneur

C'est l'exigence majeure qui pose le plus de problèmes du fait de l'absence de la personne. Le prélèvement d'organes, est une atteinte à l'intégrité du corps humain. Pour être légitime, il exige le consentement du donneur. Sous quelle forme ? C'est la règle du consentement présumé. Qui ne s'oppose pas est censé consentir : consentement implicite du donneur. Position étonnante et contestée. La présomption de consentement peut être renversée dans deux hypothèses : le défunt de son vivant a fait connaître son refus explicitement ; les proches se portent témoins de ce refus. Le refus peut être exprimé, du vivant de la personne, par tout moyen (CSP Art.L.1232-1). Il peut être exprimé librement, soit oralement, par exemple dans le cadre de la vie familiale, soit par écrit. Il peut être transcrit dans les directives anticipées, ou dans le dossier médical. Il peut aussi être livré à la personne de confiance. IL faudra alors en rapporter la preuve au moment du décès. Par ailleurs, de façon plus solennelle, la loi prévoit l'inscription du refus sur un registre national automatisé, par la personne concernée avant sa mort : le **Fichier national des refus du don d'organes***.

La perplexité apparaît lorsqu'il n'y a aucune trace d'un refus. Le passage direct à l'acte de prélèvement se révèle embarrassant dans la pratique. Le CSP n'est pas exempt de cet embarras : « *Si le médecin n'a pas directement connaissance de la volonté du défunt, il doit s'efforcer de recueillir auprès des proches, l'opposition au don d'organes exprimée de son vivant par le défunt par tout moyen* » *CSP Art.L.1232*. Cette phrase est extrêmement délicate dans la mesure où le prélèvement doit intervenir très rapidement après le décès, lorsque les proches sont encore dans une phase de sidération. Démarche difficile qui risque de faire interférer les réticences spontanées de la famille engagée dans une démarche de deuil (De Plaen 2006). Dans la pratique, les médecins demandent toujours à la famille si le défunt était ou non opposé au don d'organes. Le problème est que souvent, les proches n'en savent rien, et dans ce moment de grande douleur, s'opposent au prélèvement. C'est la raison pour laquelle les autorités sanitaires, depuis plusieurs années mènent des campagnes pour inciter les Français à évoquer ce sujet en famille.

Le respect du corps humain après la mort

Le principe de dignité a des prolongements dans le respect dû au corps humain après la mort. La « meilleure restauration possible du corps » après un prélèvement en est une application (CSP Art.L.1232-5). Toute mesure raisonnable doit être prise en vue de restaurer l'apparence du corps. Par ailleurs le développement des prélèvements d'organes a fondé le délit d'atteinte à l'intégrité du cadavre, destiné à en assurer la protection. L'art.225-17 du Code pénal dispose que *« toute atteinte à l'intégrité » du cadavre, par quelques moyens que ce soit est punie d'un an d'emprisonnement et de 15 000 euros d'amende.* Bien évidemment cette disposition ne s'applique pas aux recherches biomédicales sur une personne décédée.

2. Éléments critiques : le consentement présumé

Cette règle est régulièrement discutée, critiquée en raison des difficultés de la mise en pratique. En droit français, le consentement ne se présume pas en principe. La règle générale est « qui ne dit mot ne consent pas », le contraire de ce qu'enseigne la sagesse populaire. La position du droit en la matière est donc surprenante. Je vois dans le système une sorte « d'appel d'air » pour augmenter l'offre de greffons. Dans les faits, il y a toujours pénurie. La règle du consentement implicite n'a pas permis de pallier la pénurie d'organes et reste difficile à appliquer.

Qu'en est-il aujourd'hui ?

Face à la pénurie de greffons, certains estiment que la France pourrait s'engager comme d'autres pays (Danemark, Pays-Bas, Royaume uni, Allemagne) dans un régime de consentement explicite, avec la mise en place d'un registre du « OUI ». Cela serait plus simple à comprendre. Cela pourrait aussi éviter de faire peser sur la famille le poids de la décision du prélèvement. Idée contre-productive répondent d'autres. Dans les pays ayant opté pour le consentement explicite, le nombre d'inscriptions sur le registre du « oui » stagne à un niveau peu élevé. En outre, dans ces pays les médecins continuent à demander l'avis de la famille. D'abord pour vérifier que le défunt n'a pas changé d'avis, mais aussi par délicatesse à l'égard de la famille qui pourrait ressentir comme une violence le fait d'effectuer des prélèvements sans les associer à cette démarche (BIENVAULT P. *Les greffes d'organes et de tissus* dans L'ABC de la bioéthique. LA CROIX).

Attention

Un projet de loi concernant le consentement du défunt est sur le point d'être voté. Il maintient la règle du consentement présumé sauf opposition formelle. La présomption de générosité continue à s'appliquer. Mais l'implication de la famille est minorée. Il n'est plus nécessaire de demander l'avis de la famille, il suffit de l'informer du pourquoi et du comment du prélèvement d'organe sur le corps de son défunt. De cette manière on évite un double écueil : faire porter à la famille le poids d'une décision difficile ; se heurter aux avis contraires et à des divisions douloureuses.

II. Le donneur d'organes est une personne vivante

La loi donne un caractère exceptionnel et subsidiaire à ce type de prélèvement. Dans les faits il est un apport secondaire au développement des greffes (5 % en France).

Un cadre juridique différencié

Le cadre juridique est nettement différent du précédent. Les variantes concernent les finalités, l'anonymat, le consentement du donneur. On est en présence d'un « don ciblé ». Les finalités sont restreintes. L'intérêt thérapeutique direct du receveur est la seule finalité. Ce qui exclut la recherche scientifique. Le lien qui unit donneur et receveur n'est plus anonyme mais familial. Historiquement le cercle des donneurs était autrefois très limité. Le donneur avait la qualité de père ou de mère du receveur. Par dérogation le cercle s'est élargi pour atteindre toute la famille, et même les proches. On en arrive au lien d'affection. La loi du 7 juillet 2011 a fait entrer dans le cercle des donneurs « *toute personne apportant la preuve d'une vie commune d'au moins deux ans avec le receveur* ».

Mais hormis les parents, donneurs naturels, toutes ces personnes ne peuvent toutefois accepter un prélèvement qu'avec l'autorisation d'un comité d'experts. Il reste de la responsabilité de celui-ci de préparer un consentement libre et éclairé en fournissant toutes les informations sur les risques, les conséquences éventuelles du prélèvement, les répercussions sur la vie personnelle et familiale. Ce comité est composé de deux médecins, d'une personne qualifiée dans le domaine des sciences humaines et sociales, et de deux autres personnes au libre choix (CSP Art.L.1231-3). Pour manifester l'importance attachée à ce consentement, le droit exige qu'il soit explicite, donné devant le président du Tribunal de Grande Instance qui contrôle la démarche dans sa régularité et son authenticité. Le recueil du consentement du donneur donne lieu à la rédaction d'un acte signé par celui-ci et le magistrat. Enfin il est précisé que la minute de l'acte est conservée au greffe. Une copie est adressée au donneur et au médecin responsable de la structure de soins dans lequel le prélèvement est envisagé. Ce consentement est révocable à tout moment sans conséquence pour le donneur. Jusqu'au prélèvement effectif le consentement n'oblige en rien le donneur. Bien évidemment l'autorisation du comité d'experts est délivrée postérieurement à l'expression du consentement.

III. Dans les deux cas (donneur décédé ou donneur vivant) qui sont autorisés à intervenir ?

Les prélèvements d'organes à des fins thérapeutiques ou de recherches ne peuvent être pratiqués que dans des établissements de santé autorisés par l'autorité administrative, après avis de l'Agence de biomédecine. Dans le cas de prélèvements sur des personnes vivantes, l'autorisation ne peut être accordée qu'à des établissements qui pratiquent en même temps une activité de greffes. Cette restriction a été voulue par les Pouvoirs Publics pour deux raisons : assurer la sécurité des donneurs, limiter le transport des greffons afin d'accroître les chances de réussite de la greffe et de préserver la qualité de l'organe prélevé. L'autorisation est limitée dans le temps afin de permettre une évaluation périodique. Dans la pratique, les équipes médicales de prélèvement sont en général celles qui ont à greffer l'organe. Par ailleurs, les médecins qui établissent le constat de mort, d'une part, et ceux qui effectuent les prélèvements ou la greffe doivent faire partie de services distincts. Cette règle est destinée à garantir l'indépendance du diagnostic de mort et la protection du donneur potentiel et d'éviter **les conflits d'intérêts***.

IV. Sanctions pénales

Le Code pénal prévoit une amende de 100 000 euros et 7 ans de prison dans trois cas : le don d'organe contre paiement - le prélèvement sans consentement - le prélèvement sur un mineur ou un majeur protégé. Une amende de 75 000 euros et 5 ans de prison dans le cas de conservation d'organes à des fins scientifiques sans déclaration préalable ; une amende de 30 000 euros et 2 ans de prison dans deux autres cas : prélèvement sans autorisation officielle violation des régimes de sécurité sanitaire.

Références juridiques : C. S. P. Art. L.1231-1 à 1235-7
Liens internes : Transplantation d'organes – greffes – Trafic d'organes.
Liens externes : L'ABC de la bioéthique. LA CROIX (hors série). BINET J.R. (2010) *Droit médical.* DE PLAEN S.dir (2006). *La transplantation d'organes. Enjeux et paradoxes*

38. DOSSIER MÉDICAL

1. Le principe

La réforme hospitalière du 31 juillet 1991 a institutionnalisé l'existence du dossier médical en établissement de santé public et privé. Aux États-Unis, ce type de dossier existe depuis le début du siècle dernier. Ce document recouvre l'ensemble des informations médicales individuelles formalisées sur un support, par exemple un écrit, une radiographie, un enregistrement. C'est un outil de travail du médecin. Il constitue également un moyen de communication et d'échange dans la relation médecin et malade. De plus la conservation des données se justifie par d'autres raisons : le devoir d'informer la famille et la transmission des données au successeur du médecin ou à un autre médecin.

2. Une obligation

Médecins et établissements hospitaliers ont l'obligation de constituer ce dossier pour leurs patients. Ils engagent leur responsabilité civile et pénale.

3. Quel contenu ?

Les dossiers détenus par les médecins contiennent habituellement : des résultats d'examens, des comptes rendus de consultation, d'intervention, d'exploration et d'hospitalisation, des protocoles et des prescriptions thérapeutiques mises en œuvre, des feuilles de surveillance, des correspondances entre professionnels de santé. Le dossier dans les établissements de santé est structuré en trois parties :

La première doit contenir les informations recueillies lors des consultations externes dispensées dans l'établissement, au service des urgences, au moment de l'admission et au cours du séjour hospitalier - La deuxième rassemble les informations formalisées établies à la fin du séjour - La troisième contient éventuellement, les informations recueillies auprès de tiers n'intervenant pas dans la prise en charge thérapeutique ou concernant ces tiers.

4. Les droits du patient sur son dossier

Avant la loi du 4 mars 2002, la consultation du dossier se faisait par l'intermédiaire d'un « praticien désigné » à cet effet. Celui-ci était chargé de restituer l'information dans le respect des règles déontologiques. Il s'agissait du principe de la « médiation » initialement consacré par la jurisprudence. La question de l'accès direct au dossier médical a cristallisé les revendications des patients lors des États généraux de la santé en 1998 (Dreifuss-Netter 2007). Le législateur de 2002 a consacré ce principe… *« Toute personne a accès à l'ensemble des informations concernant sa santé détenu par des professionnels et établissements de santé… Elle peut accéder à ces informations directement.* (CSP Art.1111-7). Il s'agit alors d'un accès sans intermédiaire. La personne peut consulter sur place le dossier, mais aussi en demander la communication. Dans l'hypothèse d'une consultation sur place, la personne peut bénéficier gratuitement d'un accompagnement médical proposé par l'établissement. En cas de décès, les ayants droit disposent également de ce droit. *« Il faut noter que la définition d'ayant droit » pose en elle-même problème car elle vise une série de situations disparates : droit successoral ; droit des assurances, droit de la Sécurité sociale ».* (Dreifuss-Netter FR 2007) Ce droit est illimité dans le temps. Mais le délai de conservation du dossier est en principe de 20 ans.

Au-delà de l'environnement administratif indispensable, la question de l'accès direct au dossier médical pour le patient a une valeur symbolique forte : l'émergence du patient non plus objet, ni sujet mais acteur de sa propre santé. C'est un pas vers la « **démocratie sanitaire*** » concept apparu en 1991 (loi du 31 juillet).

Sources juridiques : (CSP Art.1111-7 – R.1112-2).
Liens internes : information du patient – droits du patient – obligations du médecin
Liens externes : DREIFUSS-NETTER Fr. *Commentaires*. Code de la santé publique 1111-7

39. Droit des générations futures

Le 12 novembre 1997, l'UNESCO a adopté une déclaration sur les responsabilités des générations présentes envers les générations futures. Son objectif est d'assurer un avenir viable aux prochaines générations, de tisser des liens étroits entre les générations présentes et futures pour parvenir à enrayer les violations des droits de l'homme sur l'ensemble de la planète. Une série de 12 articles prévoit dans le domaine de l'éducation, de la science, de l'environnement de la culture, de la communication, des dispositifs de sauvegarde des besoins et intérêts de générations futures. La protection du patrimoine humain fait partie de ces besoins et intérêts. « Il s'agit de protéger le **génome humain** * dans le respect de la dignité humaine ».

La question de la sauvegarde des intérêts des générations futures n'est pas nouvelle. Le commandant J.Y. Cousteau avait lancé dès 1974, l'idée d'une déclaration des droits des générations futures menant une campagne mondiale sur le sujet. L'idée de responsabilité envers les générations futures a été exprimée par le philosophe Jonas dès 1979 (le principe de responsabilité) « *Puisque de toute façon existeront des hommes à l'avenir, leur existence qu'ils n'ont pas demandée, une fois qu'elle est effective leur donne le droit de nous accuser nous leurs prédécesseurs, en tant qu'auteur de leur malheur si par notre agir insouciant et qui aurait pu être évité, nous leur avons détérioré le monde ou la constitution humaine* ».

Par ailleurs le concept de générations futures, après celui de l'espèce humaine, pénètre le droit privé contemporain. *Un droit des générations futures se forme... malgré une apparence nébuleuse, une qualification des générations futures est possible. Ce phénomène révèle un dépassement du paradigme temporel posé par les codificateurs, selon lequel le rayon d'action du droit privé ne peut et ne doit pas régir* l'avenir (Gaillard E 2011). Pour la première fois en 2010 (10 et 12 décembre) les Universités de Poitiers et de St Quentin en Yvelines ont organisé un colloque intitulé : *Quelles responsabilités juridiques envers les générations futures* ?

Sources juridiques : Déclaration de l'Unesco sur les responsabilités des générations présentes envers les générations futures. 12 novembre 1997 n° 97-214 site : www.unesco.org
Liens internes : crime contre l'espèce humaine
Liens externes : GAILLARD E. (2011) *Générations futures et droit privé.* L.G.D.J. HANS JONAS (1979) *Le Principe de responsabilité.*

40. DROITS DU PATIENT. ÉMERGENCE HISTORIQUE

Le système juridique lié à la santé est composé d'un socle de base formé des droits fondamentaux du malade (loi du 7 mars 2002). Sur ce socle vient s'appuyer la loi de 2005 qui développe les droits du malade en fin de vie. Ces deux lois sont réunies avec des dispositions antérieures dans le CSP Qui ne connaît pas les droits fondamentaux du malade ? Droit à la protection de la santé, droit au respect de sa dignité, droit à l'égalité d'accès aux soins, droit au respect de sa vie privée et du secret des informations le concernant ; droit à l'information directe ; droit d'accès au dossier médical, droit à l'expression d'un consentement libre et éclairé pour toute intervention médicale. Ce qui est moins connu ce sont les conditions d'émergence historique de ces droits : comment historiquement les pouvoirs publics aidés par les acteurs de la santé et des associations diverses ont-ils construit ce dispositif global des droits du patient tel qu'il existe aujourd'hui ?

1. Quelques préliminaires

Le processus s'étale sur une période de 90 ans, de 1941 à 2002. Une multiplicité d'acteurs est intervenue au cours de cette période : parlementaires, associations de représentants des malades, personnel sanitaire, juges, et enfin les citoyens par la participation à des États généraux.

2. Les différentes phases de la construction du système.

2.1. La période des non droits (1941)

Avant l'émergence des droits il y a la période des non droits. Période remarquablement longue. De la fin de l'Ancien régime à 1945 rien ne se passe. Les droits du patient sont absents. Les patients, s'ils sont accueillis, soignés, sont sans droits explicites. Que faire des individus dangereux ? Que faire des malades ? C'est la préoccupation utilitariste de l'époque. L'Église crée des hôpitaux dans la logique de la charité chrétienne. Ceux-ci répondent à un besoin de maintien de l'ordre public. (Actualités-juri-santé n° 54 2006)

La Révolution française laïcise le système hospitalier au détriment des communautés religieuses. Mais les droits n'apparaissent toujours pas. Tout au contraire l'attention est centrée sur le bon fonctionnement matériel et administratif de l'hôpital : on édicte des règlements intérieurs que les malades et visiteurs sont tenus de respecter sous peine de sanction. C'est une logique de devoirs qui s'impose. Ce comportement est encore nourri d'une philosophie de la défense de l'ordre public qui englobe une trilogie : la tranquillité publique, la salubrité publique, la sécurité publique. Le XIXe siècle poursuit sur cette lancée avec une ouverture des hôpitaux aux malades non-payants et payants. Possédant quelques ressources, ceux-ci sont tenus de verser une rétribution et jouissent ainsi d'un régime plus confortable que les autres malades.

2.2. La phase d'émergence (1941-1958)

Le gouvernement de Vichy s'appuie sur l'héritage des sociétés de secours du XIX siècle. Il produit bon nombre de textes dans le domaine de la santé (loi du 21 décembre 1941. Décret du 17 avril 1943...) L'on sait que l'État français d'alors s'appuyait sur une idéologie autoritaire et corporatiste peu propice aux libertés au sens républicain du terme. Le rétablissement de la légalité républicaine à partir de juin 1944 allait renverser la tendance.

La date de 1945 a une valeur historique et symbolique très forte pour nous assurés sociaux. Le gouvernement crée en octobre 1945 le système de Sécurité sociale tel que nous le connaissons aujourd'hui, basé sur la répartition et la mutualisation, la solidarité intergénérationnelle. Il serait étonnant que cette dynamique collective ne vienne pas faire surgir la problématique des « droits du patient ». La Cour de cassation (arrêt Teyssier 28 janvier 1942) reconnaît pour la première fois la notion de droit du malade. Les juges affirment le principe du respect du consentement préalable du malade à des examens ou à la mise en place d'une thérapeutique. Il y a donc émergence. De plus le préambule de la Constitution de l'époque dispose (art.25) que la « *Nation garantit à tous, la protection de la santé, la sécurité matérielle, le repos et les loisirs* ». C'est très riche.

Cela veut dire que toute personne dispose d'une garantie, d'une créance que l'État doit payer en organisant l'accès de tous à la santé, sa protection, son entretien. Ce serait trop dire que le malade est acteur du système de santé. D'objet, il devient sujet de droit. J'ai dit que la protection de la santé se trouvait inscrite dans le préambule de la Constitution de l'époque. Qu'avons-nous fait de cet héritage ?

J'en donne la traduction actuelle : la protection de la santé est inscrite dans le CSP comme un droit fondamental. *« Le droit fondamental à la protection de la santé doit être mis en œuvre par tous moyens disponibles au bénéfice de toute personne* ». (CSP Art. L.1110-1). Il a trois implications majeures : médecine préventive, la thérapeutique, la médecine prédictive. Ce droit se ramifie dans le droit à des soins de qualité et à la non-discrimination. Depuis 1999 l'exercice de ce droit est facilité par la couverture maladie universelle qui finance les dépenses de santé des plus démunis.

2.3. La phase de construction (1958-1990)

La fin de l'année 1958 fut marquée par une double réforme hospitalière. Le dispositif hérité de 1941-1943 est largement aménagé par la création des centres hospitaliers universitaires, et par la modernisation de la gestion hospitalière. On touche à l'institutionnel, mais pas seulement. Pour la première fois, une circulaire (5 décembre 1958, J.O. du 12 décembre 1958) relative à l'humanisation des hôpitaux aborde les droits des patients en des termes très concrets : le droit aux visites, les modalités d'accueil, la préconisation d'un feuillet d'information qui devait devenir le livret d'accueil. Ce sont des droits contingents, particuliers, pas encore des droits généraux structurants. Dix ans plus tard, un homme politique, bien connu, Robert BOULIN Ministre de la Santé publique et de la Sécurité sociale de 1969 à 1972 va faire jaillir du concept « protection de la santé », apparu en 1945, une série de droits structurants et irréversibles. La loi du 31 décembre 1970 portant réforme hospitalière énonce le droit du malade au libre choix de son praticien et de son établissement. Qu'avons-nous fait de cet héritage ?

Traduction actuelle : ce droit est inscrit aujourd'hui dans le CSP (L.1110-8). En miroir ce droit crée pour le médecin une obligation de respect de cette liberté individuelle limitée toutefois par les contraintes techniques.

Cette loi de 1970 va trouver un prolongement dans la production d'une charte du malade hospitalisé (20 septembre 1974). Le plus original réside dans cette phrase : *« le droit pour le malade au respect de sa dignité et de sa personnalité, (est) une condition d'une véritable humanisation de l'hôpital »* C'est du dur. Nous touchons là au droit le plus structurant autour duquel tout s'articule et c'est irréversible. Quelle en est la traduction actuelle ?

La personne malade a droit au respect de sa dignité (CSP Art.L.1110-2). C'est l'affirmation de la primauté de la personne humaine sur le développement de la science et du pouvoir médical. Ce droit a des prolongements : le droit au secret médical, le respect de l'intimité, de la vie privée.

Après le droit de choisir, le droit au respect de sa dignité, jaillis du concept constitutionnel de « protection de la santé » c'est un troisième droit qui apparaît en 1978 : le droit du malade à l'information, le droit d'accéder aux données détenues par l'administration le concernant.

Quelle en est la traduction actuelle ? Ce droit a évolué. À l'origine il s'agissait d'un droit d'accès indirect, par l'intermédiaire du médecin, mais devenu par la suite un droit d'accès direct au **dossier médical*.**

Étonnante, la décennie 1980. Dominée en ce domaine par Claude Evin, elle n'apporte rien, sinon des effets d'annonce. 1989 est le bicentenaire de la Déclaration des droits de l'homme et du citoyen. Symboliquement, il était important de réaffirmer les droits des patients, avec l'émergence d'un concept nouveau, clinquant, celui de « démocratie sanitaire » (loi du 31 juillet 1991). Il vient parachever les apports de la démocratie politique et civique de 1 789.

Une seconde loi en 1994 (29 juillet 1994), loi de bioéthique relative au respect du corps humain, apporte un acquis majeur auquel on aurait pu penser plus tôt : l'obligation de recueillir le consentement de la personne préalablement à toute intervention thérapeutique. C'est un pilier, un mur porteur de l'édifice. Dans la construction, j'aurais mis ce droit tout de suite après la liberté de choix du médecin et son établissement.

Aujourd'hui on parle du consentement libre et éclairé CSP Art.L.1111-4 du patient. L'expression se retrouve fréquemment dans les textes nationaux et internationaux. On est allé très loin dans cette voie. On a poussé jusqu'au bout la primauté de la volonté du malade que le médecin est tenu de respecter, même en cas de refus de soins mettant en péril la vie du malade.

Cette phase de construction trouve son couronnement en 1995 : le signe emblématique est la production d'une nouvelle charte du patient

(6 mai 1995). Sans valeur juridique, il est vrai, cette charte avait un intérêt symbolique et pédagogique. Elle représente un point d'aboutissement dans la construction, en rassemblement de façon lisible et intelligible pour le malade et la communauté hospitalière, l'ensemble des droits du patient sujet de soin.

2.4. La phase de consolidation (1995-2005)

Le contexte tourmenté par des troubles sanitaires, pose de nouvelles questions. À l'occasion de catastrophes sanitaires l'amiante, sang contaminé (1990-1991) les revendications prennent une dimension collective. Complémentairement, au niveau individuel, l'allongement de la durée de la vie posait des questions nouvelles : la gestion de la qualité de fin de vie, les modalités d'accompagnement du malade. Face à ce contexte, les pouvoirs publics ont réagi en organisant des États généraux de la santé (1998-1999). Il en est sorti globalement quatre types de questions : sur le plan individuel comment rendre plus lisible les droits des usagers ? Et surtout comment réparer les préjudices médicaux subis ? Sur le plan collectif : comment les usagers pourraient-ils s'exprimer davantage sur les questions qui les concernent ? Comment pourraient-ils intervenir dans la définition des politiques sanitaires ? L'aboutissement a été la célèbre loi dite Kouchner (4 mars 2002) sur les droits du malade et la qualité du système de santé. Loi construite en concertation avec des associations. On a dit de cette loi qu'elle posait le fondement d'une véritable démocratie sanitaire invoquée auparavant. Sur le plan individuel elle apporte deux types de réponses : l'indemnisation des patients victimes d'un accident, d'une erreur ou d'un aléa médical. En dehors de toute faute. L'accompagnement du malade en fin de vie qui prend la forme de la désignation **d'une personne de confiance***. En 2005 la loi dite Léonetti ira plus loin : droits au sédatif ou **médicament à double effet***, au refus de soin, refus de l'acharnement thérapeutique.

C'est au plan collectif que la loi Kouchner est particulièrement novatrice.

Elle reconnaît aux usagers le droit d'intervenir au sein des instances de santé. Le patient devient « acteur de santé ». La représentation des usagers est confiée à des associations agréées. Les représentants peuvent participer à l'élaboration des politiques de santé en siégeant dans les instances internes des établissements de santé : conseils de surveillance, et commissions diverses. L'instance par excellence est la commission des relations des usagers et de la qualité de la prise en charge. En dehors des établissements, les usagers sont aussi représentés, entre autres, dans les Commissions régionales de conciliation et d'indemnisation (CRCI).

Ce qu'on peut dire enfin c'est que de 2002 à 2009 trois autres lois sont venues renforcer cet appel aux usagers. Cette production a généré une multiplication d'institutions ouvertes. On n'en saisit pas toujours la complémentarité. De plus ces instances en sont encore au stade de balbutiement. « La démocratie sanitaire est en marche » disait le ministre de la santé en 2011. Ceci reste à vérifier. (CASTAING 2014). Il serait nécessaire de faire un bilan concernant le travail effectif de ces associations et instances où sont représentés les usagers. Quel est leur poids dans les processus de prise de décision, les limites de leur intervention ?

Quoi qu'il en soit, aujourd'hui le problème n'est plus de fabriquer de nouveaux droits, mais de s'interroger sur leur mise en œuvre effective. À ce sujet on peut consulter le sondage commandé par le ministère de la santé, réalisé par BVA en septembre 2010 auprès de 1 000 personnes (Médecins septembre octobre 2011). Voir aussi enquête TNS SOFRES auprès de 40 professionnels de santé. « *Professionnels de santé : une perception nuancée des droits des patients* » (dans Médecins - septembre - octobre 2011).

Sources juridiques : Code de la Santé publique : première partie – livre premier titre premier : Droits des personnes malades et des usagers du système de santé.
Liens internes : fin de vie – Droits du patient en fin de vie – Bioéthique et histoire – Bioéthique et principes de base.
Liens externes *:* GERMOND *M. (2006) patients quels sont vos droits ?* MÉDECINS *revue. Numéro spécial. État de lieux des droits des patients ; septembre-octobre 2011* – La documentation française (2011*). L'accès aux soins et la qualité du système de santé.* – Actualité JuriSanté (2006) CNENH. *Aspects historiques des droits des malades. L'émergence des droits des malades, un phénomène récent. Le Journal du sida n° 197 juillet 2007 Représentation des malades/ Un rôle encore fragile.* – MGEN (octobre 2012) *Valeurs mutualistes n° 280 Accès aux soins un système à deux vitesses.* CASTAING (2014) *La démocratie sanitaire. Sites : http ://initiative-ethique.f. http ://sante.gouv.remise des rapports 2011 année des patients et de leurs droits.*

41. DROITS DU PATIENT EN FIN DE VIE

Bien entendu le malade en fin de vie bénéficie de tous les droits habituels concernant tout patient (libre choix du médecin, information, consentement, respect de la vie privée…). La loi lui accorde des droits complémentaires directement liés à la fin de vie.

La dignité du malade en fin de vie est d'habiter en quelque sorte sa mort, de se l'approprier s'il est possible. Ce qui exige accompagnement, soutien psychologique, apaisement de la douleur, soins appropriés, respect de sa volonté. Ces exigences ont une traduction juridique dans des droits particuliers : droit général de choisir et d'exprimer le mode de gestion de sa fin de vie dans des directives anticipées et ou auprès d'une personne de confiance choisie par le patient. - Droit de faire valoir les choix inscrits dans les directives anticipées (Art.L.1111-11) - Droit d'intervention de la personne de confiance (Art.L.1111- 6 - 12) - Droits aux soins les plus appropriés et protection contre ce que le droit désigne comme « une obstination déraisonnable ». (CSP Art.L.1110-10). Face à **l'acharnement thérapeutique*** le droit à l'arrêt des soins inutiles, et lourds soit à la demande du patient, soit à l'initiative du médecin - Droit au refus ou à l'arrêt du traitement proposé par le médecin, même s'il y a mise en danger de sa propre vie. (Art.L.1111-4) - Droit aux soins palliatifs et organisation d'un accompagnement (Art. L.1110-9) - Droit au soulagement de la douleur par un traitement qui peut avoir pour effets secondaires d'abréger la vie du patient (sédation) (CSP Art.1110-5).

Sources juridiques : CSP Art.1110-1111.
Liens internes : droits du patient – fin de vie
Liens externes : BINET J.R. (2010) *Droit médical*

E

42. Économie et la santé et bioéthique

La France est l'un des pays dont les dépenses de santé sont les plus élevées : plus de 11 % du produit national brut en 2009. Cela pose la question, politique autant qu'économique mais aussi éthique, des choix budgétaires. C'est la question éthique qui est retenue ici avec l'interrogation suivante : quels sont les critères de décision en matière de politique de la santé ? La bioéthique met en avant des principes incontournables : le droit à la santé pour tous, sans exclure les plus vulnérables, la primauté des intérêts du patient sur les intérêts de la recherche et de la société. Ces principes impactent-ils les critères de choix ? Quels sont les rapports entre santé et finances ? La première est-elle une fin vers laquelle tend la finance ? Ou au contraire est-elle une source de profits pour la finance ?

Voici deux versions de cette problématique : l'une est conciliante (Feldmann 2010) et l'autre critique (Sève 2008).

1. Une version conciliante

Bioéthique et économie de la santé sont-elles compatibles ? Telle est la question. La formulation de la réponse est faite de « freins » et de « déblocages possibles ».

Les freins

Le progrès médical et scientifique dont chacun doit pouvoir bénéficier, représente un coût en augmentation constante. Il est de la responsabilité des pouvoirs publics de l'accompagner. Comment ? Par un partage des responsabilités avec les principaux acteurs du monde médical : établissements de santé, soignants, mais également l'industrie pharmaceutique. Pour prévenir les risques de dérives, les mesures prises par les politiques et certains économistes de la santé relèvent de la « rationalisation ».

La rationalisation est un frein. Toute rationalisation met à mal les principes de bioéthique, explique l'auteur, en faisant état des résultats médiocres depuis une trentaine d'années dans les hôpitaux publics. La tarification est source de déconsidération de la personne. L'excès d'encadrement par la rationalisation conduit à une médecine à deux vitesses parce que le « reste à charge du patient » ne cesse d'augmenter, avec des effets d'exclusion.

Du reste dans un avis (101-2007) le CCNE attire l'attention sur le fait que « santé, éthique et argent » sont à prendre ensemble, parce que les contraintes budgétaires sur les dépenses de santé en milieu hospitalier comportent des enjeux éthiques liés aux trois principes énoncés plus haut.

Les déblocages possibles

L'arbitrage dans le respect de contraintes est légitime. Mais il relève de débats de société. Il présente une dimension politique et sa responsabilité ne peut être laissée aux seuls acteurs hospitaliers. De façon pragmatique l'auteur, lui-même médecin hospitalier, énonce quelques règles de bonne pratique.

Avoir plusieurs hypothèses de travail : médecine hospitalière, à domicile, chirurgie lourde, chirurgie ambulatoire, prévention, soins… Les décisions sont prises en appréciant le rapport coût/efficacité de chaque solution proposée et en considérant comme prioritaire l'intérêt du citoyen. Dans ces conditions, la maîtrise des coûts se révèle un principe éthique en soi, puisqu'elle peut garantir sur le long terme un système de distribution de soins équitables et non discriminatoires.

Conclusion : « Il *ne s'agit ni de productivité, ni de rentabilité, mais seulement d'une utilisation adéquate des ressources disponibles en fonction des besoins de la population. Quand les décisions prises, au nom de la solidarité et des limites admises, répondent aux attentes de la collectivité, sans remettre en cause la liberté individuelle, quand elles visent à la mise en œuvre d'une médecine humaine et respectueuse de ses moyens, la bioéthique vient alors naturellement aider à l'économie de la santé »* Donc bioéthique et économie de la santé sont compatibles ou doivent l'être.

2. Une version critique

S'interroge-t-on assez sur les rapprochements entre ces deux mots connotatifs d'ordre de valeurs si éloignés l'un de l'autre : santé et financement ? Et le rapprochement opéré par l'auteur lui fait dire ceci : certes la finance est le moyen de la santé, mais de façon dialectique la santé devient un moyen de la finance et de ses profits. Quelle est l'argumentation ?

Les activités sociales de santé ne sont pas déterminées par les besoins pris en eux-mêmes, mais par la conjonction entre la demande qui les exprime et l'offre de financement qui leur répond ou non. La réponse est régulée par des critères de rentabilité. Celle-ci est évaluée par le capital privé. Celle-ci est une priorité socio-économique appréciée par les pouvoirs publics. Des exemples ? Ils sont légion. L'un des plus dramatiques n'est-il pas la très forte tendance au désengagement financier des firmes privées et des États face à une question aussi vitale que la prévention du sida dans le monde ? Pendant que, faute de moyens financiers, des drames sanitaires se jouent en Afrique ou ailleurs, l'argent afflue pour la mise au point de tests génétiques aux finalités préoccupantes. Il abonde pour des campagnes médiatiques des multinationales, visant à imposer aux systèmes de protection sociale le remboursement de médicaments chers dont les indications sont parfois douteuses.

Autre argument : la biomédecine est sous l'empire des affaires. L'auteur procède par l'appel à des exemples. *« Alors que l'exploration du génome humain était menée jusqu'ici pour l'essentiel par des centres publics, les géants de la pharmacie se lancent dans l'aventure du décryptage de l'A.D.N. avec des ressources gigantesques. Leur but : organiser un marché porteur sur des bases commerciales à travers une bataille de grands propriétaires »*. Du même coup le résultat sanitaire perd son rôle pilote au profit du résultat financier. Il y a inversion de la fin et des moyens. Où est le bénéfice sanitaire ? Peu importe, apparemment dès lors qu'est accessible un bénéfice industriel et financier, grâce à l'activation médiatique d'une demande solvable irréfléchie.

Et la bioéthique dans tout cela ?

Le constat est amer. L'éthique biomédicale s'institutionnalise à l'échelle nationale et internationale. Mais elle semble impuissante à endiguer le flux montant des pires trafics. Les systèmes de protection sociale courent après leurs déficits, mais jamais n'ont été aussi prospères les multinationales de la pharmacie, les réseaux de cliniques et laboratoires privés. « *À l'heure où la santé est perçue comme l'un des droits de l'homme le plus fondamental, le corps humain va-t-il devenir le plus rentable des marchés ? C'est un problème de civilisation qui est posé : quelle humanité voulons-nous être ?* ».

Liens internes : principes de base de la bioéthique
Liens externes : FELDMANN G. (2010) *La bioéthique.* SEVE L. (2006) *Qu'est ce que la personne humaine ?*

43. EMBRYON

1. Approche technique

L'embryon désigne « *l'être humain » pendant les huit premières semaines de son développement*, dit le Larousse médical. Toutefois, de nombreux médecins préfèrent parler d'abord de zygote pour désigner l'œuf fécondé, puis de blastocyste pour désigner le moment où l'œuf se divise en deux ensembles cellulaires principaux entre le 5e et le 7e jour, et employer le terme d'embryon à partir du 8e jour, moment où apparaît le « bouton embryonnaire » à partir duquel se développe l'embryon lui-même. À partir du 3e mois, on ne parle plus d'embryon mais de fœtus.

2. Approche juridique

Il n'existe pas de définition, par le législateur français, du statut de l'embryon. En revanche, le droit prend en compte le caractère humain de l'embryon et impose son respect. Celui-ci est caractérisé par l'interdiction de tout commerce, l'interdiction de fabriquer des embryons pour la recherche. Celle-ci cependant est autorisée sur des embryons surnuméraires issus de la procréation médicalement assistée. Par ailleurs l'article 16 du Code civil énonce le principe, du « *respect de l'être humain dès le commencement de sa vie* ». L'interprétation de ce principe est objet de controverses dont les points extrêmes sont le spiritualisme et le matérialisme. Quoi qu'il en soit, ce principe n'a pas de valeur absolue dans la bioéthique à la « française ». En effet la loi Veil du 17 janvier 1975 permet d'y déroger par l'I.V.G. Le C.C.N.E (Avis n° 8 du 15 décembre 1986) contourne cette difficulté en définissant l'embryon comme « *une personne potentielle* ». L'embarras demeure cependant. Voici quelques repères

3. Repères utiles

3.1. Entre la sacralisation de l'embryon en personne humaine et sa réduction à un simple amas de cellules, il y aurait place pour une position moyenne. C'est ce qu'explique P. Le COZ (2009). J'utilise ici son travail.

3.2. L'embryon est un amas de cellules. Ce qui ne veut pas dire qu'il n'est que cela. Il est un assemblage de cellules invisibles à l'œil nu, une structure microscopique en voie de développement. Il se rapproche plus du corpuscule que du corps à proprement parler. N'étant ni tangible, ni visible, l'embryon n'a pas la consistance ontologique d'un humain à part entière. Il n'a pas de corps. Un corps c'est une chair visible et palpable.

3.3. Il n'est pas possible de définir l'embryon comme un **« individu humain »**. En effet le terme « individu » signifie « indivisible ». Un individu c'est ce qui ne peut être divisé sans être détruit. Or jusqu'au 14e jour de son existence, un embryon peut se dédoubler et donner naissance à des jumeaux.

3.4. L'embryon humain reste malgré tout, un être humain, les scientifiques eux-mêmes le démontrent. En faire une chose reviendrait à tomber dans l'excès inverse de la sacralisation. En effet si l'embryon n'était qu'un amas cellulaire, les chercheurs ne s'intéresseraient pas à lui. C'est son caractère humain qui fait de lui l'objet de toute l'attention des chercheurs. C'est parce qu'il est humain que les chercheurs veulent lui prélever des cellules dans l'idée de mettre un jour au point de nouvelles thérapeutiques cellulaires.

3.5. De ce fait, dès son premier avis, le CCNE avait défini l'embryon humain « comme une personne humaine potentielle ». Cette catégorisation constitue un juste milieu entre deux positions antagonistes excessives : d'une part l'orientation spiritualiste qui fait de l'embryon une personne dès sa conception et d'autre part, l'option matérialiste qui le rabaisse à une agrégation de particules.

Liens internes : recherche sur l'embryon.
Liens externes : CCNE (1986) avis n° 8 Les *recherches et l'utilisation des embryons humains in vitro à des fins médicales et scientifiques*. LE COZ P. (2009). *Respecter l'embryon humain ?* Regards sur l'actualité n° 356 décembre 2009. Lois de bioéthique : réexamen enjeux et débats.

44. EMPREINTES GÉNÉTIQUES

1. De quoi s'agit-il ?

Les auteurs manifestent un certain embarras pour donner une définition précise des empreintes génétiques. Parfois on recourt à la notion très voisine de profil génétique qui est assimilée à une marque, à un cachet ou à un sceau valant signature (HUYGHE F.B. 2008). D'autres fois, on contourne la difficulté en disant ce que permettent les empreintes génétiques : l'identification d'un individu. Plus sérieusement, la majorité des auteurs font référence à la séquence d'ADN objet d'analyse ; le résultat de cette analyse étant l'empreinte génétique. Rappelons que l'ADN est composé de deux parties : la partie codante qui fournit des informations sur les caractéristiques génétiques d'un individu, son état biologique ; la médecine utilise largement cet outil pour les **examens génétiques** * ; la partie non codante dont le rôle reste assez mystérieux, mais qui ne détermine aucun caractère apparent comme la taille, la couleur des yeux, les traits, bref le génotype. C'est ce segment non codant qui est objet d'analyse. Mais que cherche-t-on vraiment ? L'organisation interne de ce segment, l'enchaînement des 4 éléments appelés nucléotides qui reviennent constamment selon un ordre variable. Le mode d'enchaînement de ces éléments, la configuration de la séquence ADN est unique et propre à chaque individu. Pour cette raison on en arrive à dire que les empreintes génétiques sont l'ADN d'une personne qui permet son identification. Il en résulte que l'examen de certaines séquences d'ADN à partir de marqueurs biologiques permet, à la façon d'un code-barres, d'établir le profil génétique d'une personne, sa carte d'identité génétique. On pourrait faire l'analogie suivante : de même que les empreintes digitales se caractérisent par une série de lignes, de courbes juxtaposées, les empreintes génétiques d'une personne se caractérisent par la configuration de son ADN, c'est-à-dire l'organisation de séquences répétées en tandem, où figurent dans un ordre variable les quatre nucléotides mentionnés plus haut.

Les empreintes génétiques peuvent être établies à partir d'un nombre infime de cellules, environ une centaine, prélevées sur n'importe quel produit biologique : le sang, la salive, le sperme, la peau ou les racines des cheveux.

2. Quelle importance ?

Cette méthode mise au point en 1985 a rapidement connu diverses applications Les experts considèrent le test d'ADN, ou relevé d'empreintes comme le meilleur outil d'identification qui soit utilisable dans le champ judiciaire, tant dans le domaine civil que pénal.

3. Utilisation dans le champ civil

Cet outil est utilisé dans le cadre d'une action tendant soit à l'établissement ou la contestation d'un lien de filiation, soit à l'obtention ou à la suppression d'une pension alimentaire. Cette action vient toujours en exécution d'une mesure d'instruction ordonnée par le juge. Un test de paternité ne peut donc être envisagé que sur décision de justice. Le consentement de l'intéressé est indispensable.

Se pose alors la question d'un prélèvement sur un défunt. Chacun se souvient de l'affaire Yves Montand - Aurore Brossard. Une jeune fille, Aurore Brossard, avait introduit une action en justice, en reconnaissance d'un lien de filiation entre elle et le chanteur. Par un arrêt du 6 novembre 1997 la Cour d'appel de Paris, face à un vide législatif, avait ordonné l'exhumation du mort à des fins d'analyse à laquelle le mort s'était opposé de son vivant. L'affaire avait fait grand bruit à l'époque. Fallait-il ? Fallait-il pas ? En tout cas l'exhumation contestée avait permis de rejeter le lien de filiation. Désormais, la loi de bioéthique de 2004 a apporté une réponse à ce problème : elle pose le principe de l'interdiction du prélèvement sur le défunt dans le cadre du procès en filiation sauf accord exprès de la personne de son vivant.

Sur le plan pratique, on estime à 1 500 le nombre d'expertises annuelles ordonnées par un juge dans le cadre de recherches en paternité.

4. Utilisation dans le domaine pénal

Quotidiennement, la police judiciaire et le juge sont confrontés au difficile problème de la preuve en matière de délit ou de crime. Les tests ADN sont utilisés dans ce domaine depuis plus de 25 ans et le code de procédure pénale l'autorise.

Aujourd'hui les médias sous prétexte d'information judiciaire, valorisent parfois à outrance leur utilisation, leurs résultats surtout. Il reste que leur mise en œuvre est devenue pratique courante, confrontée bien sûr à d'autres moyens de preuve. Le recours à cette technique pose néanmoins quatre questions, auxquelles le droit tente de répondre.

Qui peut ordonner la prise d'empreintes ?

Le procureur de la république dans le cadre d'une enquête préliminaire. L'officier de police judiciaire en cas de « flagrance », l'individu étant pris sur le fait.

Faut-il le consentement de l'intéressé ?

*« Le prélèvement peut être effectué » sans l'accord de l'intéressé sur réquisition écrite d*u P*rocureur.* (CPP art.706- 56). Il y a plus. Le refus de se soumettre au prélèvement est un délit. Des peines sont prévues par le Code de procédure pénale (un an d'emprisonnement et 15 000 euros d'amende). Mais les juges font parfois preuve d'indulgence en ce domaine. Le refus n'est pas systématiquement poursuivi, par exemple pour les cas de faucheurs volontaires d'OGM, les autonomistes corses (2004), les mouvements altermondialistes…

Quelles sont les modalités de prélèvement ?

Sur la « scène du crime », la police judiciaire recherche des tissus biologiques. L'identification de l'ADN se fait en laboratoire selon des protocoles rigoureux. L'analyse présente un double avantage : elle nécessite de petits échantillons et rend des résultats rapides, entre 24 à 48 heures. Ce test ADN permet dans le domaine pénal de vérifier l'identité d'un suspect en comparant ses empreintes avec celles des traces biologiques laissées sur une scène de crime : coïncidence ou non coïncidence ? Telle est la question. La comparaison peut se faire également avec des empreintes soigneusement conservées et concernant des affaires anciennes non élucidées.

Quelles sont les limites ?

Le législateur délimite le périmètre du relevé d'empreintes. Il est constitué par une liste limitative de crimes (crimes sexuels, terrorisme…) mais aussi de délits ; cette liste au fil des années a subi une double extension : extension des situations de prélèvement autorisé et extension des types de personnes susceptibles d'être fichées. Le développement des technologies nouvelles appliquées à ce genre d'investigation a révolutionné le mode de conservation des empreintes génétiques par les pouvoirs publics. C'est l'émergence d'un fichier centralisateur : **« le fichier national des empreintes génétiques* ».** Ce dernier contient à l'heure actuelle plus d'un million de profils génétiques.

Sources juridiques : Code de procédure pénale Art.55-1. Art.706-56
Liens internes : examens génétiques – ADN – FNAEG – refus d'empreintes
Liens externes : HUYGHE F.B. (2008). *ADN et enquêtes criminelles.*

45. ESPACES ÉTHIQUES RÉGIONAUX

Si la bioéthique est l'affaire de tous, il est normal de la sortir du cénacle des experts et spécialistes, et d'en faire un objet de formation, d'information, de débat au plus près des citoyens. C'est l'intention sous-jacente à l'ouverture d'Espaces éthiques régionaux (E.E.R.) créés en 2004 (loi du 6 août 2004 relative à la bioéthique).

1. Missions

Ce sont des espaces de réflexion éthique créés au niveau régional ou interrégional. Reliés à des centres hospitaliers universitaires, ils constituent des lieux de formation, de documentation, de rencontres et d'échanges interdisciplinaires sur les questions bioéthiques. Ce sont également des observatoires régionaux ou interrégionaux des pratiques éthiques sur un territoire donné.

2. Statut

Un arrêté du ministre de la santé définit les règles de constitution, de composition et de fonctionnement de ces espaces. Publié tardivement (28 janvier 2012) cet arrêté contient une convention constitutive type de ces structures. Elle prévoit les questions de statut, des missions, d'organisation des ressources, d'évaluation de la structure.

3. Rôle dans les États généraux de la bioéthique

Ces structures ont été appelées par le gouvernement à s'engager dans les États généraux de la bioéthique (2008-2009), dans le cadre de la réforme qui a abouti à la loi du 7 juillet 2011. Dans les faits la mobilisation a été inégale, comme le montre le bilan des États généraux. Les plus actifs ont été ceux de Paris Ile de France, d'Aquitaine, de Lyon Rhône-Alpes, d'Amiens-Picardie, de la Réunion, de Provence Alpes Côte d'Azur, de Besançon (Bourgogne Franche Comté), de Brest (Bretagne occidentale), de Nancy. Les EER qui se sont le plus engagés sont ceux qui se sont structurés les premiers, comme c'est le cas de l'espace francilien créé le premier en 1995. En contraste, celui du Nord Pas de Calais a été installé seulement le 2 octobre 2012. La plupart de ces instances rendent compte actuellement de leurs activités sur un site internet dédié.

Sources juridiques : CSP Art. L.1412-6, L.6111-1, L.6142-3. Loi du 6 août 2004 relative à la bioéthique. Arrêté ministériel du 28 janvier 2012 relatif à la constitution, à la composition et au fonctionnement des espaces de réflexion éthique régionaux et interrégionaux. J.O. du 28 janvier 2012.
Liens internes : États généraux de la bioéthique
Liens externes : États généraux de la bioéthique. Rapport final 2009

46. ÉTATS GÉNÉRAUX DE LA BIOÉTHIQUE

1. Des faits d'histoire

Nous sommes dans le contexte des années 2008-2011. Le gouvernement, comme prévu, entend soumettre les lois de bioéthique à un réexamen pour les adapter aux évolutions sociales, culturelles, aux progrès de la recherche biomédicale et répondre aux questions éthiques que posent les applications à l'homme. C'est une décision prise par Roselyne Bachelot, alors ministre de la santé. Elle l'a annoncé le 16 juillet 2008. Depuis cette date un immense chantier s'est ouvert. Il a mobilisé un nombre important d'acteurs : les politiques, les experts, des chercheurs de diverses disciplines, et la chose n'est pas banale des « citoyens » comme vous et moi. Selon le gouvernement il n'était pas question de laisser la bioéthique entre les mains de spécialistes, car c'est l'affaire de tous. Il s'agissait donc de la mettre au cœur d'un débat public ouvert aux citoyens. C'est dans ce processus qu'est venu s'inscrire ce qu'on a appelé « États généraux de la bioéthique ». La formule est en elle-même attractive. Elle est discutable en raison du peu de place laissée aux citoyens, et le rôle très directif du gouvernement sur l'opération.

2. La logique organisationnelle

Les États généraux ont officiellement débuté le 4 février 2009. Les créateurs du dispositif ont prévu trois voies d'accès ouvertes aux citoyens.

L'ouverture d'un site internet dédié. Ouvert le 16 février 2009, ce site permettait aux citoyens de s'informer, réagir sur les grands thèmes prédéfinis par le gouvernement sous forme de contributions.

Des rencontres régionales. Elles pouvaient être organisées notamment par les « **espaces éthiques régionaux*** » existant dans certaines Régions et rattachés aux CHU.

L'organisation de trois forums citoyens régionaux. Ils devaient être le lieu central des débats publics. Espace de confrontation entre trois acteurs : les citoyens (qui auraient bénéficié d'une formation préalable en ce domaine) - des grands témoins (les experts) un public autorisé à intervenir. La mise en œuvre de ce dispositif était confiée à un comité de pilotage présidé par le député Jean Léonetti. Cinq autres personnalités ont composé ce comité 2 parlementaires, le président du conseil d'orientation de **l'Agence de biomédecine***, un juriste, un philosophe (décret du 28 novembre 2008).

Les travaux d'ensemble des États généraux ont fait l'objet d'un rapport final (1er juillet 2009) suivi par la publication de la loi de révision (7 juillet 2011).

3. Que s'est-il passé vraiment ?

Dans la réalité, et selon les données du rapport final, le site internet dédié aux citoyens aurait eu plus de 70 000 visites. Les internautes ont proposé 1 658 avis individuels, la procréation médicalement assistée étant le thème qui a suscité le plus d'intérêt. Un processus de « conquête du grand public » s'est- il réellement amorcé ? Indéniablement conclut le rapport. Nous ne pouvons le vérifier. Cependant, d'un point de vue logistique, ce site était bien organisé et facile d'accès. Un succès a priori. Les **espaces éthiques régionaux*** principalement ont organisé une soixantaine d'événements dans le cadre des États généraux. Le fait marquant est l'intervention intensive de l'acteur religieux dans le débat, aux divers échelons. La mobilisation des Régions a été très variable géographiquement. Globalement le premier acteur sollicité pour l'animation des débats a été le personnel hospitalier et les médecins, puis viennent les représentants des communautés religieuses, des chercheurs, juristes, philosophes, représentants d'associations.

Qu'en est-il de la troisième composante : les forums citoyens ?

Ceux-ci se sont tenus effectivement dans trois villes choisies à l'avance : Marseille (9 juin), Rennes (11 juin) Strasbourg (16 juin). Le mode de recrutement et la formation des citoyens sont deux questions éminemment stratégiques. L'IFOP, institut de sondage a été désigné maître d'œuvre pour l'organisation de « panels ». La diversité est un élément fondamental. Chaque panel comprend 15 individus. On a proposé six critères : le sexe, l'âge (cinq tranches), la profession (9 marqueurs), le niveau d'études (8 marqueurs), la situation familiale (5 marqueurs).

Les formateurs, en revanche sont recrutés par le comité de pilotage. Les critères relativement peu élaborés posent la question de la « neutralité » du formateur. Les « porteurs d'intérêts » spécifiques, comme des militants d'associations investis dans le champ de la bioéthique, sont exclus. Le but de la formation, selon l'IFOP est de *« transmettre dans la plus grande neutralité possible les connaissances indispensables à une bonne compréhension du sujet »* *(*Rapport final*)*. Nous sommes dans une logique prescriptive centrée avant tout sur un contenu calibré et imposé, les thèmes de travail pour chaque forum ont été définis à l'avance.

L'exécution du plan est très encadrée. Le déroulement de la formation (12 heures réparties sur deux jours) est prédéfini selon un schéma type applicable à chaque session. Dans ce schéma contraignant, que devient le formateur ? Sa marge de manœuvre est singulièrement restreinte.

La mise en œuvre des forums appelés parfois « conférences de citoyens » est le point d'aboutissement de la formation des citoyens. Il s'agissait d'un débat entre les citoyens « formés » et les experts, en présence d'un public. Le but étant la production citoyenne de propositions pour la réforme. Nous avons des informations très parcellaires concernant le déroulement du débat en grandeur réelle. Le rapport final fournit cependant une « feuille de route » standardisée sinon appliquée, du moins applicable à l'ensemble des forums.

Nous remarquons que les 3 forums ont abouti à la formulation de propositions ou de prises de positions sur chacun des thèmes distribués. Dans la majorité des cas, ces propositions rejoignent les lieux de convergences des experts, qui avaient déjà produit leur rapport avant la tenue des assemblées citoyennes.

La clôture de ces États généraux a eu lieu le 23 juin 2009. Le rapport final fournit des conclusions plus qu'élogieuses. Aucune difficulté n'est relevée. L'expérience a été un réel succès.

La lecture génère certaines frustrations pour l'observateur extérieur concernant ces conférences des citoyens. Les critiques que l'on ne peut développer ici, concernent : le recrutement des citoyens, leur formation, la problématique de la neutralité, le statut du grand public : sa participation était prévue. Le rapport n'en dit rien. Est-il intervenu ? Sous quelles formes ? Pour quelles questions ? Avec quelles réponses, on ne le sait pas

4. Quel bilan ?

Globalement quel bilan peut-on faire de ces premiers États généraux dans le champ de la bioéthique ? À la clôture, tous les officiels étaient réunis autour de la ministre de la Santé pour célébrer le succès de l'opération. Ces États généraux ont-ils été des vrais États généraux ? Ce sont les citoyens qui pourraient répondre. Ils n'ont pas eu l'honneur de la tribune. Comme le dit Bourdillio (5 juin 2009) « *l'absence des citoyens à la tribune ainsi que ce choix de style laissent une impression de confiscation. Exactement, comme lorsqu'on laisse à un enfant la possibilité de se servir quelques instants d'un outil tranchant de façon très encadrée avant de le lui reprendre dans la crainte d'un accident* ».

Voici mon point de vue. De façon générale, l'opération a mobilisé un nombre important d'acteurs de statuts différents. Le dispositif global est complexe et relève d'une ingénierie lourde. L'investissement « temps », en ressources humaines, en financements est sans doute considérable. De façon particulière, un bilan significatif pourrait être fait en prenant en compte deux variables : la valeur ajoutée à la problématique du réexamen des lois de bioéthique, les effets constatables sur les acteurs.

La valeur ajoutée des propositions citoyennes ? La réponse est modeste. Ou bien les propositions plaident pour le maintien de l'existant, ou bien, ce qui est souvent le cas, elles rejoignent exactement celles des rapports d'expertise. Il est rare qu'elles soient productives de nouveautés. Ou bien la réflexion des citoyens aurait été surdéterminée au moins partiellement par la communauté savante et ses rapports publiés auparavant, ou bien la communauté savante était dans le droit fil de la pensée commune des citoyens et l'aurait précédée ! Certaines évaluations sont plus sévères. Selon elles, la participation des citoyens n'est que relative, voire inexistante. La réforme est en réalité une réforme d'experts, des scientifiques, des juristes. *« Les États généraux ont échoué ; ils n'ont pas permis un débat entre les citoyens et les experts mais uniquement un débat entre les spécialistes. La présence des citoyens a eu pour finalité de légitimer ces débats. Le dialogue, pourtant si attendu n'était pas au rendez-vous »*. (LARRIBAU-TERNEYRE V. 2011). On pourrait faire, ici, une comparaison avec la non-participation des citoyens aux journées de débats organisées par le C.C.N.E.

Cependant, en positif, la demande de participation des citoyens aux instances existantes et spécialisées en bioéthique, est révélatrice d'une volonté de poursuivre en allant plus loin. Nous changeons alors de registre.

Quels effets sur quels acteurs ?

Il n'est pas pensable que la participation des citoyens aux forums n'ait pas produit des effets sur ces derniers : révélation d'une curiosité pour les questions de bioéthique, connaissance du dispositif légal actuel, découverte des enjeux liés aux questions mises en débat, et peut-être aussi transformation des représentations. Sur ce sujet, nous avons des indications positives dans le discours spontané des formateurs après expérience.

Ces observations pourraient être étendues aux citoyens qui ont formulé des avis sur le site internet. Leur démarche témoigne au moins d'une curiosité, d'un début d'intérêt. Il en est de même pour les participants aux rencontres régionales.

Finalement les citoyens ont-ils été acteurs ? Acteurs potentiels pour l'instant : acteurs demandeurs d'information et porteurs de questions. Grâce à leur présence, les États généraux ont ouvert un vaste chantier où s'entrecroisent des questions éminemment stratégiques : l'information, la formation à long terme des citoyens, le développement de leur participation à l'élaboration des normes bioéthiques, leur rapport avec les institutions existantes et la communauté des experts. L'expérience est un essai de démocratisation dont le principal effet est de produire une nouvelle demande de démocratie bioéthique.

Finalement, comme le souligne LARRIBAU-TERNEYRE V. et son équipe « *les États généraux ont eu pour but d'éduquer les citoyens, de leur dire, grosso modo, ce qui est bien et ce qui est mal.*

Derrière l'idée de débat ouvert et public, derrière l'idée d'une participation active des citoyens au débat parlementaire, se dessine implicitement l'idée selon laquelle, plus que faire participer, il faut éduquer les citoyens ».

Liens externes *: États généraux de la bioéthique. Rapport final. 1er juillet 2009.* LARRIBAU -TERNEYRE V. *dir. (2011) La révision des lois de bioéthique. Loi du 7 juillet 2011* – LEONETTI J. *; Rapport fait au nom de la commission spéciale chargée d'examiner le projet de loi relatif à la bioéthique. Assemblée nationale n° 3111.26 janvier 2011. T.1 exposé général et travaux de la commission.*

47. EUGÉNISME

1. Éléments d'histoire

En 1883 Francis Galton, anthropologue britannique, propose le terme « eugénisme » signifiant « science de l'amélioration de la lignée ». Dans le cas de l'homme, elle se préoccupe de toutes les influences susceptibles de privilégier les races les plus douées. On voit donc que si l'eugénisme et le nazisme sont associés, il ne faut cependant pas imaginer que le premier est une invention du second. Les racines en sont anciennes. La question eugéniste n'est pas absente de la pensée des philosophes du Siècle des lumières. Ce mouvement a abouti à des théories dites de la raciologie. Hitler s'en est inspiré et a nourri une idéologie biologisante et barbare avec la sélection de l'homme par l'homme. Mais avant 1945 le choix reproductif guidait les eugénistes. Il était représenté, d'une part par l'intérêt supérieur de la collectivité et d'autre part dominé par l'avenir lointain de la famille. Cet eugénisme rampant, en dehors de l'Allemagne, aurait existé ailleurs, notamment aux États Unis. L'histoire des politiques eugénistes a souvent croisé l'histoire des stérilisations (AZOUX I.2000).

2. De quoi parle-t-on ?

Classiquement, on dit que l'eugénisme est la science de l'amélioration de l'espèce humaine. On distingue en général deux formes d'eugénisme : le positif et le négatif (Binet 2010). Alors que l'eugénisme positif vise à l'amélioration de la race par la reproduction sélective de ceux qui sont considérés les meilleurs, l'eugénisme négatif vise à supprimer ceux qui sont estimés inférieurs, que ce soit avant ou après leur naissance. Ainsi entendu l'eugénisme a une forme politique et institutionnalisée et présuppose l'intervention de l'État.

3. La lecture des enjeux.

L'enjeu principal est la sauvegarde de la **dignité*** fondamentale de l'homme au sein de l'espèce humaine, qui transcende les cultures, les contextes sociaux, et les caractéristiques physiques des individus. Elle ne se quantifie pas, elle ne se négocie pas. Établir une hiérarchie entre les races c'est ruiner ce principe de base, et pervertir la conception de l'espèce humaine.

4. Comment le droit réagit ?

Le législateur n'a pas tardé à intervenir pour condamner l'eugénisme. L'article 16-4 du Code civil dispose que « *toute pratique eugénique tendant à l'organisation de la sélection des personnes est interdite* ».

La loi répressive ne définit pas la pratique eugénique. Elle est appréhendée par la circulaire du 19 janvier 1995 comme celle qui tend à l'amélioration des caractéristiques génétiques de l'espèce humaine, par modification à l'aide du génie génétique, des cellules germinales des individus, ce qui aurait pour conséquence de modifier leur descendance. Il s'agit d'un eugénisme collectif puisqu'il vise l'espèce humaine MONDIELLI E. (2008). L'interdit est assorti d'une sanction pénale lourde (Code pénal. Art.214-4) au titre des **crimes contre l'espèce humaine***.

De son côté le CCNE, consulté sur la question apporte une précision intéressante. Il s'agit de toute pratique collective institutionnalisée qui vise à favoriser l'apparition de certains caractères ou à en éliminer d'autres jugés négatifs. Cette définition est plus précise que celle du Code civil mentionnée plus haut et qui vise « toute pratique » sans exiger qu'elle soit collective ou institutionnalisée. Est-ce à dire qu'une pratique qui se limite à faire droit à des demandes individuelles ne relèverait pas de l'eugénisme ? Il n'y a qu'un pas à franchir pour dire qu'il existerait un eugénisme individuel révélant un rapport embarrassé et douteux de la bioéthique avec l'eugénisme.

5. Malaise au sein de la bioéthique

Eugénisme et bioéthique : une fréquentation douteuse ?

Les prises de position en ce domaine, les critiques, les mouvements d'idées, les manifestations organisées forment un ensemble complexe difficile à démêler. Ce qui est le plus lisible, c'est l'introduction de la problématique de l'eugénisme dans les sociétés contemporaines souvent reliée au développement des pratiques médicales. Pour essayer de démêler l'écheveau qui continue à se complexifier, nous proposons une grille de lecture à cinq entrées correspondant à autant de positions différentes.

Position 1

L'interdit de l'eugénisme collectif et organisé. C'est la position restrictive du droit de la bioéthique, qui prend en compte un eugénisme « organisé et collectif » aboutissant à une forme de sélection des humains.

Position 2

À l'opposé : toute forme de sélection au sein d'une vie humaine intrinsèquement relève de l'eugénisme et est donc condamnable. Le collectif et l'organisationnel ne sont pas nécessaires. De cette manière-là, le **diagnostic préimplantatoire***, l'IVG ont des traits communs : il y a examen, diagnostic, tri des embryons ou du fœtus, donc sélection donc pratique eugénique. Cette position repose, à mon sens, sur une éthique de la conviction qui attachée à certaines valeurs dont le respect absolu de la vie humaine, va jusqu'au bout, refuse toute dérogation pratique, quels que soient les conséquences et le contexte. Le risque d'un enfant handicapé à naître est un risque obligatoirement à affronter pour l'assumer.

Bertrand Mathieu professeur de droit constitutionnel, affirme quant à lui que « notre société s'inscrit dans une logique eugénique » fut-elle scientifique et compassionnelle. Il n'y a pas d'eugénisme acceptable fut - il individuel et compassionnel. « *Est-il acceptable de considérer qu'il y a des vies qui valent moins que d'autres la peine d'être vécues* ». LA CROIX, 24 novembre 2009 *Trois entretiens sur l'eugénisme*. (Dominique Quinio et Marianne Gomez).

Parlant d'un nouvel eugénisme individuel et actuel, L. AZOUX BACRI (2000) estime qu'il se préoccupe de l'avenir immédiat de l'individu et est engendré par le diagnostic anténatal et le tri des embryons. La génétique médicale a modifié le contexte scientifique, avec pour conséquence des effets susceptibles d'entraîner des dérives. La dépénalisation de l'avortement, les diagnostics prénataux ont fait apparaître le nouvel eugénisme.

Des associations, des mouvements d'inspiration religieuse, telle la Fondation Jérôme Lejeune, qui par ailleurs fait un travail d'information remarquable, les autorités religieuses catholiques, des juristes humanistes vont dans ce sens. En dehors de l'IVG, ce qui est surtout visé c'est le tri d'embryons lors du diagnostic préimplantatoire. Incontestablement il y a sélection, mais sélection pour éviter une sélection autrement plus brutale et pesante dans le choix éventuel d'une interruption volontaire de grossesse pour les raisons indiquées par la loi. Cette position appréhende donc l'eugénisme de manière très large, contrairement à la précédente…

Position 3

Position de la dédiabolisation de l'eugénisme.

Le terme « eugénisme » est diabolisé en raison de son renvoi à des pratiques collectives, organisées aboutissant à des génocides. Mais pourquoi ne pas reconnaître, au sein de la bioéthique l'existence d'une forme d'eugénisme individuel acceptable qui repose sur la prise en compte de quatre critères : l'autonomie, la vulnérabilité, l'intérêt particulier et l'intérêt général. C'est la position défendue par Jean Léonetti, député UMP et porteur de la mission d'information de l'Assemblée nationale sur la révision des lois de bioéthique (2011). Ainsi, dans le cadre d'une pathologie grave on ne saurait parler d'eugénisme au sens strict car on se réfère alors à ce que l'embryon aurait souhaité et dans la mesure où cet être est non autonome et vulnérable, c'est la voix de sa mère qui peut en témoigner : il faut se référer à ce que cet être aurait souhaité, en passant par la personne qui peut témoigner pour lui, à savoir sa mère. Par ailleurs une sélection réalisée à titre individuel ne vise pas l'amélioration de l'espèce et n'est donc pas « eugénique » ; en revanche si l'on établissait une liste des pathologies concernées, là ce serait de l'eugénisme au sens classique du terme (LA CROIX, 24 novembre 2009).

Cette position repose sur une éthique de la responsabilité. Attachée au respect de la vie humaine, elle tient compte des contextes, des situations particulières, pour accorder certaines dérogations au nom d'autres valeurs concurrentes. Par exemple l'IVG, ou le tri d'embryons à titre exceptionnel, si des précédents pathologiques existent déjà dans la famille. C'est la lecture qu'il convient de faire du dispositif officiel de bioéthique à la française.

Position 4

C'est la position des sentinelles institutionnelles.

Par sentinelle citoyenne nous entendons les institutions censées éclairer l'opinion publique en recherchant l'intérêt général au coup par coup. Nous nommons : le CCNE et le Conseil d'État.

Le caractère individuel et non contraint des décisions d'interruption de grossesse en cas de diagnostic de la trisomie 21 conduit le CCNE à affirmer dans un avis récent (15 octobre 2009) qu'on ne peut y voir une politique eugénique. Il relève toutefois qu'il importe de veiller à ce que le choix des couples ne soit pas menacé par des incitations abusives. Point intéressant : la pression exercée sur les individus ne vient pas forcément de l'État. Elle peut émaner du corps social lui-même. Dans le même sens le Conseil d 'État estime que l'eugénisme peut être le résultat collectif d'une somme de décisions individuelles convergentes prises par les futurs parents, dans une société où primerait la recherche de l'enfant parfait ou du moins indemne de nombreuses affections graves. Voilà qui est dit. Il fallait le dire. Mais le Conseil d'État s'empresse d'être rassurant : il relève qu'il n'existe pas d'évolution préoccupante à cet égard en général, il appelle à la vigilance sur le cas de la trisomie 21, le risque étant d'aboutir à une pratique individuelle d'élimination presque systématique des fœtus porteurs. (BINET J.R. 2010)

Position 5

C'est la position de l'eugénisme réhabilité sournoisement.

Elle dépasse le champ de la bioéthique. Elle est globale. BINET J.R. (2010) en donne une présentation synthétique. Il existe aujourd'hui une volonté, minoritaire, de réhabiliter l'eugénisme présenté comme la victime d'une diabolisation regrettable. Ainsi on peut lire chez certains un discours de relativisation de l'eugénisme qui ne serait pas condamnable dans son principe, mais seulement dans ses excès ou ses modalités de mise en œuvre. Parmi les nombreux exemples cités j'en extrais un seul : *« Un auteur regrette qu'aujourd'hui, beaucoup de ces infirmes génétiques survivent assez longtemps pour se reproduire... le seul moyen d'améliorer l'espèce humaine serait d'opérer une sélection délibérée et sévère » (Monod* cité par BINET J.R. 2010).

Sources juridiques : Code civil art.16-4.- Code pénal Art. 214-1 à 215-4.
Liens internes : Bioéthique. Principes généraux – Diagnostic préimplantatoire – Diagnostic prénatal.
Liens externes : CCNE. Avis n° 107 (15 octobre 2009) sur les problèmes éthiques liés aux diagnostics anténatal : le diagnostic prénatal et le diagnostic préimplantatoire. Conseil d'État (2009) *La révision des lois de bioéthique.* BINET J.R. (2010) *Droit médical* – AZOUX BACRIE L. (2000) *Vocabulaire de bioéthique.*

48. Euthanasie

Problème

La mort fait peur, plus encore du fait des avancées de la médecine moderne qui ont donné à croire qu'on pourrait un jour la repousser indéfiniment. Le médecin, certes, est fait pour soigner, soulager parfois guérir. On le sollicite d'adoucir la mort. Il le peut de mieux en mieux. Désormais on lui demande plus ou moins clairement de faire mourir pour éviter la souffrance. Le doit-il ? (Aumonier 2008). C'est une façon de poser le problème. Il y en a une autre. Choisir le moment de sa mort c'est choisir de mourir avant la souffrance, avant la dégradation physique ou l'abandon. Ce qui fonde cette demande semble donc très naturel. La réponse apportée à cette demande peut alors être de deux ordres différents. La première qui est portée par le mouvement Association pour le droit de mourir dans la dignité (ADMD) consiste à autoriser un tiers, en général un médecin à administrer la mort à celui qui la demande. La seconde réside dans le traitement du problème : traitement de la souffrance psychologique, physiologique, sociale de la personne en fin de vie grâce à des soins palliatifs et à un accompagnement du mourant. (BINET J.R. 2010). C'est dans cette problématique que se pose la question de l'euthanasie acceptée ou refusée.

1. De quoi s'agit-il ?

Le mot « euthanasie » vient du grec et signifie littéralement « bonne mort ». Mais aujourd'hui le terme est employé comme synonyme de mort provoquée à l'intérieur d'un traitement médical.

La définition de l'euthanasie est l'objet de diverses définitions. Les unes mettent l'accent sur l'intention de départ : *« L'action ou l'omission dont l'intention première vise la mort d'un malade pour supprimer sa douleur* » (Aumonier). D'autres mettent l'accent sur l'intervention d'un tiers. Selon Beauchamp T.L. l'euthanasie exige trois conditions : l'intervention active d'une tierce personne qui la cause, la suppression d'une extrême souffrance, les procédures choisies sont aussi peu douloureuses que possible (Beauchamp 1996 cité par Aumonier). Il est vrai que sans l'intervention active d'une tierce personne on ne parle pas d'euthanasie mais de suicide assisté. D'autres soulignent l'importance de la demande du malade : « *L'euthanasie consiste dans le fait de causer volontairement la mort d'un individu à sa demande* » HENNETTE VAUCHEZ S. (2009). Ce point est suffisamment important pour que l'on s'y arrête ; la demande du malade peut être formulée explicitement en situation réelle, comme dans l'affaire Humbert, elle peut être prévue dans des directives anticipées de fin de vie, elle peut être rapportée par la personne de confiance ou un des membres de la famille. Cela s'appelle mourir sur décision personnelle. Mais dans les faits, ce phénomène est concurrencé par un autre qui s'appelle « mourir sans décider ». Ainsi que le relève HENNETTE-VAUCHEZ S., les études qui se sont penchées sur les conditions concrètes selon lesquelles opère la gestion contemporaine de la mort dans les sociétés occidentales montrent ceci : le trait majeur de la mort contemporaine c'est qu'elle est bien souvent la conséquence d'une décision, celle-ci étant toutefois plus souvent le fait du médecin que du patient. Bien souvent la mort est décidée par le corps médical. Bien souvent le patient meurt sans l'avoir décidé, ce qui jette une lumière assez crue sur toutes les énergies consacrées à faire reconnaître, quelle qu'en soit la forme, un droit à la mort.

D'autres auteurs distinguent euthanasie active et euthanasie passive. (SEBAG V. (2007) FELDMANN G. 2010) MATHIEU « *L'acte d'euthanasie peut consister à « faire mourir » la personne malade en lui injectant dans le corps une substance destinée à provoquer le décès et on parle alors d'euthanasie active. Il peut aussi consiste à laisser mourir en arrêtant les moyens de maintenir une personne en vie, généralement en débranchant le respirateur artificiel. On parle alors d'euthanasie passive, celle-ci étant l'acte d'un médecin qui laisse venir la mort d'un malade incurable sans acharnement thérapeutique* ». *(Sebag 2007)*

Pour moi, cette distinction conduit à une extension de la notion et risque de semer la confusion, et minimiser la différence entre mort naturelle et mort causée par un acteur extérieur, processus naturel, et processus provoqué. Il y a des actes médicaux de fin de vie qui se différencient de l'euthanasie. Nous en distinguons quatre : l'administration d'analgésiques à des doses progressives susceptibles d'accélérer la mort ; la limitation ou l'arrêt de traitement devenu inutile ou refusé par le patient ; l'arrêt des dispositifs de survie artificielle : alimentation, respiration ou reins artificiels, la sédation : sommeil artificiel réservé aux souffrances absolument réfractaires (AUMONIER N.2001). Ces actes ont un nom précis : administration de médicament à double effet, refus de l'acharnement thérapeutique, arrêt des soins à la demande du malade. Pourquoi ranger dans la catégorie euthanasie des démarches d'accompagnement du « laisser mourir » ?

Pour toutes ces raisons je propose la définition suivante : l'euthanasie est l'intervention active d'un tiers qui, à la demande (ou non) d'un malade en fin de vie, provoque la mort de ce dernier pour mettre un terme à ses souffrances ultimes.

2. Éléments d'histoire

Ce n'est pas une question des temps modernes. L'euthanasie faisait objet de débat conduisant à des positions contradictoires dans l'antiquité gréco-latine, au Moyen âge, depuis la renaissance et jusqu'à aujourd'hui. Pour des raisons d'utilité publique, Aristote approuvait le sort réservé aux nouveau-nés mal formés que l'on supprimait. Platon étendait cette légitimation aux adultes gravement malades supprimés avec l'aide des médecins. À Rome ? L'exaltation de la force, de la jeunesse et de la vigueur physique faisait concevoir une réelle répugnance pour la vieillesse et la maladie. Elle se conjuguait avec la doctrine stoïcienne qui exaltait le suicide. Les opposants à ces pratiques ont été nombreux : chez les Romains, Cicéron, par exemple. Chez les Grecs, Pythagore ou Hippocrate qui affirmait dans son fameux serment : « *Jamais je ne remettrai du poison même si on me le demande et je ne conseillerai pas d'y recourir* ». L'avènement du christianisme a représenté un tournant dans les coutumes puisque pour les chrétiens la vie quelle qu'elle soit, quel que soit son état, est sacré, ce qui interdit a priori toute forme de suicide ou d'euthanasie. (BOURGOIS E. 2001).

On comprend alors que la France, de par sa culture humaniste, pétrie de la philosophie et de la tradition judéo - chrétienne et de la défense des droits de l'homme ait traditionnellement un rapport d'interdit concernant le passage à l'euthanasie. Ce qui n'exclut pas des pratiques clandestines. Aussi la nécessité de légiférer en matière d'euthanasie est en débat depuis les années 1980.

En France des propositions de loi favorables à l'euthanasie sont déposées régulièrement sur le bureau des assemblées... sans aller plus loin. Les associations engagées dans la lutte pour la légalisation de l'euthanasie se multiplient de même que les mobilisations d'intellectuels et d'autres acteurs de la société. Les positions de l'association du droit de mourir dans la dignité qui milite en faveur de l'euthanasie ont rencontré un écho certain dans le grand public actuellement majoritairement favorable à cette pratique de fin de vie.

Il faut rappeler aussi que les cas d'individus souhaitant obtenir la mort sont de plus en plus médiatisés. En France on relève l'affaire Vincent Humbert (2003), plus tard affaire Chantal Sebire (2008), aujourd'hui l'affaire Lambert, en Angleterre Diane Pretty (2001) en Italie Elana Englaro (2008). En réaction les comités d'éthique ont été nombreux à rendre des avis sur cette question transversale à la classe politique. Ces mobilisations parviendront-elles à faire légaliser l'euthanasie, ou le droit de mourir ?

Cette interrogation renvoie, entre autres aux argumentaires qui servent d'outillage pour étayer les débats et les différentes positions.

3. Confrontation des argumentaires

Le CCNE, dans un avis du 27 janvier 2000 a bien résumé les thèses en présence. Il expose d'abord les arguments de ceux qui affirment le respect de toute vie humaine jusqu'au bout et en conséquence refusent l'euthanasie. Un tiers ne peut disposer d'une vie qui n'est pas la sienne. La dignité est un caractère intrinsèque à toute personne ; il n'y a pas continuité entre la personne qui demande que soit mis fin à ses jours dans telles circonstances, et la même personne à l'approche de la mort. Le changement d'avis n'est pas exceptionnel. Une personne peut exprimer un désir d'euthanasie pour ne pas déranger son entourage ; il peut falloir protéger une personne contre le désir de mort de son entourage ; le médecin doit toujours avoir pour tâche de soulager. On reconnaît là la philosophie humaniste teintée de compassion.

Puis le Comité expose, en se référent à l'ADMD, la logique de ceux qui pensent que mourir dans la dignité implique un droit qui doit être reconnu à qui en fait la demande ; le motif est que l'individu est seul juge de la qualité de sa vie et de sa dignité ; que l'euthanasie doit être dépénalisée ; que personne ne peut obliger quelqu'un à vivre ; que le respect de la clause de conscience est impératif ; qu'il ne s'agit pas d'un droit de tuer accordé à un tiers, mais de la faculté pour une personne consciente et libre d'être comprise et puis aidée dans une demande exceptionnelle qui est celle de mettre fin à sa vie ; qu'une demande d'assistance à une mort consentie ou qu'une demande d'euthanasie reste l'ultime espace de liberté auquel a droit l'homme, et que la confiscation de ce droit est injustifiable.

Vous devinez tout de suite que ces deux positions contradictoires reposent sur des fondements philosophiques différents : la transcendance d'un côté l'utilitarisme de l'autre. À ceux qui disent que la dignité est une valeur absolue qui s'impose à tous et limite la liberté de l'individu, les autres répondent que l'essentiel réside dans l'autonomie, la liberté de décision de l'individu seul juge de ce qui lui convient, attaché à une dignité de pure convenance sociale. On en arrive à deux versions contradictoires de l'expression « mourir dans la dignité » : mourir quand je veux, comme je veux d'une part ; laisser mourir, respecter le processus naturel en l'accompagnant jusqu'au bout par les soins palliatifs dans le respect de la personne d'autre part. C'est le droit contre le devoir, le faire mourir contre le laisser mourir. (Mathieu 2009). Le choix engage un modèle de société et ses valeurs de référence.

4. 2005 Le choix du législateur

Le législateur, au moment de décider, se trouvait dans un contexte lourd, chargé de revendications, d'émotions, d'affaires singulières surmédiatisées à chaque fois. En particulier il connaissait la douloureuse affaire de Vincent Humbert tétraplégique. Celui-ci avait demandé à sa mère de mettre fin à ses jours. L'autorisation du président de la République a été requise. La mère, puis un médecin avaient ensuite commis l'acte d'euthanasie. Derrière cette affaire se profilait la question d'une éventuelle admission en droit français de l'euthanasie. Le risque pour les parlementaires, dans ce contexte émotionnel qui traversait l'opinion, était de s'orienter vers une loi « compassionnelle ». Juridiquement, qu'attendait-on ? Que le législateur maintienne une distance essentielle entre l'émotion et l'instrument juridique, sans laquelle il court le risque d'inscrire dans une loi générale une réponse à un cas particulier et dans une norme permanente la solution à un problème ponctuel (BINET J.R. 2010).

La voie choisie est celle de la gestion de la fin de vie par les soins palliatifs et l'accompagnement psychologique, social et médical du patient jusqu'au bout.

4.1. Le dispositif éthique français

L'euthanasie demeure toujours interdite en France et pénalement répréhensible : ainsi la personne qui euthanasie un malade est susceptible d'être poursuivie sous diverses incriminations potentielles : meurtre, assassinat, empoisonnement, accompagnés, le cas échéant, de circonstances aggravantes liées à l'état de vulnérabilité de la victime. (Art.221-1 -3- 5) du Code pénal. Par ailleurs la loi condamne l'acharnement thérapeutique ; elle favorise le respect de la **dignité de la personne*** malade notamment par le développement et la pratique des **soins palliatifs***(CSP 1110-9) même lorsque ces derniers conduisent à utiliser des substances qui peuvent accélérer la mort du patient (CSP Art.1110-5). Ce dernier en a été préalablement informé. Le malade est toujours libre d'accepter ou de refuser les soins qui sont proposés, même si refus met sa vie en danger. (CSP, 1110-13)

Finalement selon ce dispositif, le droit à la mort n'existe pas, mais le droit à mourir dans la dignité est une certitude. La mort ne peut découler du droit, mais elle exige le respect. La dignité de la personne n'est pas un droit de l'homme plus ou moins négociable, mais elle est l'assise du concept de « droit de l'homme ». (Mathieu 2009).

Le dispositif est encore trop méconnu au niveau théorique et pratique. Il reste à le faire mieux connaître. C'est dans cette perspective qu'a été créé l'Observatoire national des conditions de **« fin de vie* »** et des pratiques d'accompagnement, par décret du 19 février 2010. Sa mission est de recenser les besoins d'information du public et des professionnels de santé, d'identifier et de promouvoir l'émergence de recherches pluridisciplinaires dans les domaines d'application de la fin de vie.

4.2. Au-delà de la loi

Le législateur a parlé, mais pour autant la question de l'euthanasie n'est pas devenue muette, elle continue à interpeller. En effet elle est inscrite dans pratiques clandestines qui ne sont pas toutes portées devant les tribunaux. Ainsi, note Mathieu, (2009) dans certains hôpitaux des cocktails lytiques à action décalée, utilisés avec une volonté mortifère non discutable aurait été administrée, le geste étant délégué à des infirmières sans prescription écrite. (Source : Sibelle Husson (1998*) le cocktail lytique* cité par Mathieu).

Sur un plan politique la question est portée par des mouvements de revendication ou des groupes de réflexion. *« Plusieurs parlementaires, de droite comme de gauche, ont fait des propositions de loi en ce sens, partant du principe que si les soins en général, les soins palliatifs en particulier, relèvent de la compétence et du devoir du médecin, l'euthanasie (active) constitue un droit du citoyen ».* (FELDMANN G. 2010).

4.3. Aujourd'hui ?

François Hollande, on s'en souvient, dans le cadre de sa campagne en vue de l'élection présidentielle, avait inscrit dans son programme un réexamen de la gestion de la fin de vie. Élu, il a chargé le CCNE d'organiser une conférence citoyenne, en lieu et place d'États généraux sur la fin de vie, dans la perspective d'ouvrir la voie à un projet de loi pour 2014. Cette conférence a bien eu lieu. Lundi 16 décembre 2013, après quatre week-ends de réflexion, 18 citoyens « représentatifs » sélectionnés par l'IFOP, ont rendu leur rapport sur la fin de vie. Ils veulent un aménagement de la loi Léonetti (2005) sur les points suivants : le développement massif de l'accès aux soins palliatifs, l'autorisation de la sédation en phase terminale, la légalisation du **suicide médicalement assisté***, et surtout la création d'une « exception d'euthanasie » dans des cas particuliers ne pouvant entrer dans le cadre du suicide assisté. (Le Monde 16 décembre 2013). L'idée n'est pas nouvelle. Fort curieusement le CCNE., dans un avis très controversé (27 janvier 2000) l'avait déjà proposée. La proposition a été fortement critiquée à ce moment-là pour l'ambiguïté d'une démarche d'euthanasie contrôlée par une instance judiciaire exceptionnelle qui aurait à se prononcer a posteriori sur son acceptabilité. Aujourd'hui, on sait que la dépénalisation de l'euthanasie n'a pas été retenue, ni dans le rapport de CLAEYS-LEONETTI (2014) ni dans la proposition de loi actuellement en débat.

4.4. Et ailleurs

La plupart des pays actuellement, ont une législation qui interdit le recours à l'euthanasie. Celle-ci, pourtant est légalisée dans certains pays européens, la Belgique (loi du 28 mars 2002) le Danemark (loi du 1er octobre 1992) ou les Pays-Bas (2001) pour certains malades atteints de maladies incurables. De son côté la Suisse accepte le recours au « **suicide assisté** ». Sur le plan international, une affaire retentissante a défrayé la chronique judiciaire : l'affaire de Diana Pretty. Cette anglaise gravement malade sollicitait le droit qu'il soit mis fin à ses jours. Après les recours auprès des juridictions britanniques, elle saisit la Cour européenne des droits de l'homme qui dans un arrêt du 29 avril 2002, a refusé de condamner le ROYAUME UNI, ce que demandait précisément la patiente. Elle déclara que le droit à la vie n'implique pas un droit à la mort.

Sources juridiques : Code pénal. Art. 221-1-3-5.
Liens internes : suicide médicalement assisté – droits du patient en fin de vie – Bioéthique et principes de base – Dignité humaine.
Liens externes : COLLANGE J.F. 2007 *La vie. Quelle vie ? Bioéthique et protestantisme.* HENNETTE VAUCHEZ S. (2009) *Le droit de la bioéthique.* MATHIEU B. (2009) *La bioéthique.* FELDMANN G. (2010) La bioéthique. BINET J.R. (2010) Droit médical. BOURGOIS E. (2001) *La bioéthique pour tous.* AUMONIER A. et Alii (2008) *L'euthanasie.*

49. EXAMENS GÉNÉTIQUES

La découverte, l'analyse, la recherche sur l'ADN et les gènes contenus en elle ont conduit à des pratiques biomédicales innovantes et en plein développement. Les examens génétiques en font partie.

1. Le pourquoi des examens génétiques

En entrant dans cette molécule mystérieuse de l'ADN les chercheurs peuvent repérer d'éventuelles anomalies ou mutations d'un ou plusieurs gènes grâce à des repères de normalité. C'est l'objectif des examens génétiques. Ils visent donc à diagnostiquer certaines maladies ou évaluer la probabilité de voir se développer une pathologie donnée. La maladie peut provenir de l'anomalie sur un gène, comme la mucoviscidose (maladie mono génique) mais la plupart des maladies diagnostiquées sont dues à une combinaison de facteurs génétiques et environnementaux ; on parle de maladies multifactorielles, par exemple, les maladies cardio-vasculaires.

2. Les enjeux éthiques

Ils sont multiples : a-t-on le droit de rentrer ainsi dans l'intimité biologique d'un patient ? À quelles conditions ? Que devient la liberté de la personne ? Comment est-elle protégée contre les risques de discrimination sur la base de résultats d'examens génétiques ? C'est pourquoi le droit a produit un dispositif de régulation pour encadrer ce genre d'investigation.

3. Intervention du droit

Pour l'essentiel le dispositif provient de la loi de 2004 mise à jour par celle du 7 juillet 2011. Il repose sur deux interrogations de départ : des examens génétiques oui, mais quelles sont les finalités acceptables ? Deuxième question : qui sont les acteurs légitimes de ces examens et leurs modalités d'intervention ?

3.1. La finalité

L'examen des caractéristiques génétiques ne peut être entrepris qu'à des fins thérapeutiques ou de recherche scientifique. Les résultats ne sont donc pas disponibles pour toutes sortes d'usage extra-médicaux. Il est interdit de recourir aux tests génétiques dans une procédure de recrutement. En matière d'assurances il est interdit de soumettre une personne à des tests génétiques. Est-il équitable de pénaliser quelqu'un à l'avance dans le domaine des assurances pour la raison que c'est une personne saine mais à risque ? Risque qui ne sera peut-être jamais réalité. De plus, le patient est théoriquement protégé contre toute forme de discrimination en raison de ses caractéristiques génétiques connues ou divulguées à des tiers. *Nul ne peut faire l'objet de discrimination en raison de ses caractéristiques génétiques* (Code civil art.16-13). Voilà le socle de base auquel les acteurs concernés doivent se référer.

3.2. Les acteurs en présence

Quatre acteurs sont susceptibles d'intervenir dans la mise en œuvre : le médecin, le consultant, la famille, les laboratoires.

Le médecin face aux examens génétiques

Seuls les médecins autorisés peuvent prescrire ces examens avec l'autorisation du patient. Ils peuvent être confrontés à quatre situations

- Le patient est-il malade ? Un premier diagnostic laisse supposer l'existence d'une maladie génétique. Il s'agit de confirmer. Le médecin peut alors prescrire un test de diagnostic génétique - La personne est-elle porteuse saine d'une anomalie génétique ? La personne veut savoir si elle porteur d'une anomalie génétique liée à une maladie qui ne s'exprime pas chez elle mais qu'elle pourra transmettre à sa descendance (la mucoviscidose). On utilise alors le test d'identification d'un porteur sain. le patient est-il porteur sain d'une maladie à révélation tardive présente dans la famille ? On parle alors d'un test présymptomatique - La personne est-elle, en raison d'une anomalie génétique prédisposée à telle ou telle maladie (maladie cardio-vasculaire par exemple) ? On parle alors de test de prédisposition. Dans les trois derniers cas on est tourné vers le futur, on entre alors dans la **médecine prédictive***. Celle-ci permet de prévoir ; d'annoncer si une personne, au cours de son existence est susceptible de déclarer telle ou telle maladie. Ces maladies peuvent ne jamais se manifester. Cette médecine repose sur des probabilités, des statistiques non sur des certitudes. Médecine dont l'intérêt et les résultats sont valorisés par les chercheurs, et qui aurait permis d'augmenter l'espérance de vie grâce au suivi des personnes à risques et à des traitements curatifs efficaces notamment en cancérologie.

Dans toutes ces situations le médecin est confronté à un processus difficile de prise de décision. Il ne peut prescrire à la légère ce genre de pratique. Il est nécessaire de fonder l'acte du médecin en fonction du principe de bienfaisance, c'est-à-dire la nécessité de peser les avantages et les inconvénients d'une telle exploration. Le médecin conscient qu'un diagnostic génétique touche au cœur le plus intime de la personne ne le propose que si cette atteinte à la personne est justifiée par les avantages que l'on peut en attendre *(Conseil national de l'Ordre des médecins, « Déontologie médicale et diagnostic génétique », septembre 1997).*

Le consultant face à son analyse génétique

De toute évidence le consultant est exposé à des risques liés au respect de sa liberté, mais aussi aux effets que peut produire chez lui la communication des résultats de son examen. Deux « projecteurs » éthiques éclairent chacune de ces situations.

En premier lieu le patient a droit à une information préalable bien adaptée : que cherche-t-on ? Avec quels moyens ? Quelle fiabilité ? La maladie ciblée est-elle curable ou non ? Quel mode de transmission ? Quelles conséquences éventuelles pour la famille ?

« L'*information sera particulièrement soignée, répétée autant que nécessaire, clarifiée, sans cacher les incertitudes quant à la qualité des résultats, à leur interprétation, à leurs conséquences pour le premier intéressé et à ses proches ». (*Conseil de l'ordre des médecins). Face à cette information l'intéressé garde le choix de poursuivre ou non sa démarche. S'il la poursuit il devra exprimer son consentement par écrit. Il est révocable à tout moment. « *Le consentement devra être obtenu sans précipitation de façon expresse après une période de réflexion en tenant compte de la capacité du sujet à consentir* ». (Conseil de l'ordre des médecins).

En second lieu le patient a le droit de savoir, et le droit de ne pas savoir, de refuser de connaître les résultats. C'est le deuxième projecteur qui s'allume. La communication des résultats peut être libératrice ou au contraire ravageuse, destructrice, anxiogène pour le patient. En même temps il y a obligation d'information pour le médecin. La contradiction est évidente. Quelle issue ? Droit de savoir et droit de ne pas savoir... La situation est paradoxale mais compréhensible humainement. Le médecin doit respecter le refus. Mais la question rebondit : jusqu'où peut aller ce droit de ne pas savoir ? Il peut mettre en danger des tiers, des membres de la famille exposés à un risque de transmission. Nous tombons dans une deuxième contradiction. Là encore le pouvoir de refus est limité. La volonté d'une personne d'être tenue dans l'ignorance doit être respectée sauf lorsque des tiers sont exposés à un risque de transmission : en premier lieu la famille, troisième acteur.

La famille du consultant face à l'analyse génétique et ses résultats

Qui doit prévenir la famille biologique concernée par les résultats d'un test génétique (positif) ? Comment ? La loi du 7 juillet 2011 (CSP Art.L.1131-1-2) indique un chemin. Elle stipule : préalablement à la réalisation d'un examen des caractéristiques génétiques d'une personne, le médecin prescripteur informe celle-ci des risques qu'un silence ferait courir aux membres de sa famille potentiellement concernée si une anomalie génétique grave, pour laquelle il existe un traitement, était détectée. Il prévoit avec elle, dans un document écrit qui peut être complété ou modifié après le diagnostic, les modalités de l'information génétique familiale. Pratiquement trois situations peuvent se présenter

Situation 1. La personne connaît les résultats qui attestent une anomalie génétique. L'information lui est communiquée oralement mais aussi résumée dans un écrit rédigé de façon loyale, claire et appropriée signée par le médecin (CSP Art.L.1131-1-2). La personne, en cas de test positif, est tenue d'en informer sa famille, dès lors que des mesures de soins peuvent être proposées. Elle accepte de faire l'information elle-même.

Situation 2. La personne connaît les résultats redoutés, mais elle ne souhaite pas donner elle-même l'information à la famille. Elle peut demander dans un document écrit au médecin prescripteur qui atteste de cette demande, de procéder à cette information. Elle lui communique les coordonnées des intéressés. Le médecin informe sur l'existence d'une information médicale à caractère familial susceptible de les concerner et les invite à se rendre à une consultation de génétique, sans dévoiler ni le nom de la personne examinée ni l'anomalie génétique ni les risques qui lui sont associés. Le médecin potentiellement consulté par la famille est informé par le médecin prescripteur de l'anomalie génétique en cause.

Situation 3. La personne exerce son droit de ne pas savoir, alors que l'existence d'une anomalie génétique est révélée. Elle peut, de façon anticipée, avant l'examen, autoriser le médecin prescripteur à procéder à l'information des intéressés, dans les conditions qui viennent d'être présentées.

Que cherche-t-on dans cette procédure, disons « acrobatique » ? Maintenir un équilibre entre trois intérêts contradictoires : le respect de la vie privée du consultant ; le respect du secret médical de la part du médecin, et la protection de la famille contre une mise en danger éventuelle.

Les laboratoires face à l'analyse génétique

La réalisation des analyses génétiques porte des enjeux suffisamment lourds pour qu'il y ait un contrôle extérieur sur l'activité des laboratoires engagés.

Sont seuls habilités les praticiens agréés et qualifiés par le Préfet de Région après avis de la commission consultative nationale des examens génétiques. Un agrément d'une durée de cinq ans renouvelable est délivré. Le médecin doit être qualifié en biologie médicale ou pharmacien biologiste (Art. R.1131-7). Par ailleurs l'activité doit être exercée au sein d'établissements autorisés également. Les autorisations peuvent être retirées à tout moment en cas de violation des dispositions de bioéthique. Enfin, s'inspirant de la pratique canadienne, la loi de bioéthique crée la profession de conseiller en génétique en vue d'une meilleure prise en charge et accompagnement de personnes devant subir les examens. Cette profession est exercée par des non-médecins sous la responsabilité d'un médecin qualifié en génétique. Un règlement définit les activités, la formation et l'expérience requise pour ce genre d'activité.

3.3. Les examens génétiques et ses sanctions pénales

Le fait de procéder à des examens génétiques d'une personne à des fins autres que celles prévues par loi, ou sans le consentement préalable de l'intéressé est sanctionné d'une peine d'un an de prison et 15 000 euros d'amende (C.P. art.226-25). Le fait de recourir aux tests génétiques dans une procédure de recrutement ou d'affiliation à une assurance est sanctionné par un an de prison et amende de 15 000 euros. Les discriminations fondées sur la prise en compte de tests génétiques prédictifs sont punies par une peine de deux ans de prison et 30 000 euros d'amende (CSP Art.225-2 et 225).

4. Question vive

Faut-il avoir peur d'un spectre de la biologisation ?

Selon le rapport CLAEYS A. (2008), député expert en bioéthique, il y a actuellement une soif d'information biologique qui serait sans limite. On veut tout savoir sur soi ; à ce besoin de savoir répond l'explosion des tests génétiques en libre accès sur internet. Des laboratoires étrangers, moyennant finance et sans garantie de fiabilité ni d'efficacité, proposent des tests : tests de paternité, analyses génétiques destinées à satisfaire la curiosité de chacun sur ses origines familiales, les diverses migrations de sa famille, tests de susceptibilité à telle ou telle maladie, pour se rassurer ou pas. Certains experts avancent le chiffre de 10 000 tests clandestins (L'A.B.C. de la bioéthique. LA CROIX). Contre une somme comprise entre 640 et 1 600 euros selon le prestataire, le client reçoit un kit pour racler quelques cellules de sa paroi buccale. Son génome analysé, il accède par internet à des informations personnalisées qui seront mises à jour au gré de nouvelles découvertes scientifiques. Le client effectue lui-même la démarche sans intermédiaire médical.

Évidemment ces pratiques appellent des mises en garde sévères. Comment les personnes reçoivent-elles ces informations ? Aucun suivi médical individualisé ? N'est-ce pas la porte ouverte au développement d'angoisse sur soi, sa famille, son avenir ? Serions-nous en train de devenir des technos malades imaginaires ? C'est le spectre de la « biologisation », qui ramène tout aux gènes alors que tout n'est pas dans les gènes. Ces offres accessibles sur internet posent en amont le problème de l'absence de conseil génétique personnalisé, et en aval, les problèmes de fiabilité des tests proposés et celle de la sécurisation des informations obtenues. Le recours à ces tests en accès libre sur internet est permis en Suisse, Belgique, Canada. Il est formellement interdit en France. La commande par internet d'un test génétique envoyé par courrier de l'étranger est illégale. Elle peut donner lieu à une sanction d'un an d'emprisonnement et 15 000 euros d'amende (Code pénal 226-28). Il en est de même dans plusieurs pays européens. Un contrôle à l'échelon européen et international est absolument nécessaire mais difficile à mettre en place. En octobre 2007, le Ministère de la Santé, l'Agence de biomédecine, et le conseil de l'Europe ont organisé à Paris un séminaire européen sur le thème : *« Tests génétiques en accès libre et pharmacologie : quels enjeux individuels et collectifs en Europe » ?* On ignore la suite.

5. Et ailleurs ?

Les pratiques des examens génétiques à des fins médicales et de recherche se développent dans la plupart des pays européens (Italie, Allemagne, Espagne…), avec un encadrement juridique plus ou moins élaboré. Par ailleurs le Conseil de l'Europe a pris position en ce domaine par la **Convention sur les droits de l'homme et la biomédecine*** Convention d'Oviedo 1997 et le protocole additionnel de 2007 concernant directement la recherche biomédicale. Dans ce texte nous retrouvons les grands principes de base rencontrés dans le droit français : primauté de l'être humain – non-discrimination et non stigmatisation – recherche de la qualité des services – information et consentement explicite du patient – droit d'information familiale – protection des données à caractère personnel.

Sources juridiques : CSP Art. L.1131-1 à L.1133-11. Code civil art.L.16-13 Code pénal Art. 226-25.
Liens internes : ADN – Thérapie génique – médecine prédictive – Convention sur les droits de l'homme et la biomédecine.

Liens externes : BINET J.R. (2010) *Droit médical – l'A.B.C. de la bioéthique* La CROIX.
CLAEYS A. VIALATTE J.S. (2008) *Rapport sur l'évaluation de l'application de la loi du 6 août 2004 relative à la bioéthique.*

50. Expérimentations Recherches biomédicales

1. Historique

L'expérimentation médicale sur l'homme est presque aussi ancienne que la médecine. Elle a été associée aux grandes étapes de l'histoire de la médecine. Dans l'antiquité, la médecine a recours à la rationalité, mais avec un déficit expérimental. On observe les symptômes dans le but de diagnostiquer, de soigner et si possible de guérir mais sans recourir systématiquement à l'expérimentation.

C'est à partir de la fin du XIXè siècle et début du XXe qu'apparaissent, avec le développement de la méthode expérimentale, des problèmes éthiques. Claude Bernard introduit cette méthode dans la médecine en 1865. Il faut observer et expérimenter sur le vivant. Le passage à l'expérimentation sur l'homme est obligatoire et pour obtenir la certitude de la reproductibilité de certains résultats les expérimentations peuvent recourir à un grand nombre de personnes volontaires.

Les problèmes de la recherche sur l'homme se sont posés de façon particulièrement violente au lendemain de la Seconde Guerre mondiale, lorsque la société internationale découvre avec stupeur les actes de barbarie conduits pas les médecins nazis sous prétexte d'expériences scientifiques. Le jugement des coupables par le tribunal de Nuremberg (1947) a abouti à la production de règles réunies dans ce qu'on a appelé le **Code de Nuremberg*** base de l'éthique moderne en matière d'expérimentation sur l'homme.

En France la recherche expérimentale sur l'homme a connu deux étapes distinctes : une période de semi-clandestinité jusqu'à la fin des années 1980 : interrogations, doutes, pratiques contradictoires, malaise éthique en l'absence de cadre officiel. La période actuelle : le législateur (1988) réagit aux enjeux de cette pratique et prend position.

2. La lecture des enjeux

Ces expérimentations sont des atteintes à l'intégrité du corps. Or la personne a droit à la protection de son intégrité contre les agressions extérieures de tiers. En même temps le développement de la recherche médicale nécessite des expérimentations en grandeur réelle c'est-à-dire sur l'homme. Sont-elles légitimes ? À quelles conditions ? Comment éviter les dérives toujours possibles du corps médical et des chercheurs qui peuvent être parfois motivés par des considérations fort peu humanistes mais scientistes ? Par exemple : la course à la notoriété scientifique, la recherche d'enrichissement. Ils peuvent être soumis aussi à des pressions scientifiques ou économiques importantes de la part de lobbies, de multinationales pharmaceutiques, de **l'économie de la santé.** *

3. L'intervention du droit

Le droit international et européen est intervenu conjointement avec le législateur français. Le Code de Nuremberg a largement inspiré les textes internationaux. Il suffit de les mentionner ici : la **convention dite d'Oviedo** (1997),* le Protocole additionnel à la Conventionnel sur les Droits de l'homme et la biomédecine, relatif à la recherche biomédicale (2005)

En France les principes en matière de recherche ont été définis une première fois par la loi « Huriet-Sérusclat » du 20 décembre 1988. Ils ont été repris plusieurs fois par les lois du 29 juillet 1994, du 4 mars 2002 sur les droits des patients. Le droit de l'expérimentation a été sensiblement révisé par la loi relative à la politique de santé du 9 août 2004. Il reste que le dispositif global est en symbiose avec les régulations internationales.

Le socle de base est composé de quatre éléments fondamentaux : la notion de recherche biomédicale - la prise de position du législateur – la régulation du jeu d'acteurs et d'intérêts, enfin la sécurisation de l'expérimentation médicale.

3.1. Recherche biomédicale

Le droit utilise le terme « recherche biomédicale » plutôt que celui d'expérimentation médicale. Par recherche biomédicale on vise les recherches organisées et pratiquées sur l'être humain en vue du développement des connaissances biologiques ou médicales (CSP

Art.L.1121-1). Ce sont donc les recherches réalisées sur une personne de sa naissance jusqu'à son décès.

Traditionnellement on distinguait les recherches avec bénéfice individuel direct pour le patient, ayant une finalité thérapeutique, et les recherches sans bénéfice direct pour les personnes qui s'y prêtent, et donc sans lien avec l'état de santé. Cette distinction a été abandonnée car la frontière entre les deux types était parfois difficile à établir. Donc c'est l'ensemble des recherches biomédicales qui sont soumises à un même régime (MONDIELLI E.).

3.2. Position du droit

Le droit donne une réponse positive à la possibilité d'expérimentations humaines, à condition que certains objectifs soient respectés et que la personne objet de la recherche donne, un consentement libre et éclairé. Il introduit donc une dérogation au principe de l'intégrité du corps humain, pour une fin légitime, et dans le respect de la volonté humaine. C'est donc une atteinte légale à l'intégrité comme d'autres bien connues : le don d'organes, le don de produits du corps humain, ou encore la stérilisation.

3.3. La régulation des acteurs et des intérêts en présence

Officiellement trois acteurs interviennent dans le processus : l'investigateur- le promoteur- le patient.

– L'investigateur est celui qui réalise la recherche. De lui on exige évidemment une compétence indiscutable et indiscutée ; il doit être un médecin expérimenté dans la discipline

– Le promoteur engage sa responsabilité dans le déroulement du projet de recherche ; c'est lui qui assume l'indemnisation des conséquences dommageables de la recherche pour la personne qui s'y prête et celle de ses ayants droit, sauf preuve à sa charge que le dommage n'est pas imputable à sa faute. Pour cette raison il y a obligation de souscrire une assurance garantissant la responsabilité civile.

– La personne concernée par l'expérimentation est définie comme une personne non fragilisée, non vulnérable. Que faut-il entendre par là ? La loi donne des illustrations de personnes exclues : les personnes en état de dépendance ou de vulnérabilité : par exemple femmes enceintes, personnes privées de liberté par une décision judiciaire, les mineurs, les personnes hospitalisées à d'autres fins que la recherche, les personnes majeures hors d'état d'exprimer leur consentement (CSP Art. L.1121-5-7).

Concernant le jeu d'intérêts, on se réfère au principe selon lequel l'intérêt des personnes qui se prêtent à une recherche biomédicale prime toujours sur les seuls intérêts de la science et de la société (CSP Art.L.1121-2). Cette exigence est forte importante dans la mesure où elle exclut la primauté des intérêts financiers, le scientisme, la recherche pour la recherche ou pour l'intérêt du seul chercheur.

3.4. La sécurisation de l'expérimentation

Le dispositif de sécurisation protège à la fois la personne concernée et encadre le processus de recherche biomédicale.

Concernant le sujet, aucune recherche biomédicale ne peut être effectuée sur l'être humain - si le risque prévisible est hors de proportion avec le bénéfice escompté - si elle ne vise pas à améliorer la condition de l'être humain - si elle n'intègre pas la réduction au minimum de la douleur, les désagréments. Ces exigences s'articulent autour de l'obligation d'un consentement libre et éclairé du patient. La formule est connue. C'est une application particulière d'un principe de base de la bioéthique. Le consentement est exprimé par écrit. Loin d'être générale l'information doit être très structurée et répondre aux questions suivantes : les objectifs de la recherche, les bénéfices attendus, les risques prévisibles ; les modalités de prise en charge encas d'arrêt prématuré, la possibilité de retirer son consentement à tout moment.

Au nom de la liberté, le consentement de la personne ne peut pas être monnayé, hormis le remboursement des frais exposés. Par ailleurs, aucune recherche biomédicale ne peut être effectuée sur une personne décédée, en état de mort cérébrale, sans son consentement exprimé de son vivant, ou par le témoignage de sa famille.

En ce qui concerne le processus de recherche, la loi du 9 août 2004 organise un régime d'autorisation préalable. Un comité de protection des personnes (CPP art.L.1123-1) établi au niveau régional, délivre un avis motivé sur la pertinence du projet. Cet avis conditionne l'autorisation délivrée par le ministre de la Santé ou par l'Agence française de sécurité sanitaire des produits de santé. La composition des comités (24 membres) est organisée de manière à garantir l'indépendance des membres et la diversité des compétences dans le domaine biomédical et à l'égard des questions éthiques, sociales, psychologiques et juridiques. Ils comportent dans leur sein, des représentants d'associations de malades ou d'usagers du système de santé.

Ce sont les comités, à ne pas confondre avec les comités d'éthique, qui évaluent la validité de la recherche au regard des critères législatifs, son opportunité, la prise en compte de la balance bénéfices escomptés/risques attendus.

Sans remettre en cause l'utilité de ces comités, FELDMANN G. (2010) met deux questions en débat. *« Quand obligera-t-on les CPP à faire appel à des spécialistes extérieurs quand il n'en existe pas en leur sein pour valider scientifiquement un protocole ? Quand confiera-t-on l'examen des dossiers aux CPP de façon aléatoire, pour éviter que les promoteurs ne choisissent le CPP qui leur paraît être a priori le plus favorable parce qu'ils y comptent nombre de collègues et amis » ?*

4. Et ailleurs

L'existence de textes internationaux dans ce domaine influe évidemment sur l'orientation des dispositifs nationaux. De ce fait, en Europe la recherche sur la personne humaine est strictement réglementée comme en France. L'élément primordial du système est « le consentement libre et éclairé » obtenu du volontaire avant toute expérimentation en connaissance de cause et libre de toute influence externe.

Il est précisé que certaines études font appel à des volontaires sains, la pathologie existante pourrait interférer sur la recherche et perturber ses résultats. Les volontaires malades peuvent s'engager dans des expérimentations liées à leur maladie. Bien que les essais thérapeutiques des médicaments soient les plus répandus, les recherches peuvent s'orienter vers la compréhension de la maladie ou le développement de nouvelles technologies pour la prévention, le diagnostic ou la thérapeutique.

Références juridiques : CSP Art.L.1121-1 suiv.
Liens internes : consentement du patient – principes de base de la bioéthique
Liens externes : MONDIELLI E. (2008) *L'essentiel de la Bioéthique.* FELDMANN G. (2010) *La bioéthique.*

F

51. FICHIER NATIONAL DES EMPREINTES GÉNÉTIQUES (FNAEG)

1. Faits d'histoire

Commencée en 1985 environ, l'identification génétique des personnes a été sensiblement améliorée d'un point de vue technique. Dans un souci d'efficacité en matière de répression criminelle, et surtout de rapprochement comparatif de données génétiques, les experts de la police criminelle ont réclamé progressivement la création d'un fichier informatisé et centralisé permettant d'effectuer des comparaisons automatiquement pour l'identification des auteurs d'infractions. On comprend aisément. Sans fichier, comment conserver les empreintes, les classer, faire des comparaisons ? C'est la loi du 17 juin 1998 dite loi Guigou, relative à la prévention et à la répression des infractions sexuelles qui a permis la mise en place d'un fichier central ainsi désigné : Fichier national des empreintes génétiques (FNAEG), situé à Ecully près de Lyon.

2. Aspects techniques

La direction centrale de la police judiciaire au Ministère de l'Intérieur, sous le contrôle d'un magistrat du Parquet est responsable de la gestion de ce fichier.

Il contient une fiche signalétique pour chaque personne : empreintes génétiques ; puis d'autres informations : nom, prénom, date et lieu de naissance, filiation et sexe. Date et lieu d'établissement de la fiche, la nature de l'affaire sur laquelle a été condamnée la personne, ou pour laquelle elle est suspecte. Les informations sont conservées pendant 40 ans pour les personnes définitivement condamnées, comme pour les données du casier judiciaire ; 25 ans pour les personnes mises en cause comme pour les empreintes digitales. Il est utilisé par la police nationale et la gendarmerie.

L'effacement des empreintes est-il envisageable ?

L'effacement est de plein droit dès que le service gestionnaire a reçu un avis de découverte d'une personne disparue (morte ou vivante). Si elle a été découverte, le procureur fait droit à la demande d'effacement lorsqu'elle émane des ascendants ou descendants. En ce qui concerne les personnes vivantes, et mises en cause, elles peuvent adresser directement leur demande au Procureur de la république de la juridiction qui a traité l'affaire et le fichage. La décision d'effacement revient au Procureur lorsque leur conservation n'apparaît plus nécessaire. Il fait connaître sa décision à l'intéressé par lettre recommandée. En cas de contestation, le citoyen peut saisir le juge des libertés et de la détention.

3. Aspect sociétal

Le développement de cet instrument est un fait remarquable. En effet, en 2002 ce fichier contenait environ 2 100 profils génétiques (Le monde 25 septembre 2006). En 2009 il en contient 1 080 000 (Ministère de l'Intérieur cité par Le Monde 18 septembre 2009 « Ouvrez la bouche ».) Ce développement est dû à une double extension. D'une part l'extension des situations pour lesquelles légalement on peut l'utiliser. Au début ne devaient figurer que les criminels sexuels. Puis on est descendu vers le bas dans l'échelle de la gravité. Progressivement le gouvernement a donné son autorisation pour y inclure les coupables de dégradations dangereuses et d'extorsions, puis les coupables de quasiment tous les délits.

Il y a plus, et c'est la deuxième extension, le prélèvement et la conservation des traces va concerner non seulement les personnes condamnées mais aussi les personnes suspectes à l'encontre desquelles *il existe des indices graves ou concordants qu'elles aient commis ou non les infractions visées* (Code de procédure pénale Art.706-54). Enfin le fichier peut contenir les traces biologiques, des échantillons prélevés sur des cadavres non identifiés, sur des personnes disparues, ses ascendants et descendants. L'emprise de ce fichier sur la société est très forte. Aujourd'hui le FNAEG peut être sollicité pour la quasi-totalité des crimes et délits, atteintes aux personnes et aux biens.

4. Éléments critiques

Si on ne voit que la poursuite d'objectifs sécuritaires, le fichier est une prouesse technique, un outil de première main. Le principe de l'instrument n'est pas contesté car il permet de résoudre des affaires, soit en condamnant soit en innocentant. Mais la machine s'est emballée. L'alimentation du fichier risque de devenir une fin en soi. Par ailleurs, il n'est pas possible de ramener la vie en société au « tout sécuritaire » sans provoquer des insurrections. C'est pour cette raison et d'autres que des groupes informels se sont insurgés et ont créé, site **du refus d'empreintes génétiques*** et de leur fichage. Des organisations officielles, cette fois, l'union syndicale des magistrats, la Ligue des droits de l'homme, le syndicat des avocats de France se sont insurgés contre le développement tentaculaire de cet instrument. Que dénonce-t-on ? La violation de la présomption d'innocence, l'orientation vers un modèle de société contestable, l'insécurité du fichier.

Il est inacceptable de ficher de simples suspects. La notion de suspect est elle-même suspecte. Le risque existe de ficher des suspects apparents sur des dénonciations infondées. Concrètement le fichier contient un million de personnes dont 263 000 condamnés. Ceci veut dire que 75 % de gens dont l'ADN est fichée en France sont toujours considérés comme innocents. (Ficher l'ADN de toute la population. Le blog de CAP 21-64 http ://cap-64)

Derrière ce fichage de masse qui ne demande qu'à grandir comme s'il fallait faire du chiffre, d'autres s'interrogent sur le modèle de société vers lequel on pourrait s'orienter si on n'y prend garde. *Devrons-nous observer les allées et venues de nos voisins et les dénoncer en cas de comportements suspects au nom du bien-être collectif et pour la paix ? Jusqu'où ce délire sécuritaire va-t-il aboutir ? Ce fichier façonne et met en place une société de l'exclusion et de la peur* (Marie Claude Bonneville). *(Le Monde du 27 octobre 2003 : après les empreintes digitales, les empreintes génétiques).*

Par ailleurs, en juillet 2007 la ligue des droits de l'homme a dénoncé la perméabilité accrue de ce fichier suite à sa mise en réseau avec des fichiers semblables de l'Union européenne du fait que les pays ne sont pas arrivés à se mettre d'accord au sujet de la protection des données privées ni sur les conditions de transfert à des pays extra-européens, tels que les États Unis (Les polices de l'Union européenne mettent en commun leurs fichiers biométriques.www.lemonde.fr).

Sources juridiques : Code de procédure pénale. Art.706-54 et R.53-9 suiv.
Liens internes : empreintes génétiques – Refus d'empreintes génétiques – ADN.
Liens externes : wikipedia.org/wiki/*Fichier national automatisé des empreintes* – Le Monde 18 septembre 2009. *Ouvrez la bouche. Données statistiques* : Le Monde 23 septembre 2006 : *La tentation du fichage génétique de masse*. Le Monde du 27 octobre 2003. *Après les empreintes digitales, les empreintes génétiques* (Marie Claude Bonneville) – http :/lemonde.fr *Les polices de l'Union européenne mettent en commun leurs fichiers biométriques.* Communiqué de presse du Ministère de l'Intérieur *Évolution de l'activité des services de police et de gendarmerie* (janvier 2009).

52. FILIATION

La filiation est le lien de parenté unissant un enfant à son père - filiation paternelle- ou à sa mère – filiation maternelle. La filiation est légitime, naturelle ou adoptive. Le principe de l'égalité des filiations est régi par la loi du 3 janvier 1972. La filiation vise la protection et l'intérêt de l'enfant. Elle se rattache au concept sociologique de protection de la famille. Elle est le lien juridique qui rattache l'individu à une famille et dont découle un certain nombre de prérogatives. De ce fait elle est un élément essentiel de l'identification d'un individu. (AZOUX BACRIE).

Par ailleurs, les problèmes posés par les progrès de la génétique ne sont pas sans incidence sur le droit de la filiation. On observe une certaine confusion entre : filiation génétique, filiation biologique, distincte de la précédente en cas de don de gamètes, et filiation psychosociale (adoption par exemple).

Comme le fait remarquer (ANDORNO 1997) les techniques hétérologues (fécondation in vitro avec donneur) impliquent l'introduction du matériel génétique d'un tiers à l'intérieur du couple. De ce fait elles provoquent un processus de dissociation. *La dissociation entre la relation sexuelle et la procréation, entraîne comme dans une réaction en chaîne, à plusieurs niveaux : dissociation de la maternité génétique, de la maternité utérine, et de la maternité sociale... Cette série de dissociations provoque certainement un affaiblissement, voire une mise en question des figures constitutives de la famille : qu'est -ce qu'un « père » ? Qu'est-ce qu'une « mère » ? Qu'est-ce qu'un « fils ? Quel est le rôle du lien du sang ? »*

Sources juridiques : Code civil
Liens internes : procréation médicalement assistée – Maternité de substitution.
Liens externes : ANDORNO. R (1997) *La bioéthique et la dignité de la personne.*
AZOUX BACRIE L. (2000) *Vocabulaire de bioéthique.*

53. FIN DE VIE

1. Absence de définition juridique

Le Code de la santé publique utilise ce terme « *fin de vie* » sans jamais le définir. Il figure dans le titre de la loi du 22 avril 2005 relative aux droits des malades et à la « fin de vie ». On le retrouve dans l'intitulé d'une section du CSP « *expression de la volonté des malades en fin de vie* ». Il est parfois associé aux soins palliatifs : le *médecin assure la qualité de la fin de vie en dispensant les soins palliatifs*. (CSP Art.L.1111-13).

Or, il faut savoir que les soins palliatifs ne sont plus des soins thérapeutiques, mais des soins sédatifs pour apaiser la douleur et sauvegarder la dignité de la personne jusqu'au bout. De ce rapprochement entre soins palliatifs et fins de vie on peut déduire un essai de définition.

2. Définition proposée

La fin de vie, dans le cadre de la bioéthique, est l'état d'une personne qui ne peut plus recevoir de thérapeutiques efficaces, en raison du stade d'évolution de sa maladie. Quel est le stade ? Ici le droit est plus explicite. Nous avons deux repères. – D'une part, il s'agit du stade où une personne est « *en phase avancée ou terminale d'une affection grave et incurable quelle qu'en soit la cause* » (CSP Art.L.1111-10). D'autre part, c'est le stade ou le médecin, refusant l'acharnement thérapeutique, décide l'arrêt des soins thérapeutiques de venus inutiles, disproportionnés ou n'ayant d'autre effet que le seul maintien artificiel en vie (CSP Art L.1110-5).

De façon synthétique, la fin de vie est l'état de santé de l'individu qui présente une affection grave, incurable, en phase avancée ou terminale, pour laquelle les soins thérapeutiques sont devenus inutiles en raison de leur inefficacité, et de leur lourdeur. Son pronostic vital est engagé à court terme, dit la proposition de loi en cours de débat (décembre 2015).

Enfin *« Le phénomène de la fin de la vie ne renvoie plus seulement au déroulement d'un processus naturel, il devient l'objet de l'exercice de certains droits »* (Mathieu 2009) **: droits du malade en fin de vie*.**

Références juridiques (CSP Art. L.1111-10 – L.1110-) **Liens internes** : acharnement thérapeutique – arrêt des soins palliatifs – droits du malade en fin de vie. **Liens externes** : MATHIEU B. (2009) *La bioéthique*

G

54. Gamètes

Le terme gamète vient du grec « *gamètes, gametis* » qui signifient : époux – épouse. L'emploi du mot pour désigner les cellules reproductrices sexuées apparaît vers 1880 dans les écrits de botanique.

Aujourd'hui, le terme désigne donc les cellules sexuées reproductrices, mâle ou femelle (spermatozoïde et ovocyte) dont le noyau ne contient qu'un seul chromosome de chaque paire et qui s'unissent au gamète de sexe opposé lors de la fécondation pour donner naissance à un œuf (zygote) point de départ d'un embryon et d'un futur individu. De ce fait, les gamètes sont donc les seules cellules de l'organisme à ne contenir que la moitié du **patrimoine génétique*** normal d'une cellule. Leur fonction, on l'aura compris, est une fonction de fusion pour donner naissance à un embryon porteur d'un patrimoine génétique complet et unique.

Liens internes : embryon – patrimoine génétique.
Liens externes : Wikipedia

55. Gène

1. Essai d'identification

La notion de « gène » est à rapprocher du chromosome et de **l'ADN.*** D'une part le gène est contenu dans le chromosome qui se trouve dans le noyau de chaque cellule du corps sous la forme de 23 paires. D'autre part il est constitué d'un segment d'ADN, et donc formé d'un ensemble de nucléotides dont il a été question à propos de l'ADN. La moitié des gènes de chaque individu provient de la mère et l'autre moitié du père. L'ensemble des gènes d'un individu, qui le distingue de tout autre constitue son « **génome*** ». Le nombre de gènes est l'objet d'une controverse entre généticiens. La fourchette la plus fréquemment avancée est entre 60 000 et 150 000. (Doctissimo)

2. Fonction des gènes

Les gènes grâce à l'ADN qu'ils contiennent sont capables de donner des ordres pour que soit fabriqué n'importe quel élément de l'organisme humain. À ce titre le gène est une unité d'information génétique (un programme) contenant les instructions nécessaires à la production d'un organisme donné. Plus exactement ils sont les unités responsables de l'hérédité. Ils agissent par paires pour transmettre différents caractères biologiques allant de la couleur des yeux jusqu'aux constituants du système nerveux.

La plupart des caractères courants, telle la taille, la couleur sont déterminés par la combinaison de plusieurs gènes différents. Certains caractères peuvent apparaître dans une génération mais pas dans la suivante, et réapparaître chez les petits enfants. Par ailleurs l'état des gènes détermine nos rapports à la santé, à la maladie ou aux risques pathologiques que les **examens génétiques*** visent à détecter pour une **thérapie génique*** éventuellement.

Grâce aux multiples gènes qui constituent son génotype, l'être humain possède une carte d'identité génétique, la carte de son génome qui est unique.

Pour tout dire en une formule : « *Nos gènes sont des fragments d'ADN qui décrivent l'alphabet de la vie, toute au long de nos 46 chromosomes* ». (ANDORNO R. 1997).

Liens internes : ADN – Thérapie génique – Génome humain.
Liens externes : ANDORNO R (1997) *La bioéthique et la dignité de la personne.*

56 GÉNIE GÉNÉTIQUE

1. De quoi s'agit-il ?

Il s'agit de l'ensemble des outils et des techniques de la biologie moléculaire permettant de manière contrôlée l'identification des gènes, leur isolement, leur **séquençage***, le décryptage de leur contenu, leur modification, leur transfert d'un organisme à l'autre.

2. Quel intérêt ?

Cette « ingénierie » est indispensable pour la recherche fondamentale ou appliquée sur le **génome humain**. En outre, elle permet le développement de **thérapies géniques*** voire la synthèse de certaines molécules dont on a besoin dans un but thérapeutique.

57. GÉNOME HUMAIN

Comme un gène désigne une unité d'information ou d'instruction génétique pour le développement d'un organisme, certains définissent le génome comme *« l'ensemble de l'information génétique, c'est-à-dire la totalité de son patrimoine génétique combinaison de similitudes et différences d'un individu ou d'une espèce à l'autre ». (HUYGHE F.B.* 2009) Autrement dit le génome est l'ensemble du matériel génétique, caractéristique de chaque individu.

1. Sur le plan technique

Le génome d'une personne est organisé au moment de la fusion des noyaux des gamètes masculin (spermatozoïde) et féminin (ovule) dans le processus de fécondation. Chaque personne a un génome unique qui lui est propre et qui n'est identique à aucun autre (sauf le cas des jumeaux monozygotes). Cette propriété est utilisée dans la pratique des empreintes génétiques

2. Sur le plan juridique

Le génome humain est dit « patrimoine commun », patrimoine individuel et patrimoine de l'espèce, car chaque gène est ainsi considéré comme propriété d'un individu et bien inaliénable de l'humanité. *Le génome humain sous-tend l'unité fondamentale de tous les membres de la famille humaine, ainsi que la reconnaissance de leur dignité intrinsèque et de leur diversité. Dans un sens symbolique, il est le patrimoine de l'humanité. (Déclaration universelle sur le génome humain et les droits de l'homme.* Art.1).

L'action qui consiste à modifier les gènes contenus dans les cellules pour prévenir, ou guérir certaines maladies s'appelle la **thérapie génique*** dont la mise en œuvre est bien encadrée juridiquement.

Liens internes : dignité humaine – gène – Séquençage du génome – Programme du génome – thérapie génique.
Liens externes : HUYGHE F.B. (2009) *ADN et enquêtes criminelles.* ATLAN H (1996) *Le génome et sou double.* Site : www.doctissimo.fr art. *Génome.* ANDORNO R. (1997) *La bioéthique et la dignité de la personne*

58. Gestation pour autrui

L'expression « gestation pour autrui » recouvre une démarche complexe entre une femme, mère potentielle et un couple d'intention. Il s'agit d'une opération par laquelle une femme s'engage à concevoir ou à porter un enfant pour le compte d'autrui, en remettant l'enfant à la naissance au couple d'intention.

1. La diversité des situations

Dans la première une femme assure la gestation d'un embryon conçu avec les gamètes du couple demandeur et replacé par transfert dans son utérus. L'enfant qu'elle mettra au monde sera donc, du point de vue biologique, celui du couple demandeur.

Dans la deuxième, la femme ayant accepté d'assurer la gestation de l'enfant est inséminée avec le sperme du père d'intention, l'enfant sera donc génétiquement rattaché au père d'intention et à la mère porteuse.

Dans la troisième, la mère porteuse accepte de porter un embryon conçu avec l'ovocyte d'une donneuse et le sperme du père d'intention, l'embryon étant conçu in vitro. L'enfant sera l'enfant génétique du père d'intention et de la donneuse d'ovocyte (BINET J.R. Droit médical).

Le point commun de ces pratiques réside dans le fait pour une femme de porter un enfant pour le compte d'autrui, un couple, une personne célibataire, ou des personnes de même sexe. L'enfant peut être conçu in vitro à partir des gamètes du couple, ou à partir du sperme d'un donneur et de l'ovocyte d'une donneuse. La mère porteuse peut aussi porter l'enfant conçu après insémination avec le sperme du mari et ses propres ovocytes. Dans tous les cas, l'enfant porté par cette femme doit être remis aux demandeurs après sa naissance.

2. Implications juridiques

L'opération s'inscrit dans un contrat, à titre gratuit ou à titre onéreux, Cet aspect est bien développé par AZOUX (2000) sous l'expression concurrente « *Maternité de substitution* ».

Il s'agit d'un « contrat passé entre un couple dont la femme est incapable de développer une grossesse et une mère dite « mère porteuse ». Il est nul, en ce qu'il porte sur un objet illicite, instrumentalisation du corps humain et commercialisation d'enfant. Un tel accord ne peut en aucun cas avoir une valeur juridique. Il ne peut donc être susceptible d'exécution forcée, qu'il soit conclu à titre gratuit ou à titre onéreux. De plus, ce contrat s'il est rémunéré porte atteinte au principe de non-commercialisation du corps humain ».

Toute la jurisprudence antérieure à 1994 (Cour de Cass. Arrêt du 31 mai 1991) a condamné et interdit ce genre de pratiques. Les fondements de ce principe sont l'illicéité des conventions relatives au corps humain, ainsi que son indisponibilité pour toute opération commerciale. La loi du 29 juillet 1994 reprend cette jurisprudence antérieure. *Toute convention portant sur la procréation ou la gestation pour le compte d'autrui est nulle.* (Code civil art.16-7). Cette interdiction est d'ordre public. Par voie de conséquence, une convention de ce type interdit l'établissement du lien de filiation entre l'enfant conçu et la femme commanditaire. Cette filiation interdite prévaut, quel que soit le mécanisme imaginé par les contrevenants, qu'il s'agisse d'une adoption, de la demande de transcription d'un acte de naissance établi à l'étranger, d'une reconnaissance ou de l'établissement de la filiation par la possession d'état. Toutes ces techniques ont été rejetées par une jurisprudence qui s'est développée de 2002 à 2009. Enfin le législateur a créé une incrimination pénale spécifique : elle concerne le demandeur comme aussi les intermédiaires de l'opération (Code pénal art.227-13).

Pour autant, la question reste objet de débats ranimés par le vote de la loi concernant le mariage pour tous. Les arguments favorables sont connus : venir en aide aux couples stériles médicalement, à ceux qui ont tenté les voies de la PMA sans succès, aux couples homosexuels. Ils mettent en avant des arguments d'égalité des couples, de solidarité ou de compassion. La réponse adverse tient en trois mots : instrumentalisation du corps de la femme considérée comme une pure productrice, risque de marchandisation de l'enfant dans le cadre d'un contrat onéreux, insécurité juridique de la situation de l'enfant. Que devient-il si la mère porteuse veut le garder ? Ou si le couple demandeur revient sur sa décision ? Ou si l'enfant est atteint d'une maladie génétique grave ?

3. Et ailleurs ?

La position française n'est pas isolée. La gestation pour autrui est expressément interdite chez de nombreux voisins européens et dans la plupart des États des États Unis et des Provinces du Canada. Ainsi elle est prohibée en Allemagne, aux Pays - Bas, en Espagne, en Italie et en Suisse. Les lois s'étalent de 1990 à 2004. D'autres pays voisins la tolèrent : la Belgique, le Danemark. En revanche certains pays relevant principalement de la sphère d'influence anglo-saxonne, prévoient et encadrent ces pratiques : le Royaume Uni, certains États des États Unis, certaines provinces canadiennes, la Grèce, la Russie, la Géorgie, l'Ukraine. Les dispositifs remontent à la période allant de 1985 à 2004 (BINET J.R. 2010).

Sources juridiques : Code civil Art.L.16-7. Code pénal Art. 227-13
Liens internes : Procréation médicalement assistée – Principes de base de la bioéthique.
Liens externes : BINET J.R. (2010) *Droit médical.* SEBAG V. (2007) *Droit et bioéthique.* AZOUX BACRIE L (2000) *Vocabulaire de bioéthique.*

59. Greffe d'organes

Une grande confusion règne sur ces différents termes : greffes, prélèvement, transplantation, et don.

Le terme le plus englobant est « transplantation d'organe ». Il englobe : le don d'organe, le prélèvement sur un donneur vivant ou décédé, et la greffe proprement dite qui est une composante du processus global.

La greffe proprement dite se définit comme la mise en place dans le corps humain d'un organe étranger en remplacement d'un organe devenu défaillant. Les spécialistes distinguent l'autogreffe, le greffon provient de la personne elle-même, allogreffe, le greffon provient d'un donneur, xénogreffe, la transplantation se fait alors entre deux organismes d'espèces différentes. Ici nous ne parlons que d'allogreffe basée sur le don. La greffe est effectuée dans le service spécialisé d'un hôpital habilité aux transplantations, par une équipe rompue à ce genre d'intervention. Les greffes d'organes ne peuvent se dérouler que dans le secteur public alors que les greffes de tissus sont possibles dans le secteur privé ou public.

1. Un peu d'histoire

L'idée de prélever un organe sain afin de remplacer un organe défaillant n'est pas nouvelle. Les premiers pas ont eu lieu dès le XIXe siècle, avec les tentatives de greffe de tissus comme la peau Dès le début du XXe siècle, des médecins expérimentent la greffe rénale, d'abord de l'animal vers l'animal, puis de l'animal vers l'homme, puis de l'homme vers l'homme. En France les premières transplantations sont réalisées dans les années 1950 pour se diversifier au cours des décennies suivantes : le rein (1955), la moelle osseuse (1956), le cœur (1968), le foie (1972), le pancréas (1976), cœur et poumon (1982), le poumon seul (1987). Cette pratique s'est heurtée dès le début à la question du rejet. La découverte du système immunitaire, et la possibilité d'intervention (immunosuppression) ont permis de prévenir et de limiter les rejets et faire de la transplantation une technique courante. Les figures emblématiques de ce type de pratique sont les professeurs Bernard et Cabrol.

2. Les pratiques actuelles

Aujourd'hui que greffe-t-on ? L'Agence de biomédecine, dont c'est la responsabilité, établit et diffuse des bilans réguliers. Je retiens cette ligne de lecture : en 2005 le nombre d'attentes de greffons est de 11 953, en 2012 il s'élève à 17 627. En face, le nombre de greffes réalisées en 2005 est de 4 238 et en 2012 il est de 5 023. Le constat est provocant. Le nombre de malades inscrits augmente beaucoup plus vite que le nombre de donneurs d'organes. L'attente d'un patient peut durer des mois, voire des années, sans compter avec le nombre de morts faute de greffes. On en arrive à cette contradiction : les médecins savent faire, et de mieux en mieux, mais ne peuvent pas tout faire du fait de la pénurie d'organes disponibles.

Que greffe-t-on ? L'Agence de biomédecine répond par une répartition en pourcentage de greffes selon les organes (année 2012). Le rein : 60,6 %, le foie 23 %, le cœur 8 %, le poumon 5,4 %, cœur et poumon 1 %, pancréas 1,4 %, intestin moins de 1 %.

Au niveau institutionnel, chaque pays d'Europe a créé un organisme responsable des greffes. Ou bien il s'agit d'un organisme national, comme en France (l'**Agence de biomédecine***), c'est le cas en Espagne, en Italie, en Suisse. Ou bien ce sont des organismes supranationaux qui fédèrent plusieurs pays.

Reste une réalité inquiétante (rapport CLAEYS octobre 2008) dénoncée sous les expressions **« trafic d'organes*** » et « tourisme de la transplantation ».

Liens internes : don d'organes – don croisé – transplantation d'organe.
Liens externes : CLAEYS 2008 Rapport. DE PLAEN S. *La transplantation d'organes. Enjeux et paradoxes.*

H

60. Histoire brève de la bioéthique

La bioéthique trouve ses racines dans ce qu'on appelle l'éthique médicale. Or celle-ci est très ancienne. Elle s'est développée en même temps que la médecine pour devenir « bioéthique » organisée en un système de régulations officielles (1947).

Dans ce domaine la question centrale est celle de l'acteur prédominant qui vient contrôler et encadrer les activités biomédicales et leur développement. Qui propose ? Qui juge ? Qui décide de ce qui est acceptable ou non ? Sur ce point l'évolution s'est faite en cinq étapes.

1re étape : le médecin seul régulateur éthique

Si on se réfère au **Serment d'Hippocrate***, la démarche consiste à fonder la pratique sur une méthode rationnelle. On écarte toute corrélation entre la maladie et la magie ou la religion. Le modèle, basé sur l'observation du patient, dominera la médecine jusqu'au XIXe siècle. L'éthique repose sur deux principes : le bien d'autrui, l'intérêt du patient, d'autre part le secret médical.

Beaucoup plus tard l'introduction de la méthode expérimentale au XIXe siècle avec Claude Bernard révolutionne la médecine. Basée sur l'expérimentation, celle – ci a pour ambition de maîtriser la nature en comprenant le vivant et les déterminismes physiologiques. Alors que l'éthique médicale traditionnelle était tournée vers l'intérêt du patient, l'expérimentation est tournée vers la science et l'intérêt collectif. La question éthique change : L'expérimentation ? Oui mais dans quelles conditions ? Quelle légitimité ? Les réponses données sont d'ordre individuel, dispersé, voire contradictoires. C'est au savant qu'il revient d'apprécier. C'est le modèle de l'autorégulation professionnelle. Le centre du mouvement éthique est plus le médecin, l'intérêt de la science que le patient à soigner. Tout va basculer à partir de 1947.

2e étape. Les juges régulateurs de l'éthique médicale

Nous sommes en 1947, un moment exceptionnel : c'est l'année du jugement du Tribunal de Nuremberg concernant les agissements de médecins nazis en matière d'expérimentation médicale. Face au vide juridique en la matière, un tribunal international et pour la première fois, fixe un cadre formel de l'expérimentation sur l'homme à finalité scientifique. Il est basé sur dix principes de base devenus le **Code de Nuremberg***. C'est le point de départ d'une bioéthique régulée de l'extérieur, sortie du sanctuaire des médecins et experts de tout genre. « *Le Code de Nuremberg de 1947 peut être considéré comme le texte fondateur de la bioéthique en tant que savoir prescriptif* » BORRILLO D. (2010). Néanmoins cette période est une parenthèse de courte durée.

3e étape. Le retour des médecins organisés en Associations. (1947-1965)

Très vite la profession médicale réinvestit le champ de l'éthique. La honte ressentie lors de Nuremberg mobilise la profession. Elle s'organise au niveau international au sein de structures spéciales dans le champ de l'éthique. Par exemple l'Association médicale mondiale (1947). Il y en aura d'autres. Ces institutions sont de type corporatiste, composées exclusivement d'associations médicales, orientées sur la défense des intérêts de la profession. Elles élaborent des règles de conduite, notamment dans le domaine de l'expérimentation.

Les spécialistes de cette question, (MONNIER S. 2005) portent un jugement sévère sur ce travail. On y élabore une éthique pour la profession, ses intérêts, et donc pour la recherche. Les intérêts des sujets de l'expérimentation (information, liberté, calcul des risques) passent au second plan.

4e étape. L'institutionnalisation de la bioéthique. (1970-1983)

Nous sommes au début des années soixante. Le phénomène majeur est le passage d'une régulation éthique clôturée sur le corps des médecins à une régulation ouverte sur le corps de la société. L'éthique s'institutionnalise en se donnant des structures externes : ce sont les **comités de bioéthique*.** Désormais ce sont des acteurs incontournables du processus de régulation qui va s'ouvrir progressivement aux non professionnels de la médecine. C'est une acquisition majeure. Ils vont s'implanter aussi bien dans les hôpitaux que dans les structures de recherche biomédicale.

En France, ce mouvement d'institutionnalisation aboutit à une création majeure : le **Comité consultatif national d'éthique*** CCNE (1 983). Il va servir de modèle à l'étranger, pour ces traits caractéristiques : la pluridisciplinarité, le pluralisme de pensée, l'indépendance.

5e étape. L'alliance de la bioéthique avec le droit (1994-2013)

La première rencontre entre droit et bioéthique a eu lieu en 1994 (lois du 1er juillet, du 29 juillet 1994). Une révision a été opérée par les parlementaires en 2004 (loi du 6 août) un réexamen a eu lieu en 2011 (loi du 7 juillet). Entre-temps des lois ponctuelles sont venues compléter ou renforcer l'édifice actuel. Il est désormais, constitué d'un jeu de huit lois qui s'étalent de 1994 à 2013. Ainsi les **lois de bioéthique*** sont l'achèvement du processus historique du développement des régulations.

Liens internes : Lois de bioéthique – États généraux de la bioéthique.
Liens externes : MONNIER S. (2005) *Les comités d'éthique et le droit.* FELDMANN G. (2010) *La bioéthique.* BORRILLO D. (2011) *Bioéthique.* AMBROSELLI CL. (1970) *Le comité d'éthique.*

I

61. Indisponibilité et non patrimonialité du corps humain

L'indisponibilité du corps humain est un principe juridique : il fait partie des axes de la bioéthique. Il signifie, c'est un rappel, que la libre disposition de soi est interdite et qu'ainsi le corps humain est « hors commerce », il n'est pas une « chose » pouvant faire l'objet d'un contrat ou d'une convention. Ce principe est lié à la notion de **dignité de la personne humaine***. Il trouve sa consécration jurisprudentielle dans un arrêt très connu de la Cour de cassation (31 mai 1991) interdisant la maternité de substitution ou « le recours aux mères porteuses ». On ne peut donc pas vendre ou louer une partie ou l'ensemble de son corps. C'est à ce titre que la gestion pour autrui est interdite, entre autres.

1. Disponibilité restreinte

Mais on remarquera que dans les faits, l'application de ce principe est entourée de certaines exceptions, puisque le don de produits et d'éléments corporels est autorisé, mais à titre gratuit au nom du « hors commerce ». Le don d'organes est une manière de disposer des éléments de son corps. C'est pour cette raison que le principe d'indisponibilité du corps humain a été remplacé, dans la loi du 29 juillet 1994, par celui de non patrimonialité qui interdit de vendre son corps, mais laisse une ouverture sur le « don » des éléments du corps. Donner, c'est disposer de ce que l'on donne. De fait le législateur a autorisé certains actes de disposition, à titre exceptionnel sous réserve du respect de nombreuses conditions. Ainsi si les éléments et produits corporels, une fois détachés du corps deviennent juridiquement des choses, ils ne peuvent être cédés qu'à titre gratuit et de manière anonyme. La gratuité permet d'éviter que les personnes sans ressources ne se vendent en pièces détachées. Ce qui est le cas dans le **trafic d'organes*** humains. Le principe d'anonymat qui empêche que le donneur connaisse l'identité du receveur, renforce cette garantie. Par ailleurs ces actes ne peuvent être accomplis, la plupart du temps que dans l'intérêt thérapeutique d'autrui et à la condition d'avoir été préalablement consentis. C'est pour cette raison que certains auteurs parlent de « disponibilité restreinte ».

2. Disponibilité totale

Il est possible d'aller plus loin. Certains produits du corps humain échappent à la règle de la disponibilité restreinte et sont « hors normes ». Ces produits essentiellement régénérables et d'utilisation ancienne, sont en effet traditionnellement inclus dans le commerce juridique. La liste de ces produits est dressée dans le Code de la santé publique (Art. R.1211-49). Il s'agit des cheveux, des ongles, des poils et des dents.

3. En conclusion

Le principe d'indisponibilité du corps humain, non explicitement cité dans le Code civil, traduit la prise en compte d'une vision personnificatrice du corps évitant de le réduire à un gisement de ressources biologiques librement cessibles à titre onéreux. Ce principe tient compte de l'unité du corps humain et de la personne en vertu de laquelle vendre son corps reviendrait à se vendre soi-même et donc à violer sa dignité humaine. Le soubassement philosophique est évident. *Dans une approche dualiste, le corps et la personne sont deux entités distinctes. La personne a un corps et peut donc en disposer. Dans une conception moniste, la personne est un corps et ne peut par conséquent pas en disposer. Le sujet divise traditionnellement la doctrine. Mais le droit positif est un compromis entre les deux conceptions* (BINET J.R. 2010).

Sources juridiques : loi du 29 juillet 1994
Liens internes : Principes de base de la bioéthique – respect du corps
Liens externes : BINET J.R. (2010) *Droit médical*

62. INSÉMINATION ET TRANSFERT D'EMBRYON POST MORTEM ?

La pratique de l'auto - conservation du sperme est ancienne. La loi prévoit qu'en vue de la réalisation ultérieure d'une PMA toute personne peut bénéficier du recueil et de la conservation de ses gamètes lorsqu'une prise en charge médicale est susceptible d'altérer sa fertilité. (CSP Art.L.2141-11).

Mais que faire lorsque celui qui a procédé au dépôt de gamète décède avant la réalisation de l'insémination ?

C'est alors que l'on parle d'« insémination post mortem ».

1. Que dit le droit ?

Le droit est clair : le décès d'un des membres du couple fait obstacle à l'insémination. L'homme et la femme formant un couple doivent être vivants pour une procréation médicalement assistée. Comme le fait remarquer Binet (2010) *On ne peut faire des enfants quand on est mort, parce que la fabrication des enfants n'est pas seulement faite pour satisfaire ou consoler ceux qui les font. L'enfant c'est un avenir, il ne se résume pas à un monument in memoriam.*

2. Éléments de jurisprudence

La force du désir d'enfant a conduit à plusieurs reprises, des femmes devenues veuves à solliciter la restitution de gamètes pour permettre la poursuite de leur projet parental. L'examen de la jurisprudence révèle de façon systématique un refus de restitution. À titre d'exemple : les décisions du T.G.I. de Créteil (1er août 1984) aff. Parpaleix, et celle de la Cour de cassation, Cass. Civ. arrêt du 9 janvier 1996, aff. Dame Pires.

3. Et ailleurs ?

Cette pratique est autorisée en Belgique, en Espagne, aux Pays-Bas et au Royaume Uni. Dans chacun de ces pays la procréation post mortem est subordonnée à un accord exprès du mari ou du compagnon de la future mère qui devait donc devenir le futur père.

Il reste que cette pratique soulève d'importantes objections éthiques. *Le consentement libre et éclairé, véritable principe en matière de bioéthique est-il ici réellement respecté ? Qu'en est-il du consentement du défunt ? De même la femme ne risque-t-elle pas de subir des pressions, notamment familiales ? En outre la conception délibérée d'un enfant avec les gamètes d'un défunt est-elle conforme à l'intérêt de l'enfant ? (LARRIBAU-TERNEYRE V. 2011).*

4. Qu'en est-il du transfert d'embryon post mortem ?

L'hypothèse est différente puisqu'elle concerne des embryons fécondés et conservés. Il ne s'agit plus de concevoir mais de conduire ou non à la naissance. La réponse juridique est la même que pour l'insémination. L'article L.2141-2 du Code la santé publique prévoit en effet que le décès d'un des deux membres du couple fait obstacle au transfert d'embryons.

La révision des lois de bioéthique aboutissant au dispositif du 7 juillet 2011 n'a apporté aucune évolution dans ce domaine. Pourtant, l'Office parlementaire d'évaluation des choix scientifiques et techniques (OPECST 2008), le CCNE (1993 Avis n° 40) sans remettre en cause l'interdiction de l'insémination se sont prononcés pour une autorisation du transfert d'embryon post mortem. Est-ce une perspective d'évolution ? La formulation du problème peut-être la suivante : Les embryons ont été conçus dans le cadre d'un projet parental, avec le consentement du conjoint. Or la femme veuve se voit refuser un transfert d'embryons, ceux-ci étant alors considérés comme dépourvus de projet parental puisque le conjoint est décédé. Soit. Mais paradoxalement, elle peut donner ses embryons à un autre couple demandeur mais non le porter elle-même. De plus la loi ne lui interdit pas d'adopter un enfant. De ce fait le législateur, contre l'avis de nombreuses autorités n'a-t-il pas créé et entretenu une situation particulièrement cruelle pour une femme confrontée au deuil de son conjoint ?

Références juridiques : CSP Art.L.2141-4
Liens internes : Procréation médicalement assistée – transfert d'embryon
Liens externes : CCNE (1993) Avis n° 40. OPECST (2008) *Rapport sur l'évaluation de l'application de la loi relative à la bioéthique* décembre 2008 tome I. BINET J.R. *Droit médical* (2010). LARRIBAU-TERNEYRE V. (2011) *La révision des lois de bioéthique.*

J

63. Jurisprudence et bioéthique

Dans le domaine de la santé et de la bioéthique jurisprudence et droit ont des relations interactives. La jurisprudence a donné naissance au droit positif et celui-ci par ses applications a nourri en retour la jurisprudence.

Une vue d'ensemble des décisions, de leur contenu et des commentaires produits constituent autant de chantiers impossibles à explorer ici. Pour les juristes curieux en ce domaine, nous renvoyons à l'ouvrage imposant *« Les grands arrêts du droit de la santé »* (C. Bergoignan-Esper et Alii. 2010)

Les auteurs commentent les décisions majeures rendues en matière de santé de 1813 à juin 2010. Décisions des juges français (Conseil constitutionnel, Conseil d'État, Cour de cassation, Tribunal des conflits, Cour de justice de la République, juridictions administratives ou judiciaires du fond) ; décisions des juges européens aussi (Cour européenne des droits de l'homme, Cour de justice de l'Union Européenne).

Dans une première partie on étudie d'abord la personne humaine et ses droits, sous l'angle du principe de dignité, du consentement et de l'information du malade, du refus de soins de la fin de vie, de la bioéthique, de l'expérimentation, de la procréation médicalement assistée. Les acteurs de la santé et leurs responsabilités constituent l'objet d'une seconde partie. Les divers aspects de la responsabilité des acteurs privés et publics, médecins et autres membres des professions médicales, sont abordés à travers des analyses précises tant au plan des faits que du droit… On perçoit l'évolution de la faute et de l'importance de la responsabilité sans faute. La responsabilité pénale et déontologique fait aussi l'objet d'importants développements, ainsi que les préjudices et leur réparation notamment celle de la « perte de chance ». Enfin une troisième partie concerne l'organisation, les structures et produits de santé, le rôle et la responsabilité de l'État en ce domaine.

On trouve également dans BINET J.R. (2011) une trentaine de références à la jurisprudence, sous les rubriques : Jurisprudence constitutionnelle, Jurisprudence européenne, Jurisprudence judiciaire, Jurisprudence administrative. Voir aussi LARRIBAU-TERNEYRE V. (2011)

Et ailleurs ?

Le Conseil de l'Europe a publié un recueil sélectif de jurisprudence en matière de bioéthique et le droit médical (11 mai 1998). L'ouvrage concerne 5 pays de l'Union européenne : Espagne, France, Italie, Pays Bas, Royaume uni.

Liens internes : Principes de base de la bioéthique – Cour européenne des droits de l'homme – Droits et obligations du patient – Droits et obligations du médecin – Responsabilité du médecin – Réparation du dommage.
Liens externes : BERGOIGNON-ESPER et Alii (2010) *Les grands arrêts du droit de la santé.* Dalloz. LARRIBAU-TERNEYRE V. (2011) *La révision des lois de bioéthique* p. 194 suiv. BINET J.R. (2011) *La réforme de la loi bioéthique.* SEBAG V. (2007) *Droit et bioéthique.* CONSEIL DE L'EUROPE (1998) http//www.coe-int/t/dg3/healthbioethic/texts. *Recueil de jurisprudence en matière de bioéthique.*

L

64. Lois de la bioéthique

Le développement des lois de bioéthique en France est marqué par 4 dates principales : 1994, 2004, 2011, 2013.

1. Avant 1994

Avant 1994 peu de domaines, en matière de bioéthique, avait fait l'objet d'une attention de la part du législateur. On relève cependant quelques prémisses : loi du 17 janvier 1975 relative à l'IVG – Loi Caillavet du 22 décembre 1976 relative au don d'organes. Loi Huriet du 20 décembre 1988 sur la recherche médicale. Comme on le voit ces dispositifs sont limités à un objet précis. Seuls quelques domaines étaient visités et réglementés. De son côté la jurisprudence a produit quelques rares principes toujours actuels. Par exemple : consentement obligatoire du patient pour toute intervention médicale - la gratuité et l'objectif thérapeutique en matière de don d'organes ou d expérimentation humaine. On ne dispose pas d'un cadre général pour maîtriser, d'un point de vue éthique, les différentes interventions biomédicales.

Il faudra attendre 1994 pour que le législateur mette en place le socle fondateur du droit français de la bioéthique avec les célèbres lois dites de bioéthique qui vont enfin fixer les grands principes généraux.

2. Le socle fondateur (1994)

Le socle fondateur sera posé par trois lois : loi du 28 juillet relative au respect du corps humain – loi du 29 juillet relative au don et à l'utilisation des éléments et produits du corps humain, à l'assistance médicale à la procréation et au diagnostic prénatal – loi du 12 juillet relative au traitement des données nominatives de type médical. Ces trois lois solennellement appelées « lois de la bioéthique » constituent le socle fondateur en ce qu'elles énoncent les principes de base sur lesquels vont s'appuyer les créations postérieures. C'est la boussole à laquelle on se réfère constamment au gré des évolutions.

Ces sources du droit présentaient la particularité d'une temporalité limitée. Elles ont été adoptées pour une durée de cinq ans. Ceci se justifie par l'impossibilité de fixer une législation définitive dans un domaine où les progrès scientifiques vont en s'accélérant et posent de nouvelles questions liées au poids des enjeux.

3. Les évolutions postérieures (2004-2011)

Les évolutions postérieures sont de deux types : par création et par révision.

Création de la loi relative aux droits des malades et à la qualité du système de santé, loi dite « KOUCHNER » (4 mars 2002). Création de la loi relative aux droits des malades et à la fin de vie, dite loi LEONETTI (22 avril 2005), loi fortement médiatisée dans un contexte où l'on débat de l'euthanasie comme mode de fin de vie.

Puis vient la période des révisions : première révision (2004) prévue d'avance mais tardive, des lois de bioéthique aboutissant à une nouvelle loi relative à la bioéthique (6 août 2004) - Deuxième révision appelée prudemment « réexamen » aboutissant à la loi du 7 juillet 2011 : révision a priori obligatoire du fait d'une clause contenue dans la loi antérieure : « révision superflue au regard du droit interne, au regard du droit international » ont estimé des analystes LARRIBAU-TERNEYRE V. et Alii (2011), cependant un processus original : *l'institutionnalisation du débat citoyen par la formule* ***des États généraux de la bioéthique****, mais en définitive une réforme d'experts, « une réforme éducatrice ».*

Enfin, ce que n'ont pu faire les parlementaires de 2011, les parlementaires de 2013, sous la présidence de François HOLLANDE l'ont fait : la légalisation de la recherche sur l'embryon et les cellules embryonnaires (loi du 6 août 2013).

4. Importance

Loin d'être juxtaposées, ces lois en série constituent un dispositif global cohérent de régulations. C'est la référence officielle pour les acteurs concernés, décideurs, experts, sans oublier les citoyens. Ce dispositif est totalement intégré dans le Code de la Santé publique. C'est la source où l'on trouve tous les principes de base de la bioéthique actuelle, comme aussi les dispositions de mise en œuvre dans les différents secteurs : PMA, don et transplantation d'organes, recherche sur l'embryon, examens et tests génétiques, l'accompagnement de la fin de vie, l'expérimentation médicale sur le corps humain.

Liens internes *:* États Généraux de la bioéthique (février juin 2009) – Histoire brève de la bioéthique.
Liens externes : MONDIELLI E. (2008) *L'essentiel de la Bioéthique et du Droit de la biomédecine.* LARRIBAU-TERNEYRE V. et Alii (2011) *La révision des lois de bioéthique.* BINET J.R. (2012) *La réforme de la loi bioéthique.*

M

65. Maladie génétique

Maladie due à une anomalie portant sur un ou plusieurs gènes et qui entraîne un défaut de fonctionnement de certaines cellules de l'organisme. Ces cellules fabriquent des protéines. L'activité et la structure de chaque protéine sont déterminées par l'information génétique contenue dans les gènes. Si le gène est altéré, il entraîne la cellule dans un dysfonctionnement qui peut se révéler à tout âge de la vie avec l'expression d'une maladie. Ces maladies sont transmissibles selon les lois de l'hérédité. Leur mode d'expression est variable.

Selon l'Agence de biomédecine, les chercheurs auraient répertorié environ 8 000 à 10 000 maladies génétiques. 2 000 gènes ont été identifiés comme responsables de troubles physiques ; mais le chantier reste largement ouvert pour d'autres recherches.

On distingue d'une part les maladies diagnostiquées par l'examen des chromosomes (changement dans le nombre de chromosomes ou dans leur structure, par exemple la trisomie 21.) D'autre part les maladies diagnostiquées par l'étude de l'ADN, mutation d'un ou plusieurs gènes, par exemple la drépanocytose.

Par ailleurs ne tombons pas dans le simplisme en disant : un gène malade, telle maladie. C'est plus complexe. La maladie peut provenir de l'anomalie sur un gène, on parle alors de maladies mono géniques, comme la mucoviscidose. Mais la plupart des maladies diagnostiquées par étude de l'ADN sont dues à une combinaison de facteurs génétiques et environnementaux. On parle alors de maladies multifactorielles. Par exemple, les maladies cardio-vasculaires, psychiatriques, diabète sucré, l'asthme, cancers, obésité. À titre d'exemple les facteurs génétiques interviennent pour 25 à 40 % dans l'obésité, mais plus de 400 gènes seraient liés à cette anomalie. L'identification reste donc complexe. De 4 à 5 millions de personnes seraient potentiellement concernées par une maladie génétique plus ou moins grave en France. Les plus fréquentes sont la mucoviscidose et la myopathie. Environ 3 % des naissances présentent une particularité génétique plus ou moins grave, identifiable cliniquement ou par un test diagnostique (génétique ou autre).

La thérapie génique* envisage de réaliser une modification curative du patrimoine génétique dans l'être vivant. Elle apporterait un espoir de solution, de pronostic et de thérapeutique incontestable.

Liens internes : examens génétiques – thérapie génique
Liens externes : www.agencedebiomédecine.fr

66. MÉDECINE PRÉDICTIVE

On connaissait la médecine préventive, la médecine thérapeutique, voici la médecine prédictive.

1. De quoi s'agit-il ?

L'utilisation des informations génétiques dans le domaine médical relève de ce que Jean DAUSSEDT a nommé médecine prédictive. Il la définissait comme une médecine ne s'adressant pas à des malades *« mais à des individus sains susceptibles de développer une maladie donnée ». (Cité par Ruffié J.1993 Naissance de la médecine prédictive)*

On désigne donc les capacités nouvelles de la médecine et notamment de la génétique de prévoir, parfois longtemps à l'avance les affections qui pourraient frapper le patient. S'appuyant sur la technique des **examens génétiques** *, la médecine, par l'étude des gènes, détermine la probabilité de développer une maladie donnée. Le mot probabilité nous rappelle qu'il faut éviter de confondre la médecine prédictive avec la médecine de diagnostic. Le but, ici, est d'évaluer les facteurs de risque de chaque individu face à la maladie.

De façon plus large la médecine prédictive regroupe l'ensemble de techniques génétiques (examens et tests) mais aussi d'imagerie ou de biologie, qui permettent de prévoir l'apparition de certaines maladies avant l'expression de leurs symptômes. Ces maladies peuvent ne jamais se manifester. Cette médecine repose sur des statistiques, des probabilités non sur des certitudes. Elle s'adresse par définition à des individus sains ou apparemment sains. Il s'agit d'une médecine en plein essor sur le marché des tests souvent en libre accès. C'est une troisième approche médicale qui pourrait compléter la médecine préventive et thérapeutique.

2. Intérêts et enjeux

L'intérêt de ces examens prédictifs est évident, au niveau de la recherche et du développement médical. Il y a bien sûr d'importants enjeux financiers pour les laboratoires pharmaceutiques. Au niveau sociétal, Ils ont permis déjà, estiment les scientifiques, (Eisinberg et Alii. *La diffusion des tests génétiques. Le cas de la cancérologie.* Médecines/Sciences 23/2007 p. 327) d'augmenter l'espérance de vie grâce au suivi régulier des personnes à risques, au diagnostic précoce et à des traitements curatifs efficaces. Au niveau individuel, la connaissance de la prédisposition à une maladie à venir lourdement invalidante, telle la myopathie a une portée stratégique. Elle peut permettre certains choix éclairés concernant l'orientation professionnelle, le choix d'un conjoint, la décision de concevoir ou non un enfant, comme aussi le mode de conception.

3. Éléments critiques

Cette forme de médecine est à la fois fascinante, par ses performances, et redoutables par ses effets potentiellement destructeurs sur la personne humaine qui pourrait se construire une prison en transformant la probabilité en certitude.

Le CCNE a formulé un avis interrogateur sur la médecine prédictive, en date du 30 octobre 1995 : « *Les examens des caractéristiques génétiques amènent à se poser la question difficile de la destinée et de la liberté confrontées à la connaissance des prédispositions génétiques. La génétique moléculaire représente, par ses performances spectaculaires, un poids grandissant dans l'organisation sociale des pays industrialisés et pose, par là même, en termes nouveaux, le respect des droits de l'homme* ».

Derrière cet avertissement se cache la prise de conscience de risques de dérives. On peut les désigner de cette manière : discrimination, sacralisation de la médecine prédictive, domination de l'homme par la recherche, et « biologisation de l'homme » Basculer dans le tout biologique, c'est réduire sa vie à la connaissance du biologique en oubliant de vivre le présent dans la liberté assortie d'un minimum de sérénité.

La spécificité de cette pratique médicale a justifié un encadrement juridique particulier portant sur les conditions de mise en œuvre des **examens génétiques** *, leur utilisation et la transmission des informations.

Liens internes : Examens génétiques.
Liens externes : BINET J.R. (2010) *Droit médical* Rapport CLAEYS A et VIALATTE J.S. *Rapport sur l'évaluation de l'application de la loi du 6 août 2004 relative à la bioéthique*. 17 décembre 2008. RUFFIE J. (1993) *Naissance de la médecine prédictive.*

67. MÉDICAMENT À DOUBLE EFFET - SÉDATION

Nous sommes dans le contexte de la prise en charge de la douleur. Jusqu'où peut-on aller dans l'administration d'antalgiques susceptibles d'entraîner la mort ? Telle est la question.

1. Le principe

La loi Léonetti (22 avril 2005) autorise, pour soulager les souffrances du malade en fin de vie, le recours à des médicaments sédatifs susceptibles de provoquer ou d'accélérer la mort du patient. Cette ambivalence rappelle le principe éthique du double effet (effet positif voulu et effet négatif non recherché) théorisé en morale au XIIIe siècle par St. Thomas d'Aquin. De ce fait le médicament à double effet est un médicament dont l'effet positif, désirable, est en principe le soulagement de la douleur, et l'effet négatif (non désirable) le risque d'accélération du processus naturel de mort.

« Si *le médecin constate qu'il ne peut soulager la souffrance d'une personne, en phase avancée ou terminale d'une affection grave et incurable, quelle qu'en soit la cause, qu'en appliquant un traitement qui peut avoir pour effet secondaire d'abréger sa vie, il doit en informer le malade* » (CSP Art.L.110-5.). On parle alors de « sédatifs » ou de « sédation » répétitive.

Ce n'est pas l'euthanasie. C'est l'application d'un traitement adapté. Elle est encadrée par trois conditions : le patient est en phase avancée ou terminale - il y a impossibilité pour le médecin de soulager la souffrance autrement que par l'application d'un traitement antalgique adapté. Celui-ci peut, par effet secondaire abréger la vie. Cette législation protège le médecin contre d'éventuelles poursuites pour homicide involontaire.

2. Commentaire

Le principe fondamental de l'activité médicale est connu de tous : « primum non nocere », d'abord ne pas nuire. On examine les dangers puis l'efficacité. Mais à l'approche de la fin de vie, ce raisonnement tend à s'inverser. Le confort, le soulagement de la douleur devient l'élément essentiel. Le risque encouru reste secondaire. Du coup on examine d'abord l'efficacité puis seulement les risques. C'est à ce point que survient la règle du double effet. En fin de vie on a le droit de prendre le risque de l'effet négatif, même si ce risque est énorme, si l'effet positif, recherché est indispensable.

3. Éléments critiques

Le juriste Bertrand MATHIEU fait remarquer que cette législation est ambiguë et comporte des risques.

« D'une part, la décision est prise par le médecin, seul le refus du malade conscient semble pouvoir y faire obstacle. D'autre part la distinction entre l'intention et l'effet sera dans la plupart des cas difficile à opérer. Il appartiendra au juge de prouver éventuellement l'intention criminelle, l'intention antalgique sera quant à elle présumée. On mesure alors les risques de dévoiement d'une telle procédure, s'agissant notamment de personnes âgées et malades au secours desquelles la famille pourrait ne pas se manifester. Il n'en reste pas moins que cette ouverture représente la seule alternative, dans les cas les plus difficiles à l'exception de l'euthanasie ».

Par ailleurs cette pratique pose un problème que des simples citoyens informés sur la question relèvent spontanément. Quelle différence y a-t-il entre cette pratique du médicament à double effet et l'euthanasie ? La première ne devient – elle pas l'antichambre de la seconde ? Dans les deux cas on a les mêmes ingrédients : patient incurable en phase terminale, consentant, intervention d'un tiers, fin de vie provoquée, de façon indirecte et non directe, il est vrai dans le premier cas. Mathieu B. À raison de s'inquiéter.

Qu'en est-il aujourd'hui ?

La législation pourrait évoluer prochainement. En effet, la proposition de loi actuellement en débat ouvre de nouvelles perspectives. Elle permet le recours à une sédation dite terminale et profonde, dans le cadre du soulagement de la douleur suite à l'arrêt des soins. Que faut-il entendre ? Il y a deux formes de sédation : une sédation ponctuelle, calculée, proportionnée à la gravité de la situation et des souffrances du malade. Elle est discontinue. Elle est prévue du reste, dans la loi Léonetti. Ce qu'il y a de nouveau, ici, c'est le passage d'une sédation ponctuelle, dosée à une sédation radicale, profonde qui dure jusqu'à la mort, entraînant un soulagement jusqu'à la fin de vie. La proposition la définit comme un traitement à visée antalgique et sédative provoquant une altération profonde et continue de la vigilance jusqu'au décès. Ce traitement vise à soulager définitivement le patient, même si, par effet secondaire, il abrège la vie du patient. C'est, disent les commentateurs, aider à mourir et non faire mourir ou laisser mourir. On ne programme pas pour autant le moment de la mort, comme le fait l'euthanasie. C'est un droit pour le patient. S'il le demande, le médecin est tenu de l'appliquer. Si la personne est hors d'état de manifester sa volonté c'est le médecin qui décide en respectant le cadre de la **procédure dite « collégiale »*.**

Sources juridiques : CSP 1111-10-5
Liens internes : fin de vie – Consentement du patient.
Liens externes : MATHIEU B. (2009) *La bioéthique.* HENNETTE-VAUCHEZ S. (2009) *Le droit de la bioéthique.* CLAEYS A. et LEONETTI J. *(2014) Rapport sur la fin de vie.*

68. Mondialisation et bioéthique

Cette question ne peut être abordée ici dans un cadre théorique, mais simplement à partir d'une série de constats.

Constat 1

La question bioéthique est présente et débattue, à des rythmes différents dans tous les continents. À titre d'exemple, il existe un droit positif qui dans le domaine de la bioéthique fait autorité en Afrique (Ibrahim Guerpe 2012). La presse locale a rendu compte d'un colloque international sur la bioéthique et les réalités africaines, tenues le 10 juin 2013 à l'Institut des sciences biomédicales appliquées de COTONOU (*LA CROIX du Bénin*, 15 juin 2013) *« Il existe une bioéthique asiatique »* Edith Gaudreau (2010) avec ses spécificités. Les réponses aux questions posées varient selon les cultures, le contexte historique, social et politique et surtout philosophique.

L'utilitarisme anglo-saxon, par exemple, est diamétralement opposé à l'humanisme ou au personnalisme des pays latins.

Constat 2

Maintenant si on regarde les dispositifs des pays de l'Union européenne on constate deux phénomènes : d'une part une convergence sur quelques fondamentaux nourris de la philosophie des Lumières, du code de Nuremberg, et de la déclaration universelle des droits de l'homme et de la pensée chrétienne. Par exemple, la primauté de la personne, le respect de sa volonté, la non-marchandisation du corps humain, la protection du patrimoine génétique et de l'espèce humaine font partie de ce socle de base. D'autre part des divergences au niveau des règles d'application. Par exemple les choix et la gestion de la fin de vie, le cercle des bénéficiaires éventuels de la PMA. Loin d'être anodine cette disparité génère un phénomène inquiétant, souvent dénoncé ou exploité, le tourisme bioéthique. Ce qui n'est pas permis dans un pays peut être autorisé dans un pays voisin. Pourquoi ne pas aller chercher ailleurs ce que l'on ne trouve pas chez soi ? C'est la règle du moins-disant en matière de bioéthique qui joue alors. Et pourquoi ne pas faire pression pour exiger un alignement par le bas du droit national sur les dispositifs voisins éventuellement plus permissifs ? Cela permettrait de réguler les pratiques clandestines. Ce genre d'argument est régulièrement utilisé par les protagonistes de l'euthanasie interdite en France et autorisée par exemple en Belgique. On pourrait facilement trouver d'autres exemples. Ce type de logique est tout à fait critiquable car elle implique un aplatissement des valeurs traditionnelles d'une société donnée à un moment donné, sur un autre modèle sans prise de distance, et questionnement de type rationnel.

Constat 3

Vers une bioéthique universelle ?

Quoi qu'il en soit, c'est dans ce contexte contrasté, et obscur, que certains voudraient inscrire la problématique d'une « éthique universelle » défendue par ailleurs par les responsables religieux catholiques. Pour l'instant cette éthique existe, mais à titre de symbole : la **déclaration universelle sur le génome humain et les droits de l'homme** (1997) *, ***la convention d'Oviedo et ses***

protocoles * (1998), déclaration de l'ONU contre le clonage humain sous toutes formes (8 mars 2005). La plupart de ces textes, à l'exception de la Convention d'OVIEDO n'ont qu'une valeur incitative. Leur utilité est d'indiquer une direction générale, tout en laissant à chaque pays la liberté d'adhérer, de s'orienter et de décider en connaissance de cause. Une éthique universelle peut-elle devenir réalité ? Difficile d'y songer pour l'instant répondent certains experts. Grimfeld évoque la tentation de créer un socle éthique commun qui garantirait le respect de la dignité et des droits de l'homme. Mais il s'inquiète du risque de l'installation d'un dogme éthique universel et avec lui d'une pensée unique. *« Je crois beaucoup plus à la multiplication des rencontres et des discussions ouvertes entre pays »* déclare-t-il (Généthique 4 septembre 2008). Cette dynamique existe déjà. Elle s'exprime dans la volonté de dialogue, de confrontation d'harmonisation parfois, et de lutte commune contre les dérives sauvages, par exemple le trafic d'organes humains. Un symbole extrêmement fort de cette démarche d'internationalisation de la bioéthique a été le 7e sommet mondial de bioéthique tenu à Paris le 1er septembre 2008 (Généthique 1 et 2 septembre 2008). Il a rassemblé 35 États de tous les continents. Quatre thèmes ont été mis en débat : le respect de la personne (le corps humain, la vie privée), l'autonomie de la personne, comités d'éthique et débat public. De l'avis des participants ce genre de manifestation est indispensable pour confronter un modèle à d'autres approches, sortir du seul mode de pensée français. C'est l'occasion de mesurer les fossés qui séparent les pays émergents de nos sociétés hypermédicalisées où surgit la revendication de choisir sa mort tandis qu'eux se battent sans armes pour ne pas mourir de maladies qu'on a appris à combattre au Nord. C'est la prise de conscience de l'asymétrie de la relation NORD SUD dans le champ biomédical et bioéthique. C'est aussi la confrontation éminemment critique entre **« Économie de la santé et bioéthique*** ».

En conclusion de son ouvrage « La bioéthique » (2010), FELDMANN G. de façon distanciée pose cette interrogation : *Pourquoi la bioéthique aspire-t-elle à l'universalité sans jamais y parvenir ? « Les principes de la bioéthique aspirent à l'universalité sans jamais l'atteindre. Ils sont épars, interpellés plus qu'ils n'apportent de solutions... et c'est très exactement leur office ; Ils dépendent de leurs racines culturelles, spirituelles religieuses, politiques et souvent aussi économiques ; Ils s'entendent dans un environnement particulier auquel ils sont intimement liés. Car, par nature, les principes de la bioéthique sont évolutifs. C'est là leur caractère essentiel, celui qui les distingue de tous les autres. Fruits d'une réflexion collective, ils ne définissent pas la norme, mais une norme, à un moment T ». FELDMANN G. (2010)*

Liens internes : principes de base de la bioéthique – textes internationaux.
Liens externes : GUERPE.I. (2012) *Les normes de la bioéthique et l'Afrique.* GAUDREAU E. (2010) *Il existe une bioéthique asiatique.* Éditions européennes. LA CROIX du Bénin 15 juin 2013 FELDMANN G. (2010) *La bioéthique –* www. Généthique.org 1-2 au 3 septembre 2008

69. MORT ET CONSTAT DE MORT

La détermination précise du moment de la mort est une question essentielle, puisqu'elle conditionne, entre autres, la possibilité du prélèvement d'organes pour une transplantation.

1. Deux interrogations lourdes

Qu'est-ce que la mort ? Quand peut-on dire qu'une personne est morte ? Essayer de définir ce qu'est la mort d'un point de vue métaphysique relève de la philosophie. Déterminer au plus près possible le moment où elle arrive est une tâche des médecins. La notion intéressante ici est surtout celle de la mort clinique. Celle-ci est le constat externe du fait que le corps a cessé de fonctionner comme un tout en raison de n'être plus animé par le principe vital. *« C'est l'indisponibilité du corps qui empêche le principe vital de continuer à l'animer » (*ANDORNO R. 1997).

Mais quand la mort a-t-elle lieu ? Traditionnellement, la mort a été identifiée avec l'absence de respiration et de circulation sanguine par arrêt cardiaque. Les nouvelles connaissances ont conduit à une redéfinition. Actuellement on reconnaît que ce qui est décisif c'est la mort cérébrale. Cette nouvelle notion a été développée à partir d'un travail de Mollaret et Goulon (1954). Elle peut être définie comme la cessation totale et irréversible du fonctionnement de l'encéphale, c'est-à-dire du cerveau considéré dans sa totalité. Ce revirement du cœur vers l'encéphale s'explique. On sait aujourd'hui que c'est l'encéphale qui coordonne les activités de tous les organes et systèmes du corps. C'est lui et non pas le cœur qui gouverne le fonctionnement de l'organisme comme un tout. Donc la mort s'identifie avec l'arrêt de la circulation encéphalique, lorsque cet arrêt est total et irréversible.

2. La sagesse du droit

La sagesse du droit en la matière est de s'en remettre aux avis éclairés des scientifiques. L'idée de mort cérébrale a été reprise par la circulaire Jeanneney du 24 avril 1968. La mort est assimilée à la mort cérébrale. Telle est actuellement la position juridique. Elle consiste en l'arrêt irréversible de toutes les fonctions du cerveau, les cellules cérébrales sont totalement détruites, alors que le fonctionnement des autres organes est ou peut être maintenu par ventilation artificielle. Le diagnostic de mort cérébrale doit être établi avec rigueur. Le Code de la santé publique (art R.1231-1) en subordonne le constat à la réunion de trois critères cliniques : l'absence totale de conscience et d'activité motrice spontanée. L'abolition de tous les réflexes du tronc cérébral et l'absence totale de ventilation spontanée. La certification de décès est établie dès lors que la mort cérébrale est constatée.

3. De la mort cérébrale au statut de cadavre

Lorsque la mort s'est produite, il est possible grâce principalement à la poursuite d'une assistance respiratoire, d'obtenir pendant quelque temps le maintien de la circulation sanguine de manière à pouvoir prélever des organes aptes à être transplantés. Ainsi on maintient en vie une personne en état de mort cérébrale. Or le droit, en son état actuel n'accorde aucun statut à la personne juridiquement morte, mais dont le corps ne dispose pas encore du statut de cadavre.

Qu'en est-il de la dépouille mortelle ? Elle fait partie des choses. Cependant même si le corps d'une personne décédée fait partie des choses au sens du droit, il n'est pas traité comme une chose quelconque. Il reste empreint d'humanité. Ainsi par une décision du 2 juillet 2002 le Conseil d'État a affirmé, propos des expérimentations humaines tentées sur un sujet en état de mort cérébrale, que « *les principes déontologiques fondamentaux relatifs au respect de la personne humaine, qui s'imposent au médecin dans les rapports avec son patient, ne cessent pas de s'appliquer avec la mort de celui-ci* » C.E.2 juillet 1993. De même le sort du cadavre reste dans une certaine mesure soumis aux volontés exprimées par la personne : le prélèvement d'organes sur une personne décédée ne peut être réalisé que si elle ne s'y est pas opposée de son vivant. La volonté de la personne se prolonge au-delà de son décès (SEBAG V.).

Références juridiques : CSP Art.R.1232-1 à R.1232-4
Liens internes : don et prélèvement d'organes – fin de vie
Liens externes : ANDORNO R. (1997) *La bioéthique et la dignité de la personne*. SEBAG V. (2007) *Droit et bioéthique.* MOLLARET P. GOULON M. *Le coma dépassé*. Revue neurologique. 1959 (cité par ANDORNO).

N

70. NANOTECHNOLOGIES ET BIOÉTHIQUE

1. Définition

Il s'agit de l'ensemble des techniques destinées à manipuler et à fabriquer des objets à l'échelle du milliardième de mètre (nanomètre). Nous sommes donc face à une technologie miniaturisée grâce à laquelle on manipule la matière dans les plus petits éléments constituants (atome), et on transforme la molécule de base grâce à des outils hypers performants et sophistiqués. De façon plus technique, les nanotechnologies visent à fabriquer des groupes d'atomes, puis des objets manufacturés par le contrôle individuel des atomes, du bas vers le haut. Dans cette perspective, le terme générique nanotechnologies désigne l'assemblage contrôlé d'atomes en molécules en vue de former des composants nouveaux. Ces sciences sont au croisement de multiples disciplines : l'optique, la biologie, la chimie, la mécanique…

2. Quel intérêt ?

Les objets fabriqués appelés nanomatériaux peuvent être des métaux, carbone, polymère. De plus, fait très important, ils ont des propriétés particulières, singulières que l'on ne connaît pas à l'échelle macroscopique. Ils sont porteurs de nouvelles propriétés physico-chimiques. L'enjeu est l'exploitation contrôlée de ces propriétés, notamment pour des applications thérapeutiques. Ce n'est pas uniquement un rêve, un projet, c'est déjà une réalité inscrite dans diverses applications. En effet des nanoparticules de dioxyde de carbone sont injectées dans les crèmes solaires, les cosmétiques, et même dans des produits alimentaires. Le secteur particulièrement concerné par les produits nano technologiques serait le sport et la santé. Certains y voient une source des richesses insoupçonnées pour la médecine, dans ses différents mouvements, diagnostic, traitement thérapeutique, notamment pour le cancer. D'autres vont encore plus loin en envisageant les nanotechnologies comme un nouvel eldorado permettant le renforcement des diverses performances humaines, et pourquoi l'agrandissement de l'homme et la transformation de l'espèce humaine… De quoi réagir ! C'est à ce titre que cette nouvelle science questionne la bioéthique.

3. Question vive

Les nouveaux domaines où s'exerce la biomédecine, l'annexion de l'humain par des systèmes et des techniques qui pénètrent jusque dans les replis de l'intimité et visent à reformuler l'identité, à modifier les comportements, constituent autant de faits inédits qui intriguent, provoquent, inquiètent. Qu'en est-il de l'idée de santé ou de la notion de « démocratie sanitaire » dans un environnement biomédical épris d'une volonté... de transformation de l'homme au-delà de sa condition ? Les neurosciences, les nanotechnologies, la convergence des technologies justifieraient une approche du législateur et des autres instances concernées. (Hirsch E.2010)

Liens internes : neurosciences.
Liens externes : HIRSCH E. (2010) *Concilier morale et progrès biomédical,* dans Bulletin d'information de l'Ordre national des médecins, Nov. Déc.2010

71. NEUROSCIENCES IMAGERIE CÉRÉBRALE ET BIOÉTHIQUE.

Neurosciences : le terme apparaît dès la fin des années 1960

1. De quoi s'agit-il ?

Il s'agit des sciences qui étudient le système nerveux tant du point de vue de sa structure que de son fonctionnement, depuis l'échelle moléculaire jusqu'au niveau des organes, le cerveau par exemple, voire tout l'organisme humain. Elles ont un statut interdisciplinaire : à la croisée de la biologie, de la médecine, de la psychologie, de la chimie, de l'informatique et des mathématiques. Les neurosciences cognitives, dont il est souvent question dans les médias, ne sont qu'un sous-ensemble de ce champ scientifique. Plusieurs personnalités scientifiques œuvrant dans ce domaine ont été récompensées par l'attribution du Prix Nobel de Médecine et de biologie.

Les neurosciences, sciences émergentes, permettent d'accéder à l'intimité de la personne, sa pensée, ses émotions, son fonctionnement cognitif et, pouvant conduire à une forme d'augmentation de l'homme. L'imagerie cérébrale, de son côté comprend les nombreuses techniques permettant de voir le cerveau : imagerie par résonance magnétique (IRM) tomographie, ou encore électroencéphalogramme.

Ces sciences en plein essor dont les potentialités utilisables hors laboratoire sont gigantesques soulèvent deux questions avec une acuité croissante : celle de possibilités offertes, en termes d'amélioration des performances physiques, sensorielles, cognitives d'une part et d'autre part celle de l'utilisation de l'imagerie cérébrale dans les domaines sanitaires, judiciaire, militaire, économique et sociale. L'idée de transformer les fonctions de l'esprit de l'homme, la médiatisation des avancées faites dans ce domaine exacerbe la perception des enjeux scientifiques et éthiques au regard du respect de la personne humaine et de la responsabilité sociale. Aussi on comprend que le législateur ait conçu, très récemment, un début d'encadrement. Avec la loi du 7 juillet 2011, ces sciences font enfin leur entrée dans le domaine du droit de la bioéthique (art. 45).

2. L'encadrement juridique de l'utilisation des neurosciences

Le nouvel article 16-14 du Code civil prévoit, dans une formulation empruntée à ce qui existe en matière de techniques d'identification génétique, que « *les techniques d'imagerie cérébrale ne peuvent être employées qu'à des fins médicales ou de recherche scientifique ou dans le cadre d'expertises judiciaires ; Le consentement exprès de la personne doit être recueilli préalablement à la réalisation de l'examen, après qu'elle a été dûment informée de sa nature et de sa finalité* ». De plus il est prévu (art L.1134-1 CSP) que le ministre chargé de la santé définira les règles de bonnes pratiques applicables à la prescription et à la réalisation des examens d'imagerie cérébrale à des fins médicales.

La mise en place des régulations est moins avancée pour les neurosciences. La loi se contente d'ajouter aux compétences de l'Agence de la biomédecine une mission de veille. Elle consiste à informer de façon permanente, le Parlement et le gouvernement sur le développement des connaissances et des techniques dans le domaine des neurosciences CSP Art.L.1418-1-1. Son rapport annuel devra désormais exposer les principaux développements des connaissances et des techniques dans ce domaine.

3. Éléments critiques.

L'introduction des neurosciences dans la bioéthique est une bonne nouvelle dans la mesure où elle était vivement recommandée par des experts après auditions multiples (OPECST). En revanche l'autorisation de l'utilisation de l'imagerie cérébrale dans le domaine judiciaire est surprenante. La conclusion de ces mêmes experts après audition de la fine fleur des neuropsychologues était la suivante : interdire l'utilisation judiciaire de la neuroimagerie, ou à la rigueur la limiter à des fins médicales.

« *Quoi qu'il en soit, le risque n'est pas négligeable que l'imagerie cérébrale se voit attribuer dans l'enceinte des tribunaux une capacité d'objectivation et de prédiction du comportement humain qui n'entre pas dans le champ de ses possibilités* ». *(*www. La *recherche.fr l'actualité des sciences 24 mai 2011)*

Sources juridiques : CSP Art.L.1134-1. L.1418-1-1. Cod. Civ. Art.L.16-14 **Liens internes** : nanotechnologies. **Liens externes.** BINET J.R. (2012) *La réforme de la loi bioéthique.* Site **www.la** recherche.fr l'actualité des sciences : les neurosciences entrent dans la loi 24 mai 2011 ; GAMART PRAT H. PRAT H. (2015) *Bioéthique et droit : les neurosciences et l'encadrement de l'imagerie cérébrale.*

72. NON-ASSISTANCE À PERSONNE EN DANGER

Le droit français s'est toujours interdit de créer une interdiction de ne pas faire. Or punir un individu pour ne pas porter secours à une personne en péril est une interdiction de s'abstenir. Pendant longtemps il n'existait pas d'obligation de porter secours. C'est une ordonnance du 25 juin 1945 qui a introduit dans notre arsenal pénal cette obligation. Elle a été remaniée en 1954. Actuellement l'existence de l'obligation de porter secours semble aller de soi dans le droit français et n'est plus remise en cause. Elle est souvent invoquée dans des faits relatés dans la presse quotidienne. Pourtant de nouvelles problématiques sont apparues : les conditions et les limites d'une telle obligation.

1. Que dit le droit ?

1.1. Le principe

L'article 223-6 du Code pénal condamne l'abstention volontaire de porter assistance à une personne en péril.

« Quiconque pouvant empêcher par son action immédiate, sans risque pour lui ou pour les tiers, soit un crime, soit un délit contre l'intégrité corporelle de la personne s'abstient volontairement de le faire est puni de cinq ans d'emprisonnement et de 75 000 euros d'amende. Sera puni des mêmes peines quiconque s'abstient volontairement de porter à une personne en péril l'assistance que, sans risque pour lui ou pour les tiers, il pouvait lui prêter soit par son action personnelle, soit en provoquant un secours ».

Cette obligation d'agir est renforcée dans le cas des professions médicales et paramédicales, par des précisions supplémentaires (CSP Art R.4127-9). La non-assistance à personne en danger est donc l'engagement de la responsabilité pénale d'une personne qui n'interviendrait pas face à une personne courant un danger.

1.2. Les conditions d'application

Le délit a lieu si la personne a connaissance du danger ; elle est en mesure d'agir ; l'action ne présente pas de danger pour la personne ni pour un tiers.

Ceci appelle quelques précisions.

La connaissance du danger.

Le péril n'est pas défini par la loi, mais par la doctrine et la jurisprudence. C'est une situation par laquelle il pèse sur une personne « un *danger grave, imminent et constant de nature à nécessité une intervention immédiate* » Cass. crim.31/05/1949. Il n'existe aucune limite quant à la nature de ce péril : agression physique, ou toutes autres causes (malaise, tentative de suicide, accident, événement naturel.). De même reprochera-t-on à une personne ayant blessé le cambrioleur s'étant introduit par effraction chez elle de ne pas lui avoir porté secours. Donc le danger doit être perçu comme suffisamment grave et imminent.

La personne est en mesure d'agir

La loi n'oblige pas les gens à se conduire en héros mais en citoyen responsable. Ne peut se dispenser d'agir personnellement que celui qui ne dispose ni des moyens, ni des capacités nécessaires pour faire face au péril ou qui s'exposerait par son action personnelle. L'assistance est d'abord affaire de capacité physique ou intellectuelle. On évitera de déplacer une personne accidentée de la route si l'on n'est pas médecin. En cas de risques techniques ou par exemple risque lié à une machine, un produit chimique, un fort courant, un technicien devra appliquer les consignes de sécurité spécifiques pour combattre le sinistre ou mettre fin au risque, mais une personne non formée pourra se contentera de protéger en éloignant les personnes, ou en actionnant une alarme, un arrêt d'urgence… Ce sont quelques enseignements de la jurisprudence en la matière.

1.3. Modalités d'intervention

L'intervention doit être suffisante, c'est-à-dire adaptée à la situation et correspondante aux aptitudes du sauveteur. Pour autant elle ne relèvera pas d'une obligation de résultat, mais de moyens. Cass. Crim. 27 mai 1991. On ne peut sanctionner une intervention inefficace, si raisonnablement les moyens ont été mis en œuvre. Et ainsi que le précise l'article 223-2 du Code pénal, l'intervention ne doit pas comporter un risque grave pour celui qui agit ou pour les tiers. Par risque grave il faut entendre un risque disproportionné qui peut constituer un fait juridique excusant la non-intervention.

Au regard de la jurisprudence, il est possible de définir deux modalités quant aux formes possibles d'assistance « adaptée » : soit l'action personnelle et immédiate de celui qui a connaissance du danger pesant sur la victime. Soit lorsqu'il n'est pas en mesure d'intervenir lui-même, l'organisation ou l'appel, de son fait, des secours appropriés.

Remarquons qu'il ne s'agit pas d'un libre choix entre deux options.

L'inadaptation de l'assistance à personne en péril a donné et continue de donner lieu à de nombreux procès, principalement dans le domaine médical.

2. Conclusion

« Dure parait la loi… pragmatique est la jurisprudence qui apprécie très concrètement des situations toujours singulières pour juger s'il y eu atteinte ou non au devoir de secours. La limite essentielle réside dans l'exigence posée par la jurisprudence, d'une menace certaine et actuelle à la vie ou à l'intégrité physique d'autrui » (Michelle Bernard Requin).

L'obligation de porter assistance à personne en danger, au-delà du droit et de la jurisprudence, apparaît comme une manifestation de la solidarité entre les citoyens. Dans une République qui n'est pas une simple addition d'individus mais également un rassemblement de citoyens animés par un projet commun, il est normal qu'une telle obligation soit mise à la charge de chacun.

Et ailleurs ?

Cette notion existe dans plusieurs pays. Par exemple dans le Code pénal allemand. Elle a été exportée dans le droit anglo-saxon sous la dénomination biblique « loi du bon samaritain ».

Références juridiques : Code pénal 223-6.
Liens internes : droit du patient en fin de vie – Refus de soins thérapeutiques
Liens externes : BINET J.R. (2010). *Le droit médical* – **www.lamédicale**. VILANOVA. *La non-assistance à personne en danger* (04/2010). www.http// : encyclopédie snycke.com. *Non-assistance à personne en danger* s.d. **http ://www.secourisme** info. M. BERNARD REQUIN, *la non-assistance à une personne en péril*. S.d.

O

73. OBLIGATIONS DU MÉDECIN

La relation d'échange entre médecin et patient aboutit normalement à une forme de contrat. S'il produit des droits, celui-ci produit également des obligations de part et d'autre. Que doit faire le médecin ? Proposer le meilleur traitement possible pour la maladie dont souffre son patient. Cette obligation de soins, va de l'établissement du diagnostic à la réalisation de l'acte chirurgical en passant par la prescription médicamenteuse, elle s'accompagne d'un processus constant d'information et d'explication au profit du patient. De la sorte les obligations du médecin forment un triangle médical dont les trois angles sont : obligation de soins, obligation de sécurité, obligation d'information.

1. Obligation de soin

1.1. Les décisions préliminaires des juges.

Lorsqu'elle a rendu l'arrêt Mercier (1936) la Cour de cassation a précisé la nature et l'étendue de l'obligation du praticien. On peut en retenir que la relation médicale comporte pour le praticien l'engagement, sinon de guérir le malade… du moins de lui donner des soins non pas quelconques… mais consciencieux, attentifs et, réserve faite de circonstances exceptionnelles, conformes aux données acquises par la science. Il s'agit donc d'une obligation de moyen.

1.2. L'intervention de la loi

Longtemps après, la loi du 4 mars 2002 définit cette obligation (art. L.1110-5). Le texte institue au profit de toute personne un droit de recevoir les soins les plus appropriés et de bénéficier des thérapeutiques dont l'efficacité est reconnue qui garantissent la meilleure sécurité sanitaire au regard des connaissances médicales avérées. Il est dans le droit fil de la pensée des juges. La formation médicale continue a été rendue obligatoire pour tous les médecins (ordonnance du 24 avril 1996). Plusieurs fois réaffirmée elle l'a été en dernier lieu par la loi du 21 juillet 2009 (CSP Art.L.4133-1) qui a consacré une nouvelle terminologie : le « développement professionnel continu ». Sur un plan pratique, cette obligation de soin ainsi définie a deux limites : le refus de **l'acharnement thérapeutique***, qui relève d'une obstination déraisonnable. Le **refus de soins*** exprimé par le malade soit au moment de la mise en œuvre d'un traitement, soit de façon anticipée dans le cadre de directives dites anticipées ou de manière indirecte par la personne de confiance. La question est plus délicate lorsque le patient n'exprime aucune volonté particulière. *« Le praticien doit... savoir où s'arrêter avant de franchir la limite imposée par la raison. Celle-ci est cependant très difficile à trouver. En cas de doute, le médecin est alors invité à s'entourer des conseils et avis de tiers. En dernière analyse c'est au juge qu'il revient de fixer la limite dans un exercice de pesée des avantages et des inconvénients attendus des soins. Les médecins réanimateurs sont évidemment les plus exposés, notamment en matière néonatale ». (BINET J.R. 2010).*

2. Obligation de sécurité

De façon générale le médecin engage sa responsabilité pour faute liée à la mauvaise exécution de l'obligation générale. Mais l'augmentation des dommages liée à des accidents médicaux a conduit à la construction d'un nouveau régime de responsabilité qui s'ajoute à la précédente. C'est la responsabilité sans faute à laquelle les juges se sont convertis progressivement. (C.E. 9 avril 1993, puis Cass. 1re civile, 21 mai 1996).

Après les juges, le législateur a consacré ce régime en en faisant supporter les conséquences les plus lourdes sur la solidarité nationale au travers de l'Office national d'indemnisation des accidents médicaux **(ONIAM).**

3. Obligation d'information

Le consentement* libre et éclairé est un droit du patient que le médecin doit respecter à tout moment. Pour être éclairé ce consentement suppose que le patient ait été correctement informé des voies thérapeutiques s'offrant à lui et de leurs conséquences.

Pour la Cour de cassation l'obligation d'information, garante d'un consentement éclairé trouve son fondement dans le respect du principe constitutionnel de sauvegarde de la **dignité de la personne humaine***. (Arrêt Tessier, 28 janvier 1942). La loi du 29 juillet 1994 relative au respect du corps humain à son tour proclame l'exigence de respect de la dignité humaine de la personne humaine et par conséquent la nécessité d'obtenir le consentement d'une personne avant tout traitement. Sur cette base légale, la Cour revient à la charge dans une autre affaire (Cass. Ch. Civile. 3 juin 2010) et donne des précisions précieuses : toute personne a le droit d'être informée... des risques inhérents aux investigations et traitement, son consentement doit être recueilli par le praticien hors le cas d'impossibilité. Le non-respect de cette obligation cause au patient un préjudice qu'on ne peut laisser sans réparation. Il ressort donc que les articles 16 et 16-3 du Code civil ne sont pas des propos purement incantatoires. Les principes qui y figurent peuvent féconder des solutions tout à fait pratiques.

Jusqu'où aller dans les informations à donner ? La jurisprudence a utilisé tantôt les critères quantitatifs : un critère statistique ; tantôt les critères qualitatifs : critères de gravité. Dans le premier cas, la fréquence de survenance du risque permet de faire le tri entre les risques prévisibles et les risques exceptionnels. Dans le second cas, le médecin doit informer le patient des risques courants et exceptionnels dès lors qu'ils dépassent un certain seuil de gravité. La loi du 4 mars 2002 (Art.L.1111-2 du CSP) a introduit une combinaison des deux critères : l'information doit porter sur les risques fréquents ou graves normalement prévisibles que comportent les traitements ; c'est une vision cumulative incluant le risque exceptionnel. Le risque d'infection nosocomiale fait partie des risques fréquents ou graves normalement prévisibles dès lors que ce risque est scientifiquement connu comme étant en rapport avec le type d'intervention envisagée (BINET J.R. 2010).

Références juridiques : CSP Art 1110-2 à 1110-11 ; 1111-1 à 1111-13 ; Art. 4133-1. Code civil art.L.16 et 16-3.
Liens internes : droits du patient – obligations du patient.
Liens externes : BINET J.R. (2010) *Droit médical*

74. Obligations du patient

S'il a des droits, le patient a des obligations qui sont les corollaires de celles du médecin : obligation de collaboration, obligation de paiement.

1. Obligation de collaboration.

Il est acquis que l'obligation de soin pèse sur le médecin. Il va de soi que le patient doit collaborer avec le praticien pour permettre la bonne exécution du contrat. L'obligation porte sur deux objets : la décision thérapeutique mais aussi le traitement prescrit.

Collaboration aux choix thérapeutiques.

Sortant du paternalisme, la loi du 4 mars 2002 donne au patient un rôle à jouer dans la prise de décision médicale. Il devient acteur : « T*oute personne prend, avec le professionnel de santé et compte tenu des informations et des préconisations qu'il lui fournit, les décisions concernant sa santé* » (CSP Art.1111-4). Concrètement, cette participation conduit le patient à donner toutes les informations de nature à permettre l'établissement du diagnostic, et le choix de la bonne stratégie thérapeutique. Sous cet angle, l'obligation d'information pesant sur le patient s'inscrit comme une application du devoir de collaboration. « *C'est, certes au médecin qu'il revient de rechercher, dans l'histoire personnelle du patient, les clés de compréhension qui lui permettront de poser le diagnostic. L'obligation de secret qui pèse sur le praticien est là pour permettre au patient de livrer toutes les informations sans craindre leur révélation ultérieure » (Binet 2010).* L'absence d'information pourrait, ultérieurement, justifier une mise hors de cause du médecin dont la responsabilité serait recherchée. Dans ce sens la Cour de cassation dans une décision du 20 janvier 2011 a écarté la responsabilité du médecin et d'une clinique en retenant la faute d'une patiente ayant dissimulé des informations essentielles sur son état de santé (VIH).

Finalement l'obligation du malade, ici, est une *« obligation de transparence du malade vis-à-vis de son médecin : il se doit de dire la vérité sur son passé médical. Cette obligation représente le corollaire de l'obligation d'information du médecin »*. (Azoux Bacrie L. 2000)

Collaboration à l'efficacité thérapeutique

Le patient doit suivre le traitement prescrit par le médecin, se soumettre aux examens, aux interventions à partir du moment où il les a acceptés après complète information. C'est une obligation de faire, ou une obligation d'observance, sans qu'il soit possible d'envisager une exécution forcée, en raison du respect de la liberté individuelle et de l'intégrité corporelle. Par ailleurs l'éducation thérapeutique, annoncée et prévue par la loi du 21 juillet 2009 (CSP Art.L.1161-1) conduit, au moins intentionnellement, à une plus grande responsabilisation des citoyens à l'égard de leur propre santé. Acteur de sa santé le patient doit collaborer à l'efficacité de son traitement médical.

Remarquons bien que le patient, dans son statut d'acteur, peut toujours refuser le traitement proposé, mais alors il doit être informé de toutes les conséquences pratiques. C'est le droit au **refus de traitement médical***

2. Obligation de paiement

Le médecin est en droit d'obtenir le paiement d'un honoraire. Le code de déontologie le prévoit. À ce droit du médecin correspond dès lors une obligation de paiement de la part du patient. Le médecin non payé peut saisir le juge aux fins d'obtenir le paiement des sommes dues. Selon la jurisprudence, la prescription de l'action est soumise au délai quinquennal de droit commun.

Références juridiques : CSP Art.L.1111-4 ; L.1161-1.
Liens internes : obligations du médecin – droit du patient
Liens externes : AZOUX BACRIE L (2000) *Vocabulaire de bioéthique.* BINET J.R. (2010) *Droit médical.*

75. ONIAM

Il s'agit de l'Office national d'indemnisation des accidents médicaux.

1. La structure

La loi du 4 mars 2002 relative aux droits des malades et à la qualité du système de santé a créé un dispositif de règlement amiable des accidents médicaux et un droit nouveau : l'indemnisation par la solidarité nationale des victimes des accidents médicaux non fautifs et aléas thérapeutiques. Ce dispositif global repose sur un établissement public administratif placé sous la tutelle du Ministère de la Santé : l'Office national d'indemnisation des accidents médicaux.

2. Organisation

Un Conseil d'administration est l'organe directeur. Il est composé de 23 membres : 11 représentants des grands services de l'État en matière de santé ; 9 membres désignés par le Ministère de la santé, 32 représentants du personnel.

Un conseil d'orientation créé en 2009 fixe les orientations relatives aux missions d'indemnisation des victimes ; il est composé de représentants de l'État, des usagers du système de santé (issus d'associations sanitaires), et des personnels qualifiés. Sa mission réside en une formule : l'indemnisation intégrale des accidents médicaux non fautifs par la solidarité nationale. Une dotation financière lui est attribuée par la Sécurité sociale.

3. Procédure d'indemnisation

Pour actionner ce mécanisme d'indemnisation, les dommages doivent présenter un caractère de gravité, fixé par décret, apprécié au regard de la perte de capacités fonctionnelles et des conséquences sur la vie privée et professionnelle mesurée en tenant compte du taux d'incapacité permanente ou de la durée de l'incapacité temporaire de travail.

Cette demande doit d'abord passer une Commission régionale de conciliation et d'indemnisation (CRCI) qui est chargée d'instruire le dossier. Saisie par un particulier, la commission diligente un expert. Si le dommage présente le caractère de gravité prévu précédemment, la commission émet un avis dans un délai de 6 mois : sur les circonstances, la cause, la nature des dommages, les responsabilités encourues (faute de l'établissement ou du praticien ou absence de faute), le régime d'indemnisation applicable : l'assureur de l'établissement ou du praticien, ou l'ONIAM au nom de la solidarité nationale. En l'absence de faute, la CRCI oriente le dossier et le transmet à l'ONIAM pour une indemnisation totale. L'Office est tenu d'adresser à la victime dans un délai de 4 mois suivant l'avis, une offre d'indemnisation. Le paiement doit intervenir dans le délai d'un mois. La victime dispose d'un droit d'action en justice contre l'Office si aucune offre ne lui a été présentée ou s'il la considère comme insuffisante. La saisine de la commission est facultative, la victime peut la saisir directement ou parallèlement à une action en justice.

Sur un plan pratique, l'activité de l'ONIAM est en progression constante : en 2003, 2 719 dossiers ont été déposés. En 2012 ce nombre passe à 4 255. Au total 34 000 dossiers ont été traités à ce jour. Plus précisément, sur les 4 255 demandes d'indemnisation déposées en 2012, 1 348 ont été rejetées avant expertise, puis 1 874 après expertise, et 1 527 demandes ont été acceptées. (ONIAM rapports d'activité 2012).

Élargissement des missions

Par ailleurs, les missions de l'ONIAM se sont élargies. Elle indemnise également les victimes d'une contamination par le VIH lorsque celle-ci a été causée par une transfusion de produits sanguins (2006). Elle indemnise également les contaminations transfusionnelles par le virus de l'Hépatite C. (2008) comme aussi les victimes d'effets secondaires de vaccinations obligatoires (2006) et les victimes de maladies nosocomiales, sans faute de l'établissement.

Sources juridiques : CSP Art. L.1142-1-1142-8
Liens internes : aléa thérapeutique – réparation non juridictionnelle du préjudice
Liens externes : www.wikipedia.org/*indemnisations des accidents médicaux* www.oniam.fr *Bilans d'activités.* BINET J.R. (2010) *Droit médical.*

76. Office parlementaire d'évaluation des choix scientifiques et techniques (OPECST)

1. Quelle raison d'être ?

Les parlementaires ont-ils toujours les moyens d'apprécier la portée politique des projets gouvernementaux dans des domaines très techniques ? Non. De ce constat est né l'OPECST en 1983. Les deux assemblées parlementaires ont décidé de se doter d'une délégation interparlementaire chargée d'éclairer l'action des parlementaires et du gouvernement en matière scientifique et technique (Loi du 8 juillet 1983 portant création d'une délégation dénommée Office Parlementaire d'Évaluation des choix scientifiques et techniques). La structure est l'interface entre le domaine politique et le domaine de la recherche. Elle joue le rôle d'interlocuteur reconnu par l'ensemble de la communauté scientifique.

2. Composition et fonctionnement

La structure est composée de 18 sénateurs et de 18 députés. Elle est présidée alternativement par un député ou un sénateur assisté par un conseil scientifique. Dans le cadre de sa mission, cette instance est chargée de recueillir toutes les informations utiles concernant tel ou tel domaine, de mettre en œuvre des programmes d'études aboutissant à des rapports et de procéder à des évaluations. Les champs d'intervention sont très larges, dont celui de la bioéthique.

3. Rapport avec la bioéthique

À la demande du gouvernement, l'OPECST a publié en novembre 2008 un rapport d'évaluation sur l'application de la loi du 6 août 2004 relative à la bioéthique dans la perspective du réexamen du dispositif global mis en œuvre de 2008 à 2011. Plus récemment l'Office a produit deux autres rapports dans ce même domaine : Rapport n° 1724 : CLAEYS A. et VIALATTE J.S. sur *les progrès de la génétique, vers une médecine de précision ? Les enjeux scientifiques, techniques, sociaux et éthiques de la médecine personnalisée* (22 janvier 2014). Rapport 1246 : TOURAINE J.L. et VIALATTE J.S. *sur les greffes d'organes : les prélèvements sur donneurs décédés après arrêt cardiaque.*

Références juridiques : loi du 8 juillet 1983
Liens internes : *États généraux de la bioéthique*. Rapport final. (1er juillet 2009)
Référence externe : wikipedia. Office parlementaire. Site : assemblée.nationale. *Présentation de l'OPECST*

P

77. PERSONNE DE CONFIANCE

La personne de confiance, ici, se réfère à une situation bien précise : « **la fin de vie*** ». Elle est le représentant, le répondant chargé d'être l'interlocuteur des médecins au moment où le patient est hors d'état d'exprimer elle-même ses choix.

1. Fondement juridique

Le recours à la personne de confiance a été institué par la loi du 4 mars 2002. Il est prévu par l'article L.1111-6 du CSP « *Toute personne majeure peut désigner une personne de confiance. Celle-ci peut être un parent, le conjoint, un proche, ou le médecin traitant. Elle sera consultée au cas où le patient serait hors d'état d'exprimer sa volonté et de recevoir l'information nécessaire. Cette désignation est faite par écrit. Elle est révocable à tout moment. Si le malade le souhaite, la personne de confiance l'accompagne dans ses démarches et assiste aux entretiens médicaux afin de l'aider dans ses décisions* ». La désignation peut intervenir en dehors de tout contexte d'hospitalisation.

2. Quel rôle ?

Le rôle de la personne de confiance est bien délimité. Elle n'a pas accès au dossier médical ; cependant elle a un rôle d'accompagnement de la personne malade qu'elle ne remplace jamais dans le processus de décision. Les médecins ne peuvent donc lui demander de consentir à la place du malade. Seulement, aucun acte ne peut être pratiqué sans sa consultation. Elle a donc un rôle purement consultatif. Ce point mérite d'être souligné car c'est une caractéristique du système juridique français.

Dans d'autres pays (États Unis, Angleterre, Danemark) lorsque le malade investit un tiers de le représenter, il est en mesure de lui transférer de réels pouvoirs. Il y a donc plusieurs modèles. *Il est probable que la formule de la personne de confiance s'inspire du modèle américain... lequel englobent différentes versions... et différents degrés... de représentation de l'individu par un tiers. Il (le modèle français) n'en assume toutefois pas pleinement la logique, car le modèle français ne reconnaît à cette personne de confiance qu'un rôle consultatif, ce qui en fait, au mieux, un acteur en amont du processus décisionnel mais non un décisionnaire (HENNETTE-VAUCHEZ S. 2009).*

Il ressort de diverses études que, pour l'essentiel, le dispositif est mal connu et largement confondu par les établissements de soins comme par les patients avec la « personne à prévenir en cas d'accident » ce qui, une fois encore nous éloigne de la figure d'acteur de la décision médicale. Ceci ne signifie pas que l'avis d'une telle personne soit sans importance ? Nullement. Lorsqu'un malade est en fin de vie, l'avis de celle-ci, sauf urgence ou impossibilité matérielle prévaut sur tout autre avis non médical, à l'exception des directives anticipées qui, sans doute, vont acquérir prochainement une force contraignante, dans les décisions d'investigation, d'intervention, ou de traitement prises par le médecin. Il reste que ce caractère non contraignant de l'avis de la personne de confiance suscite quelques méfiances. Dans un souci de transparence, pourquoi ne pas obliger les médecins à motiver les éventuels refus médicaux opposés à la personne de confiance ?

3. Sur un plan pratique

L'avis de la personne de confiance doit, normalement refléter votre volonté. C'est pourquoi il est important de désigner une personne qui sera capable d'indiquer vos souhaits le moment venu. En la désignant vous lui donnez implicitement votre consentement pour qu'elle reçoive les informations médicales vous concernant. Pour autant elle n'a pas accès à votre dossier médical. Elle ne peut y accéder que si vous lui donnez une procuration. Par ailleurs « *Être désigné personne de confiance représente un engagement personnel, qui n'est pas neutre. Il est souhaitable qu'une réflexion approfondie, tant de celui qui désigne que de celui qui est désigné, soit menée auparavant* ». (Dreiffus-Netter 2007). Sans être obligatoire, une telle désignation est recommandée, notamment lorsque l'équipe médicale est amenée à prendre des décisions importantes : choix d'une prise en charge particulière, limitation ou arrêt des traitements curatifs, application des directives anticipées.

Références juridiques : CSP Art.L.1111- 6, 7.
Liens internes : fin de vie – Droits du patient en fin de vie – consentement du patient.
Liens externes : HENNETTE-VAUCHEZ (2009) *Le droit de la bioéthique.* BINET J.R. (2010) *Droit médical.* DREIFUSS- NETTER FR. CSP Art. L.1111-6 *annotations.*

78. PERSONNE HUMAINE ET PERSONNALITÉ JURIDIQUE

1. L'ambivalence de la notion de « personne humaine »

Les dictionnaires définissent habituellement la personne comme un « être humain ». La généralité de cette définition pousse certains auteurs à ajouter une caractéristique supplémentaire : celle de la conscience de soi. C'est loin d'être convaincant. L'étude de la personne humaine mobilise de multiples tentatives relevant de disciplines différentes : biologie, psychologie, philosophie, droit, théologie. Elles révèlent la complexité et l'ambivalence du sujet. Comme le fait remarquer L. Sève (2006) « *Il faut convenir qu'est de plus ambiguë cette idée de personne humaine dont on proclame la dignité - les questions éthiques d'actualité nous le font sans cesse toucher du doigt* ». Tantôt on considère la personne comme une fiction éthico-juridique, tantôt comme une réalité bio psychique, ou comme un objet philosophique. « *Un concept de personne acceptable par tous est-il pensable » ?* C'est la question posée par L. Sève face à laquelle il propose la thèse suivante : *la personne est beaucoup plus qu'une fiction juridique ou un postulat de la raison morale, c'est un être réel, mais cette réalité... est d'un point de vue purement laïc tout à fait irréductible à celle de l'individualité bio psychique, elle est d'essence historico-sociale. Elle transcende bel et bien l'être naturel dès lors qu'elle émane d'un acquis de civilisation qui la déborde...*

La question de la personne est au cœur de la bioéthique et à ce titre elle interroge les juristes.

2. Que disent les juristes ?

Quel est le point d'émergence de la personne ? La question s'est posée plusieurs fois devant les tribunaux, à partir de problèmes liés au fœtus, ou à l'enfant à naître. Plusieurs arrêts de la Cour de cassation (30 juin 1999, Ass. plénière 29 juin 2001) vont dans le même sens : « A*vant sa naissance, l'enfant à naître n'est pas considéré comme une personne ; il ne possède pas la personnalité juridique, c'est-à-dire il n'est pas encore sujet de droits et d'obligations* ». Cette conception juridique ne relève pas d'une quelconque analyse scientifique, ou étude ontologique. C'est une prise de position pratique qui permet de résoudre les problèmes, c'est pour cela que l'on parle d'une « fiction juridique ». C'est une construction, ou un postulat. Saisie d'une affaire de décès in utero d'un fœtus, la Cour européenne des droits de l'homme (CEDH. Gd. Ch.8 juillet 2004) de son côté, a été prudente voire évasive : elle se déclara convaincue qu'il n'est ni souhaitable ni même possible actuellement de résoudre dans l'abstrait la question de savoir si l'enfant à naître est une « personne ». Il en ressort que la détermination du point de départ du droit à la vie relève de la marge d'appréciation des États contractants. Ce que fait le droit français.

3. Au regard du droit français

3.1. Le principe de base

Seul l'enfant né vivant et viable est considéré comme une personne. C'est à partir de sa naissance qu'il acquiert des droits en tant que tels, c'est-à-dire qu'il acquiert la personnalité juridique. Qu'en est-il alors de l'enfant mort né ? De l'enfant décédé après la naissance ?

3.2. Les cas extrêmes

Une circulaire (30 novembre 2001) précise ce qu'est un enfant mort-né. Sur un plan pratique il n'a pas d'existence juridique. Sa perte n'entraîne aucune déclaration à l'état civil. Au cas des enfants mort-nés il faut assimiler celui des enfants nés vivants mais non viables. Un enfant est reconnu non viable lorsqu'il est dépourvu d'un organe essentiel à la vie, lorsqu'il est atteint d'une malformation congénitale ou d'une anomalie originelle rendant le décès inévitable à court terme. Dans les deux cas, morts - nés ou nés vivants mais non viables, leur naissance ne donne pas lieu à la rédaction d'un acte de l'état civil.

Cependant, afin de tenir compte de la douleur des familles, la loi du 8 janvier 1993 prévoit ceci : un officier d'état civil peut désormais dresser un acte d'enfant sans vie. La rédaction d'un tel acte n'entraîne en principe pas d'inscription sur le livret de famille. Mais depuis 2002, celle-ci peut être réalisée à la demande des parents par l'officier qui a établi l'acte, à une autre place que celle normalement réservée aux enfants. (Art.79-1 du Code civil, arrêté du 26 juillet 2002 fixant le modèle du livret de famille.) SEBAG V. (2007).

3.3. L'extinction de la personnalité juridique

La personnalité juridique prend fin avec le décès de la personne. Juridiquement c'est la mort cérébrale qui marque la fin de la vie. Les juristes rejoignent les scientifiques sur cette conception qui fondent la **mort et le constat de mort*.** Par ailleurs la volonté de la personne se prolonge au-delà de son décès puisqu'elle est en droit d'organiser sa succession ou les modalités de ses funérailles, ou de régler la question du consentement ou non au **don d'organes *.** (Sebag V.2007).

En conclusion : Devant l'impuissance de la biologie, de la philosophie pour nous dire avec certitude si l'embryon ou le fœtus est une personne, il revient à l'éthique et au droit de résoudre la question, non pas sur le plan ontologique, dont la solution s'avère impossible, mais sur le plan pratique, de l'agir, c'est-à-dire en définissant quelle doit être notre conduite face à ces réalités. C'est donc du devoir être à l'égard de l'embryon, du fœtus, mais aussi de l'enfant mort-né de l'enfant né vivant mais non viable et non de leur être dont il s'agit. (ANDORNO R.1997) Tels sont l'intérêt et les limites du droit en la matière.

Références juridiques : Code civil art.311suiv
Liens internes : embryon – statut de l'embryon
Liens externes : SEBAG V. (2007) *Droit et bioéthique.* SEVE L. (2006) *Qu'est ce que la personne humaine* ? ANDORNO R. (1997*) La bioéthique et la dignité de la personne.*

79. PHILOSOPHIE ET BIOÉTHIQUE

La bioéthique trace les frontières du permis et de l'interdit en matière de recherche médicale ; de ce fait elle convoque les théories philosophiques qui en forment le soubassement. Il est difficile de rendre compte des principales conceptions philosophiques, en raison de leur complexité et de leur nombre. Bourgois E (2001) en repère au moins cinq. Pour une analyse approfondie des différentes lignes de départage du débat bioéthique en France on pourra se reporter à Mehl D. (1999). Ici, ma démarche est restreinte. Je raisonne en termes de pôles philosophiques dominants au cœur de la bioéthique. Il s'agit des pôles de la transcendance et de l'immanence diamétralement opposés. Ma présentation s'appuie principalement sur le travail très approfondi de BORRILLO D. (2011) en ce domaine.

1. La transcendance

Le courant de pensée dit métaphysique ou essentialiste se rattache au pôle de la transcendance. Basé sur la croyance en une vérité absolue, ce courant considère que les lois humaines trouvent leur fondement dans des forces extérieures, supérieures et qui les déterminent, la Sagesse divine pour les chrétiens. Ces lois sont des principes immuables et universels car ils émanent de « la loi dite naturelle ». Ce sont ces lois qui déterminent la frontière entre le permis et l'interdit en matière de bioéthique.

Ce courant s'exprime en deux versions : le religieux et la version laïque.

1.1. La version du religieux

Le religieux, parce qu'il fait appel à la sagesse divine, auteur de la loi naturelle, apparaît comme la forme paradigmatique de ce courant Catéchisme de l'Église catholique (1992) Jean Paul II (1995, 2007). Cette version est porteuse d'une éthique de la conviction conçue comme fidélité absolue à des valeurs transcendantes. Cette fidélité est totale et n'accepte aucune dérogation quelles que soient les conséquences d'une décision, d'une action. Il y a des actes qui par eux-mêmes et en eux-mêmes indépendamment des circonstances et des intentions sont toujours interdits en raison de leur objet.

Je donne un exemple. L'avortement est condamné de manière absolue, même si l'enfant à naître est le fruit d'un viol ou si le fœtus a une malformation génétique très grave. Pourquoi ? Parce que l'être humain doit être respecté comme une personne, dès le premier instant de son existence. C'est sur ce même principe que se fonde l'interdit de la **recherche sur l'embryon*** conduisant à sa destruction. Un autre exemple : la procréation passe naturellement par la relation sexuelle. C'est la voie « naturelle » inscrite dans la nature de la différence des sexes, qui ne tolère aucune intervention extérieure de type biotechnologique. Sur ce principe se fonde l'interdit de la **procréation médicalement assistée (PMA*)** sous toutes ses formes, comme aussi le **diagnostic préimplantatoire***.

Cette version peut être désignée par l'expression « humanisme inconditionnel » : le primat de l'homme dont la dignité et la vie sont sacralisées par une loi dite naturelle d'origine divine. On croyait le concept de loi naturelle disparu, victime de la sécularisation. Non. Il fait son retour dans l'Église catholique. Le Pape Benoît 16 a essayé d'en faire le fondement de la position catholique en matière de bioéthique. *La loi naturelle est ce qui fait que l'homme est ce qu'il est ; elle est incontournable ; c'est « le message éthique inscrit dans l'être humain ».*

Comme le montre BORRILLO D (2011), il existe une version désacralisée ou laïque de ce courant de pensée. On parle alors de « néotraditionalisme ».

1.2. La version laïque

Les auteurs dits « néotraditionalistes » utilisent les mêmes arguments essentialistes présentés plus haut pour arriver à *une sorte de mélange entre un contenu conservateur et un continent apparemment neutre, prenant souvent la rhétorique de l'anthropologie ou de la psychanalyse* (BORRILLO D.). Comme la conception du religieux, ce mode de pensée dénonce les abus de la science, les dérives, pour se faire la gardienne de l'ordre établi, présenté comme une structure anthropologique immuable. On ne fait plus directement appel à l'ordre naturel émanant de la sagesse divine. La référence va vers les acquis des sciences humaines (anthropologie, psychanalyse, psychologie). Ces sciences sont convoquées en tant que savoir institué, imposant aux individus et aux sociétés des règles invariantes auxquelles ils doivent se soumettre sous peine de mettre en danger l'humanité. *« La logique de la dignité, invoquée par tous mais souvent dans des sens différents, postule que par nature l'individu ne s'appartient pas, mais appartient à sa nature qui le transcende ».* (Borrillo.D.)

Ces néoconservateurs seraient issus, selon BORRILLO D., aussi bien du monde ecclésiastique, des acteurs politiques de droite et de gauche que de l'univers académique des sciences sociales et du droit. Citons : Labrusse-Riou C. *Audition par la commission d'information sur la révision des lois de bioéthique* (2008), Agacinski S. *Corps en miettes*. (2009), Dekeuwer-Défossez *audition mission d'information (2008*) Edelman B. Vers *une approche juridique du vivant* (1988).

On dégage ceci : cette nouvelle figure du conservatisme ne fait pas appel à la religion pour justifier son prosélytisme, mais utilise la vulgate anthropologique et psychanalytique plus compatible avec l'exigence de laïcité. Toute comme sa sœur aînée, elle refuse toutes les nouvelles demandes sociales qui font débat aujourd'hui : l'homoparentalité, la gestation pour autrui, l'insémination post mortem, le droit de mourir dans la dignité (version euthanasie) droit de disposition de son corps. Au nom de quoi ? D'impératifs prés politiques considérés comme constitutifs de la culture. Tel est le versant séculier du courant essentialiste ou transcendantal.

2. L'immanence

Le courant de l'éthique immanente est dit aussi « constructiviste », parce que c'est la société et l'individu qui construisent les normes éthiques à un moment donné, pour les changer par la suite si nécessaire. Autrement dit, la règle éthique trouve sa source à l'intérieur de la société. Là aussi deux versions se partagent le terrain.

2.1. La version utilitariste

Autonomie et consentement constituent les piliers de cette éthique. Le centre de gravité est donc la liberté. La seule limite est le refus du préjudice à autrui. A contrario, ce n'est pas la soumission à une règle extérieure, présentée comme universelle et naturelle, qui détermine la moralité de l'agir humain (éthique de la conviction), mais l'attention au contexte, aux conséquences concrètes d'une action. C'est l'éthique de la responsabilité qui s'oppose en tout point à l'éthique de la conviction dans sa version maximaliste. Les régulations éthiques étant relatives, chaque société peut se donner de manière autonome ses propres règles de comportement.

Pour l'éthique de la responsabilité, la recherche du bonheur individuel constitue également une règle d'interprétation. Par là elle rejoint l'utilitarisme. Cette philosophie se ramène au principe d'utilité visant la « maximisation » du plus grand bonheur du plus grand nombre. D'un point de vue pratique cette philosophie consiste à mettre en relation le positif d'une action en fonction de l'utilité rationnelle de ses conséquences. Ainsi une action sera jugée acceptable à partir du moment où elle est plus utile que nuisible, tant du point de vue de la personne concernée que vis-à-vis de la société ou du bien commun. Michel Onffray, par exemple, est une figure emblématique de ce mouvement.

2.2. La version libertarienne

Il existe une seconde version de la conception immanente, tenue principalement par R. OGIEN (2007) et DAGOGNET (2003) : éthique libertarienne ou minimale. Elle réside dans trois principes : la neutralité à l'égard des conceptions substantielles du bien ; le principe négatif d'éviter de causer des dommages à autrui ; le principe positif qui nous demande d'accorder la même valeur aux voix et aux intérêts de chacun. « *Cette théorie peut être présentée comme une forme de consensus sur des principes communs minimaux et constitue le versant le plus puissant du courant constructiviste français en matière* d'éthique » (BORRILLO D.).

En conclusion ces deux conceptions fondées sur l'autonomie et la liberté, l'utilité maximalisent la responsabilisation des individus et des sociétés en obligeant l'acteur social à mesurer systématiquement les conséquences de ses actes. Dépourvue d'une hiérarchie de valeurs, les actes ne sont pas jugés en eux-mêmes mais en fonction du contexte dans lequel ils se déploient et selon les conséquences réelles qu'ils produisent. En voici deux illustrations concrètes. Dans la pratique, c'est à l'individu de décider quand et comment mettre fin à ses jours dans son intérêt et éventuellement celui de son entourage. Par ailleurs, si une femme possède des ovocytes sains, mais ne peut concevoir un enfant pour différentes raisons, il est éthiquement valable qu'elle puisse recourir à la **gestation pour autr**ui*, à condition que tous les protagonistes de cette entreprise soient consentants.

Robert Badinter a su incarner ce courant avec vigueur. Selon lui, « De *sa vie privée tout adulte est maître absolument dans notre société » « le droit de donner la vie ne peut être refusé à une femme qui veut avoir un enfant. On ne saurait donc lui en interdire les moyens* ». (1985)-

3. Dispositif français de bioéthique et philosophie

La question va de soi : quel est le courant qui nourrit le dispositif français de bioéthique ?

Selon BORRILLO D. la bioéthique à la française se présente comme la voie moyenne entre ces deux pôles extrêmes. La sagesse serait donc de chercher quelque part entre le libéralisme anglo-saxon d'un côté et la rigidité vaticane de l'autre. Par exemple, en matière de PMA l'impératif « humaniste » et la « compassion clinique » viennent délimiter les contours du permis et de l'interdit. En matière de revendications familiales, la rhétorique du juste milieu permet à la fois de revendiquer une conception « moderne de la famille » tout en préservant sa structure traditionnelle. À partir de là l'auteur fait une critique en règle du dispositif juridique français. Il en dénonce l'institutionnalisation de la parole religieuse, la naturalisation de la famille hétérosexuelle, la nationalisation du corps et de la vie.

3.1. De mon point de vue

Sans vouloir réexaminer ici les arguments critiques de BORRILLO, c'est la position du dispositif français entre les deux extrêmes présentés plus haut qui va retenir l'attention. À cette question je réponds en termes de « métissage philosophique et éthique ». Le dispositif se nourrit non pas d'un humanisme inconditionnel défendu par le religieux mais par un humanisme pragmatique qui fait des emprunts à l'utilitarisme. Autrement dit, il est au croisement de l'éthique de la conviction et de l'éthique de la responsabilité. Je parle d'humanisme pragmatique parce que l'humanisme comme tel est susceptible de deux types d'application pratique. Une application stricte, inconditionnelle qui ne tolère aucune exception dans les régulations pratiques, ne tient aucun compte du contexte. C'est la position de l'Église catholique. Au nom du principe de dignité de la personne et de la vie humaine, elle pose un certain nombre d'interdits bien connus. Nous sommes dans une éthique de la conviction qui va jusqu'au bout d'elle-même. Le deuxième type d'application c'est une démarche pragmatique qui tout en affirmant la valeur de la dignité humaine clé de voûte de l'édifice bioéthique, admet des dérogations dans le champ des applications pratiques, en raison du contexte particulier et des conséquences d'une décision impitoyable.

Quelques exemples. On respecte le processus naturel de procréation par l'acte sexuel. Soit. Mais que faire dans le contexte du couple hétérosexuel stérile ? On accepte d'intervenir médicalement en vue de la procréation. - Deuxième exemple : on adhère au principe du respect de la vie humaine du début à la fin. Mais ce respect a une valeur relative. Il y a des situations où l'interruption médicale de grossesse soigneusement encadrée est autorisée pour le bien-être de la femme et du couple qui prennent librement leur décision en ce domaine - Il est d'autre cas où l'on tolère une forme d'atteinte à la vie humaine pour le bien et les intérêts de la société, dans une stratégie de moindre mal. C'est l'utilisation par la recherche des embryons subnuméraires, issus d'une fécondation in vitro et devenus orphelins. L'**embryon*** utilisé sera détruit, mais c'est un embryon non fabriqué pour la recherche, et non utilisé pour un projet parental. S'il ne va pas à la recherche, il est voué à sa destruction de toute manière. C'est le moindre mal. Enfin on adhère au principe d'inviolabilité du corps humain. La pratique montre que le don et la **transplantation d'organe*** sont une atteinte au corps humain. Mais cette pratique à un but thérapeutique, elle vise à sauver une vie humaine, avec l'accord explicite du donneur d'organe. Cette dérogation au principe fait l'unanimité, elle n'est contestée par personne, ni par l'Église ni par la société civile. Tous ces exemples ont un pont commun. Les pratiques auxquelles ils renvoient se relient à une philosophie utilitariste et à une éthique de la responsabilité qui accepte des dérogations aux principes fondamentaux, en fonction des contextes de vie et des conséquences. Il y a donc métissage entre éthique de la conviction et éthique de la responsabilité nourri d'un humanisme pragmatique. Ce métissage peut paraître étrange notamment pour certains juristes. Voici, par exemple, comment Valérie Sebag (2007) s'en explique.

3.2. Point de vue complémentaire

La bioéthique, bien qu'elle soit largement sous-tendue par le déontologisme, c'est-à-dire la « morale du devoir... reconnaît aussi bien le principe de l'utilitarisme. Cette coexistence du principe déontologique avec le principe de l'utilitarisme peut paraître surprenante, sinon contradictoire du point de vue des fondements philosophiques. Mais si ses principes sont incompatibles du point de vue de la théorie, ils se conjuguent sans difficulté dans la pratique de l'éthique en tant que celle-ci ne se situe pas dans la sphère d une intériorité, où seule compte la pureté des mobiles, mais au plan d'une conscience engagée dans un contexte social et technique et soucieuse des conditions effectives du respect de la personne ».

De son côté le CCNE (avis n° 8 du 15 décembre 1986 relatif aux recherches sur l'embryon humain) sans employer le terme rend compte de ce métissage philosophique et éthique.

« Les exigences éthiques ne peuvent pas toujours être formulées en termes d'absolus de caractère dogmatique. L'élaboration des règles

et leur mise en œuvre impliquent des compromis que le principe éthique du moindre mal peut rendre tolérables. Ce moindre mal devrait être apprécié au regard des avantages et des risques immédiats, à moyen et à long terme qu'ils soient de nature scientifique ou médicale, psychologique ou sociale, culturelle ou philosophique ».

Liens internes : bioéthique, principes de base.
Liens externes : ANDORNO R. *(1997) La bioéthique et la dignité de la personne.* BADINTER R. *(1985) les droits de l'homme face aux progrès de la médecine, de la biologie et de la biochimie. Le Débat. n°36 septembre 1985.* BORILLO *D. (2011) Bioéthique.* BOURGOIS *E. (2001) La bioéthique pour tous. Catéchisme de l'Église catholique. (1992).* DUGOGNET *F. (2003) Une bioéthique libertaire ». Le Nouvel Observateur.13 novembre 2003.* JEAN PAUL II *(2007) Donum vitae. Instruction romaine 522. Encyclique Evangelium vitae (1995).* MEHL *D. (1999). Naître ? La controverse bioéthique.* OGIEN R. *(2007) L'Ethique aujourd'hui. Maximalistes et minimalistes.* POISSON *J-F (2004). La dignité humaine. Les Études hospitalières (2004).* SEBAG V. *(2007) Droit et bioéthique.*

80. Procédure collégiale

Comme son nom l'indique c'est un type de procédure de prise de décision qui fait appel à plusieurs personnes, un collectif, un collège. Le terme fait partie du vocabulaire juridique de la bioéthique. Le procédé est bien connu ailleurs. Ce qui est original ici, c'est la composition du « collège », le rôle des différents acteurs, et le champ d'application.

1. La composition du collège

Il comprend le médecin responsable du patient, l'équipe de soins, un autre médecin que le médecin traitant, la « personne de confiance », la famille, les proches. Tous ces acteurs ne sont pas à mettre sur le même plan

2. Le rôle des acteurs

Le contexte est celui d'un malade hors d'état de manifester sa volonté, en fin de vie ou non. La question est la suivante : peut-on, ou doit-on arrêter les soins thérapeutiques dans des situations extrêmes :

l'inutilité des soins thérapeutiques, l'irréversibilité de la maladie du patient ?

Le médecin traitant organise une concertation avec l'équipe de soins pour recueillir le maximum d'informations concernant le patient.

Il consulte un autre médecin extérieur pour un avis éclairé, motivé sur la décision à prendre, dans un souci d'impartialité et de distanciation.

Il consulte également la personne de confiance pour connaître la volonté du patient sur sa fin de vie et l'arrêt éventuel des soins.

Il consulte également la famille et les proches.

3. Qui décide ?

Ce n'est pas le collège qui décide, il fournit des éléments utiles pour préparer la décision qui est de la seule responsabilité du médecin traitant.

4. Les applications

Cette procédure doit être mise en œuvre, en application du refus d'obstination déraisonnable ou de l'acharnement thérapeutique dans les deux cas suivants.

Prise décision d'arrêter ou limiter un traitement. Ceci étant susceptible de mettre en danger la vie du patient hors d'état d'exprimer sa volonté. Ce cas s'applique à des patients inconscients, sans espoir raisonnable de récupération, qui sont maintenus en vie de façon prolongée par des thérapeutiques de substitution d'une ou plusieurs fonctions vitales défaillantes.

Prise de décision d'arrêter ou limiter un traitement inutile, disproportionné, ou prolongeant artificiellement la vie d'un patient en phase avancée ou terminale d'une affection grave et incurable et hors d'état d'exprimer sa volonté. Ce cas s'applique à des patients inconscients qui sont en fin de vie, cette phase terminale de la vie pouvant être actuellement considérablement allongée du fait de l'efficacité des techniques médicales.

Dans les deux cas, le patient est hors d'état d'exprimer sa volonté mais dans le 1er cas il n'est pas en fin de vie et c'est la décision d'arrêter ou de limiter le traitement qui met sa vie en danger. (CSP Art. L.1111- 4 et L.1111-13).

Dans les deux cas de prise de décision le médecin prend en compte les souhaits que le patient aurait antérieurement exprimés dans les **directives anticipées*** s'il en a rédigé, l'avis de la **personne de confiance** * qu'il aurait désignée ainsi que celui de la famille ou à défaut celui d'un des proches.

5. Les objectifs poursuivis

Les objectifs poursuivis par cette procédure concernent à la fois le malade, le médecin et la famille ou les proches. L'intérêt du malade est pris en compte par le refus de toute obstination déraisonnable dans les soins. Le risque d'instrumentalisation au service de la recherche ou de l'expérimentation est écarté

Pour le médecin, le risque de toute décision solitaire et arbitraire est contrôlé. De plus il est protégé juridiquement contre toute poursuite pénale pour euthanasie dissimulée ou non assistance à personne en danger. L'intérêt de la famille est pris en compte par une recherche de transparence et de traçabilité de la procédure. Le médecin assurant la prise en charge du malade doit obligatoirement tracer la mise en œuvre de la procédure collégiale de manière détaillée dans le **dossier médical*** du patient : compte rendu de la concertation, avis écrit du consultant, décision motivée du médecin assurant la prise en charge du patient.

Références juridiques : CSP Art. L.1111- 4 et L.1111-13. R. 4127-37
Liens internes : fin de vie – Refus de l'acharnement thérapeutique – Arrêt des soins.
Liens externes : BINET J.R. (2010) *Droit médical.*

81. PROCRÉATION MÉDICALEMENT ASSISTÉE

1. Repères essentiels

1.1. Données techniques

La procréation médicalement assistée (PMA) est une démarche complexe et lourde d'enjeux. Ceux-ci concernent l'enfant à naître, les parents, le médecin, les praticiens, les laboratoires, les chercheurs. Aussi le droit donne une délimitation rigoureuse. « *L'assistance médicale à la procréation s'entend des pratiques cliniques et biologiques permettant la conception in vitro, la conservation des gamètes, de tissus germinaux et des embryons, le transfert d'embryon et l'insémination artificielle* ». Les techniques de PMA les plus courantes sont l'insémination artificielle et la fécondation in vitro (FIV) suivie d'un transfert de l'embryon dans l'utérus. La fécondation proprement dite se pratique selon deux méthodes : la FIV classique c'est-à-dire fécondation naturelle des gamètes mis en contact l'une avec l'autre et la fécondation par micro-injection des spermatozoïdes dans l'ovocyte.

Par ailleurs les deux techniques de procréation peuvent être mises en œuvre soit avec les gamètes du couple, soit avec l'apport de gamètes d'un tiers. On parle alors d'insémination artificielle avec donneur, ou de fécondation in vitro avec don de sperme ou don d'ovocyte. La démarche peut aller encore plus loin par la pratique d'un transfert d'embryon provenant d'un couple donneur au bénéfice d'un couple bénéficiaire. Fort élégamment la bioéthique utilise alors le terme « d'accueil d'embryon ».

1.2. Les faits et histoire

En 1978 naissait en Angleterre, Louise Brown. Sa conception n'avait pas suivi le chemin naturel. Sa mère était incapable de concevoir. Aussi les médecins avaient-ils recueilli ses ovules pour les féconder par le sperme de son mari et les réimplanter dans son utérus. Louise naissait en parfaite santé. Venait d'être inventée la FIV fécondation in vitro. Quatre ans plus tard, FRIEDMANN R. réalisait la même prouesse en France avec la naissance d'Amandine (FRIEDMANN R. 1986).

« La voie était ouverte pour pallier un grand nombre de stérilités mais aussi pour élargir à l'extrême le spectre des dissociations combinaisons entre personnes, acte sexuel et procréation, voire, dans le cas de « mères porteuses » entre procréation et gestation. La technique s'était invitée comme tiers dans la fécondation, au risque de devenir envahissante » COLLANGE J F. *(2007).*

En France près de 110 000 enfants sont nés par PMA. Par ailleurs, dans son rapport de 2008 l'Agence de biomédecine donne l'état suivant : En 2006, 20 042 enfants sont nés des techniques de PMA, ce qui représente 2,4 % des 830 288 naissances recensées.

Lors de la 22e conférence annuelle de la Société européenne de reproduction et d'embryologie humaine (juin 2006) il a été annoncé que depuis 1978 ont été conçus dans le monde 3 millions d'enfants par assistance médicale à la procréation.

Nous sommes donc en présence de pratiques significatives par leur ampleur et leurs résultats, bien installées certes, mais qui oscillent entre réussites et échecs et posent donc la question de leur amélioration qualitative et quantitative.

1.3. Les interrogations

Le développement de ces pratiques, comme aussi leur divulgation au sein de la société risque de conduire à une banalisation de la démarche. Pourtant celle-ci restera toujours étonnante en raison de ses performances, et questionneuse en raison de l'ampleur des enjeux qu'elle véhicule. Elle vient percuter les représentations habituelles de l'enfant à naître, de la famille, de la société et son rapport à la procréation. Elle pose aussi la question de l'usage que feront les générations futures de cette biotechnologie.

Je laisse le soin de traduire ces interrogations à un ancien membre éminent du Comité consultatif national d'éthique, professeur de théologie protestante, Jean François COLLANGE J.F. :

« On imagine bien les espoirs, perplexités et émois, causés par de telles avancées. Tout pouvait être permis en la matière, Les règles multiséculaires de la filiation n'allaient-elles pas s'en trouver bouleversées ? L'intrusion de la technique dans un acte aussi intime que la conception n'allait-elle pas avoir de répercussions importantes sur la vie des couples, des familles et de la société en général ? Aussi est-ce bien dans la foulée de ces interrogations que fut créé en 1983 en France, le ***premier comité consultatif national d'éthique**** *pour les sciences de la vie et de la santé au monde, bientôt suivi par de nombreux comités semblables dans d'autres pays ».* COLLANGE J.F. (2007).

2. Les régulations bioéthiques

Les dispositions sont contenues dans la loi de bioéthique du 29 juillet 1994 récemment mise à jour par la loi du 11 juillet 2011. (CSP Art.L.2141-2). Contrairement aux attentes, celle-ci a apporté peu de changements en ce domaine : « *une évolution dans la continuité* » en permettant quelques assouplissements sur les conditions d'accès à la PMA et *« une révolution manquée* » par le maintien de l'anonymat du donneur de gamètes et le refus du transfert post-mortem d'embryon (LARRIBAU-TERNEYRE V. 2011).

La construction de l'ensemble repose sur l'entrée en scène et le jeu d'une pluralité d'acteurs. Leur mission et démarches se coordonnent et convergent sur un objectif commun : un enfant à procréer et à « naître », en réponse à un projet parental de couple stérile.

ACTEUR 1 : LE COUPLE DEMANDEUR

Une PMA pour qui ? Au service de quoi ? Six paramètres sont à prendre en compte : quatre concernent le couple demandeur, deux autres le processus lui-même.

1. Identité du couple

La loi réserve la PMA aux couples hétérosexuels engagés dans un projet parental. Cette disposition exclut donc les demandes émanant de femmes célibataires ou veuves ou de couples homosexuels. On sait que la loi autorise par ailleurs les femmes célibataires à adopter un enfant. Leur exclusion de la PMA apparaît de ce fait paradoxale. Le choix du législateur repose sur la conviction qu'il faut donner à l'enfant à naître le plus de chance d'épanouissement possible en le plaçant nécessairement dans le cadre d'un couple traditionnel et consentant fait-on remarquer (Rapport CLAEYS A. 1994).

Les deux membres du couple sont vivants

La mort de l'un d'entre eux au cours de la démarche rend le projet impossible à réaliser. En effet la loi interdit tout processus **d'insémination ou de transfert d'embryon post mortem***.

Stabilité du couple

La loi vise le couple marié mais aussi les couples non mariés sans qu'ils soient tenus d'apporter la preuve d'une vie commune, comme c'était le cas auparavant. Il y a donc eu un assouplissement par la loi de 2011 que certains jugent contestable en raison des risques de dérives (BINET J.R. 2012). La rupture de la vie de couple fait obstacle à la mise en œuvre du projet.

Personnes en âge de procréer

Des préoccupations sociales et éthiques ont inspiré la disposition imposant aux couples d'être « en âge de procréer ». La notion « d'âge de procréer » a été introduite par la loi pour éviter que des femmes ménopausées ne puissent bénéficier d'un don d'ovocytes et devenir mère à l'âge où elles pourraient être grand - mère. Cette mesure pose des difficultés d'application aux praticiens. Cependant l'arrêté du 12 janvier 1999 relatif aux règles de bonnes pratiques fixe la limite de trente-sept ans pour les femmes. En revanche une décision du 11 mars 2005 de la Sécurité sociale indique que la prise en charge de la fécondation in vitro s'interrompt à partir du 43e anniversaire ou à la quatrième tentative de FIV.

2. La réponse à un problème d'infertilité

La loi de 2011, contrairement aux précédentes, met la demande et le désir du couple au second plan et fait de l'infertilité pathologique un élément de la définition de la PMA. De cette manière la loi consacre un recul de la prééminence du désir et, par effet mécanique, un épanouissement de la dimension médicale de la PMA (BINET J.R. 2012). Celle-ci est une technique médicale destinée à répondre à un problème de stérilité ou à un risque de maladie du couple ou de l'enfant. La référence forte à l'infertilité médicale exclut l'hypothèse de PMA de pur confort. Par ailleurs la PMA ne répond donc pas aux besoins d'un couple confronté à une infertilité sociale, c'est-à-dire d'un couple homosexuel.

Pourquoi ne pas l'ouvrir ? La question est éminemment actuelle et continue à faire débat, et à susciter des revendications. Pour la refuser, le CCNE met en avant deux types d'arguments : un argument psycho génétique, c'est-à-dire le respect de la fonction paternelle et la fonction maternelle dans leur complémentarité pour une relation parenté/filiation constructive ; un argument juridico- éthique : la PMA dès son origine vient résoudre un problème de stérilité médicale ; elle n'est pas mobilisée pour venir en aide à une préférence sexuelle ou à un choix de vie sexuelle. Elle ne vient pas convoquer la médecine pour satisfaire un droit individuel à l'enfant. (Avis n° 110) Par ailleurs la **gestation pour autrui*** reste formellement interdite.

3. Les modalités techniques

La loi est très ouverte sur les possibilités techniques en ce domaine. Elle accepte la procréation artificielle sous la forme d'insémination artificielle, « in vivo », ou sous la forme de fécondation in vitro. Les deux techniques peuvent se réaliser soit avec les gamètes du couple (procréation intraconjugale ou homologue) soit avec « tiers donneur » (sperme ou ovules). On parle alors de procréation extra – conjugale ou hétérologue. Celle-ci n'est possible que dans trois cas : lorsqu'il existe le risque de transmission d'une maladie d'une particulière gravité, lorsque les techniques classiques de procréation artificielle ne peuvent aboutir, ou lorsque le couple dûment informé y renonce. Elle a donc un caractère subsidiaire.

Le dispositif est également ouvert sur la diversité des situations. Un couple peut être doublement infertile. Le don de gamètes reste infructueux. Ce type de couple peut non plus exceptionnellement comme le disait la loi précédente, mais normalement accueillir un embryon. Les deux modalités de PMA avec tiers donneur sont donc le don de gamètes et l'accueil d'embryon. Il est important de préciser ici que la loi de 2011 prévoit spécifiquement que la technique de vitrification des ovocytes est autorisée (CSP Art. L.2141-1) et surtout que la mise en œuvre de la PMA doit privilégier les procédés qui permettent de limiter le nombre d'embryons conservés CSP Art.L.21-41-1. Peut-être s'achemine-t-on progressivement vers la fin de la conservation des embryons et des nombreux problèmes éthiques qu'elle soulève. (BINET J.R. 2012).

ACTEUR 2 LE TIERS DONNEUR ÉVENTUEL

1. Qui peut être donneur ?

Le don de gamètes consiste en l'apport par un tiers de spermatozoïdes ou d'ovocytes en vue d'une PMA. Le don peut concerner aussi un embryon provenant d'un autre couple conservé par congélation. C'est une destination possible des embryons dits « surnuméraires » dépourvus de projet parental dans le cas de la réalisation d'une PMA. Le donneur répond à des conditions d'âge : être majeur et âgé de moins de 37 ans pour une femme et de moins de 45 ans pour les hommes. Le donneur ou la donneuse doit avoir procréé. Cette exigence est destinée à éviter qu'un donneur qui serait atteint d'une stérilité par la suite soit lui-même dans l'incapacité d'avoir une descendance alors qu'il aurait permis à autrui d'enfanter.

2. La protection du don

L'anonymat

Ce principe légal qui vient s'appliquer ici aux donneurs de gamètes ou d'embryons.

Le bien-fondé de ce principe est remis en cause en matière de matériaux génétiques par le droit de connaître ses origines génétiques. Ce principe a été rediscuté et a provoqué des turbulences parlementaires lors du vote de la loi de 2011. Au cours des débats l'anonymat a été une des questions les plus débattues et controversées. Son examen a créé un scénario à rebondissements multiples oscillant entre suppressions – maintien. Maintien parce qu'il est un outil de protection de la famille, sa rupture pourrait créer un traumatisme socioaffectif chez l'enfant. Suppression, parce que l'enfant a le droit de connaître ses origines biologiques pour la construction de son identité personnelle. Affrontement entre juristes, psychiatres, pédopsychiatres et philosophes. (LARRIBAU-TERNEYRE V. 2011 - BINET J.R. 2012).

Quel a été le point d'aboutissement du processus ? Le maintien de l'existant. Le statu quo. Rien n'est changé.

Est-ce à dire que les débats n'ont servi à rien ? Pas exactement. Ils ont révélé les antagonismes liés à des perceptions différentes des enjeux. En soubassement, on peut lire deux conceptions de la famille. Une conception exclusivement naturelle, biologique, et une conception exclusivement culturelle et sociale. Entre les deux extrêmes n'y a-t-il pas place pour conception équilibrée liant le naturel, le biologique et le socioculturel ? C'est sans doute la position qu'a voulu prendre le législateur en ne changeant rien du dispositif existant. Par ailleurs, les débats, loin d'être inutiles ont dû normalement fertiliser le processus de réflexion auquel on donne un délai d'attente, un temps de respiration, délai indispensable en bioéthique où les changements ne se font jamais brutalement. *« La question de la levée de l'anonymat des donneurs de gamètes est donc renvoyée à une prochaine réforme, car le temps œuvrera probablement en faveur de ces enfants du secret ». (LARRIBAU-TERNEYRE V. 2011).*

La gratuité

La gratuité est une conséquence de la non patrimonialité du corps humain, l'un des **axes de la bioéthique*.**

Elle gouverne toutes formes de don dans le domaine de la procréation médicalement assistée. (CSP Art.1211-4-5-1244-5). Des sanctions pénales sévères (sept ans d'emprisonnement et 100 000 euros d'amende) viennent sanctionner les trafics d'embryons. Cependant le droit accepte le principe d'une rétribution du travail auquel il est procédé à partir d'éléments du corps humain. Ce n'est pas le corps lui-même qui fait l'objet d'un paiement mais le travail d'observation, de prélèvement, d'analyse. Enfin, la gratuité n'interdit pas l'indemnisation des donneurs dans des conditions fixées par décret CSP Art.R.1211-1 suiv.

ACTEUR 3. ÉQUIPE MÉDICALE

L'équipe médicale est responsable de l'information, du couple, et de la protection de son consentement. Des règles générales s'appliquent à toutes les formes de procréation artificielle ; elles concernent aussi bien les donneurs que les receveurs.

La loi exige au préalable des entretiens particuliers des demandeurs et des donneurs avec les membres de l'équipe médicale. Il s'agit de vérifier les motivations des personnes, et de donner les premières informations indispensables.

En ce qui concerne le couple donneur ou le conjoint survivant, les informations concernent la nature des examens qui seront effectués. Le consentement doit être formulé par écrit après un délai d'au moins un mois suivant l'entretien préalable. Le document et ensuite remis au juge compétent, car l'autorisation judiciaire est nécessaire pour le don.

En ce qui concerne le couple demandeur, les informations portent notamment sur les causes de l'infertilité, le choix de la technique, ses limites, les possibilités d'adoption comme alternative, la limite des droits des parents demandeurs.

L'homme et la femme, dûment informés, doivent donner leur consentement explicite préalablement à l'insémination artificielle ou au transfert d'embryons. Il est révocable à tout moment. Du reste la demande écrite du couple doit être confirmée par écrit dans un délai d'un mois après le dernier entretien.

L'accueil de l'embryon est subordonné à une décision de l'autorité judiciaire. Ce qui veut dire que le couple concerné adresse sa demande et la preuve de son consentement au juge compétent qui décide. L'autorisation d'accueil est délivrée pour une durée de trois ans renouvelable.

ACTEUR 4. PRATICIENS ET ÉTABLISSEMENTS AGRÉÉS

Les activités cliniques et biologiques relatives à la PMA ne peuvent être pratiquées que dans des organismes et établissements de santé publics ou privés à but non lucratif. Elles sont soumises à autorisation des Agences régionales d'hospitalisation après avis de l'Agence de la biomédecine. Ces institutions pour la plupart sont intégrées dans des hôpitaux ou cliniques. On en trouve la liste sur le site de l'Agence de la biomédecine.

Seuls les praticiens agréés à cet effet par l'Agence de la biomédecine sont habilités à procéder aux activités d'assistance médicale à la procréation. De plus tout établissement autorisé à pratiquer ces activités est tenu de présenter à l'Agence de biomédecine, et à l'Agence régionale de l'hospitalisation un rapport annuel d'activité. Le retrait de l'autorisation est encouru dans deux cas : si le volume d'activité ou la qualité des résultats sont insuffisants, s'il y a violation des prescriptions légales. On voit donc que le praticien agit non seulement dans un cadre légal, mais encore sous un contrôle institutionnel. Sa liberté est encadrée pour éviter les risques de dérive.

ACTEUR 5. L'ENFANT A NAÎTRE

L'enfant à naître est au cœur du dispositif d'action ; il en est la finalisation, et l'aboutissement. La procréation avec donneur pose la question de sa filiation. De qui est-il la descendance ? Du donneur ou du couple d'intention ? L'intérêt avenir de l'enfant est la sécurisation juridique de sa filiation ; c'est la garantie d'un accueil et d'une évolution physique et affective dans un espace apaisé.

1. Quelle filiation ?

La loi est formelle. *En cas de procréation médicalement assistée avec tiers donneur, aucun lien de filiation ne peut être établi entre l'auteur du don et l'enfant issu de la procréation. Aucune action en* *responsabilité ne peut être exercée à l'encontre du donneur (*Code civil art.311-19*).*

En ce qui concerne le couple receveur deux mécanismes viennent sécuriser la filiation. D'une part il est interdit de contester la filiation lorsque le consentement solennel a été donné devant un juge ou un notaire. Sauf s'il est soutenu que l'enfant n'est pas issu de la PMA, c'est-à-dire qu'il a été conçu par sa mère mais avec un autre homme que celui qu'il l'a accompagnée dans cette démarche. D'autre part la loi permet de faire déclarer père contre son gré le conjoint qui après avoir donné son consentement ne reconnaît pas l'enfant Du reste le juge ou le notaire est tenu d'informer le couple receveur des conséquences de leur acte au regard de la filiation.

2. Quel est le sort des embryons non utilisés ?

Lorsque la fécondation in vitro des ovocytes conduit à l'obtention d'un nombre d'embryons supérieur au nombre de ceux qui peuvent être réimplantés, les embryons, dits surnuméraires sont congelés. Or, il est des situations dans lesquelles le couple n'utilisera pas ces embryons : la tentative précédente a réussi, ou il décide de mettre fin à son projet, soit encore parce que le couple est rompu. Le droit depuis 2004 définit le sort des embryons congelés.

Les deux membres du couple sont consultés chaque année par écrit afin de savoir s'ils maintiennent leur projet parental. Dans l'hypothèse négative, le dispositif en vigueur propose trois possibilités : tout d'abord ils peuvent consentir à ce que l'embryon soit accueilli par un autre couple.

Ils peuvent aussi accepter que les embryons servent au développement de la recherche, en sachant qu'ils seront détruits. Le consentement doit être donné par les deux membres du couple sous forme d'écrit, puis confirmé dans un délai de trois mois. Il est révocable à tout moment.

Enfin la troisième solution proposée permet au couple de décider qu'il soit mis fin à la conservation des embryons.

Au-delà de cette logique d'acteurs, où se trouve le centre de gravité de l'ensemble ? L'intérêt de l'enfant à naître… Il l'emporte sur les autres intérêts des acteurs. Les débats qui ont précédé le vote de la loi de bioéthique (2011) ont permis de poser cette question cruciale de la prise en compte de l'intérêt de l'enfant. Les réponses apportées, tant en matière d'accès à la PMA, qu'au regard de l'utilisation des gamètes, traduisent une recherche d'équilibre entre cet intérêt et celui des couples infertiles.

Et ailleurs ?

Les pays d'Europe sont largement ouverts aux pratiques de PMA mais avec des réglementations variables. L'Italie la réserve aux couples hétérosexuels. En revanche la PMA est accessible aux femmes célibataires ou aux couples de lesbiennes dans de nombreux pays : les Pays Bas (loi de 1994) la Belgique (loi du 6 juillet 2007), le Danemark (loi de 2006) l'Espagne 2006, la Suède, la Norvège. Le Royaume Uni. *blogpost.fr 2009/01 petit-tour-d'europe-de-la-PMA*. Par ailleurs la Suède, la Norvège, le Royaume Uni, les Pays Bas, l'Espagne ont levé l'anonymat concernant le don de gamètes. (*www.doctissimo.fr*)

Références juridiques : CSP Art.L.1211-4 -5 ; Art. L.2141-1 à 2142-4. Code civil art L.311-19.
Liens internes : Embryon gestation pour autrui – anonymat – princeps de base de la bioéthique.
Liens externes : FRIEDMANN R. (1986) *L'irrésistible désir de naissance.* COLLANGE J.F. (2007) *Quelle vie ? Bioéthique et protestantisme*. CCNE. Avis n° 90 du 24 novembre 2005. *Accès aux origines, anonymat et secret de la filiation.* Avis n° 110 1er avril 2010. *Problèmes éthiques soulevés par la gestation pour autrui.* CLAEYS A. HURIET CL (1994). *Rapport sur l'application de la loi de bioéthique.* LARRIBAU-TERNEYRE V. (2011) *La révision des lois de bioéthique.* BINET J.R. (2012) *La réforme de la loi bioéthique.*

82. PROGRAMME « GÉNOME HUMAIN »

1. De quoi s'agit-il ?

Le programme « génome humain » est un ensemble de collaborations internationales dont l'objectif est d'établir les cartes et les séquences complètes de l'ADN humain, et de localiser les gènes sur les chromosomes. En bref, il s'agit de recueillir toutes les informations génétiques qui déboucheront sur des nouvelles connaissances destinées à contribuer à une meilleure santé des humains grâce à la thérapie génétique. Le programme s'intéresse aussi aux conséquences éthiques et socio-économiques de ces recherches. Des laboratoires de nombreux pays y participent.

2. Historique

Dans les faits, ce programme a été mis en route fin 1989 pour une période de 15 ans. 16 laboratoires internationaux se sont mobilisés. Mais 80 % du **séquençage** a été réalisé par des laboratoires des États-Unis. Une ébauche a été publiée en 2001, mais le programme aurait été provisoirement terminé en 2004.

3. Enjeux

Les enjeux sont considérables. La connaissance du génome est importante pour la recherche fondamentale effectuée dans le domaine public, mais les enjeux économiques et financiers sont considérables. L'industrie pharmaceutique espère beaucoup des développements en matière de diagnostic ou de thérapie, basés sur les données du génome. Ceci soulève toutefois le problème de l'appropriation de certaines parties de l'information génétique de l'homme par des compagnies privées. Le séquençage du génome pose en effet la question de la **brevetabilité du vivant***.

Liens internes : ADN – gène – génome – Brevetabilité du vivant
Liens externes : Monchicourt M.O. *Les enquêtes de M.O* Monchicourt (s.d.)

R

83. Rapports en bioéthique

La bioéthique est un champ où foisonnent les rapports d'experts, de commissions, de missions. Souvent ils sont commandités par le gouvernement, ou le parlement, tantôt pour éclairer le législateur sur les problèmes et enjeux actuels, tantôt pour évaluer les applications d'un dispositif. Il n'est pas utile d'en donner ici une liste exhaustive. À l'occasion des États généraux de la bioéthique (2008-2009) et du réexamen du dispositif juridique la production a été particulièrement abondante. Qu'on en juge. La lecture de ces rapports permet de suivre l'évolution des contextes dans lesquels s'inscrit la bioéthique, ses limites, les évolutions souhaitées, les points critiques et questions vives liées aux enjeux.

AGENCE DE BIOMÉDECINE. *Bilan d'application de la loi bioéthique du 6 août 2004. Rapport à la Ministre de la santé. (Octobre 2008)*

CLAEYS A. VIALATTE J.S. *Rapport sur l'évaluation de l'application de la loi du 6 août 2004 relative à la bioéthique.* (20 novembre 2008).

CLAEYS A. et LEONETTI J. *Rapport sur la fin de vie*. (19 décembre 2014). CONSEIL D'État. *La révision des lois de bioéthique*. (2009)

États GÉNÉRAUX DE LA BIOÉTHIQUE *Rapport final* (1er juillet 2009)

GIRAUD F. *Rapport au nom de la commission des affaires sociales*. (3 juin 2004)

LEONETTI J. R*apport fait au nom de la commission spéciale chargée d'examiner le projet de loi relatif à la bioéthique* (2011).

LEONETTI J R*apport d'information fait au nom de la mission d'information sur la révision des lois de bioéthique*. Assemblée nationale. (20 janvier 2010).

OPECST *Rapport sur l'évaluation de l'application de la loi du 6 août 2004 relative à la bioéthique.* (2008).

PECRESSE *V. Rapport au nom de la commission des lois constitutionnelles sur le projet de loi relatif à la bioéthique (2003).*

ROUDY Y. *Rapport fait au nom de la délégation aux droits des femmes sur le projet de loi relatif à la bioéthique.* (2002)

SICARD *rapport sur la fin de vie* (18 décembre 2014).

On peut consulter ces rapports sur divers sites : assemblée-nationale.fr – senat.fr – legifrance.gouv.fr - santé.gouv.fr – ladocumentationfrançaise.fr – justice.gouv.fr

84. RECHERCHE SUR L'EMBRYON.

Lorsque le praticien fait un examen génétique pour confirmer un diagnostic, ou évaluer le risque d'une maladie à manifestation tardive, il atteint le corps humain à travers cet élément précieux qu'est l'ADN. Mais avec la recherche sur l'embryon, le scientifique franchit un pas de plus. L'expert va beaucoup plus loin ; il va à la rencontre de la vie humaine ; il la saisit dans son point de départ, son noyau initial. Il est face, non plus d'un organe du corps humain, non plus au corps humain déjà constitué, mais à une réalité vivante qui a toutes les potentialités pour devenir une personne humaine. Autrement dit « *l'embryon revêt une signification toute particulière. En effet il ne s'agit pas tout à fait d'un élément du corps mais d'un humain en devenir qui peut être fabriqué en laboratoire moyennant la fusion des gamètes* » (LE COZ P.2009).

L'embryon est fascinant

Fascinant pourquoi ? En raison de sa nature et de ses potentialités. Fascinant l'embryon en raison d'une certaine accessibilité matérielle : il est possible de féconder un nombre souvent important d'embryons dans le cadre de la FIV. Ce qui fascine les chercheurs ce sont leur propriété de prolifération et d'auto-renouvellement, leur capacité de constitution d'un tissu neuf après greffe in vivo, bref leur pouvoir régénérateur.

L'embryon devient aussi redoutable

On touche à de l'humain, à de la vie humaine. À ce qui nous appartient en propre. Faire de la recherche en ce domaine, c'est manipuler et détruire un embryon, donc de la vie humaine. Cela pose au moins une question non pas scientifique, mais philosophique et éthique. Tous les pays du monde développé, se sont posé la même question : peut-on le faire ou non ? Est-ce acceptable ou non ? Ceux qui ont dit oui, ont créé un cadre réglementaire. La France est dans ce cas. Elle a dit OUI. Ce qui pose trois questions fondamentales. Que savons-nous de l'état des pratiques en ce domaine ? Loin de faire l'unanimité ces pratiques sont un champ de controverses. Quelles sont les différentes positions défendues et sur la base de quels arguments ? Et enfin, face à ces antagonismes, comment réagit la bioéthique dans son jeu de régulations actuelles ?

1. État des pratiques en France

Loin d'être un mythe, la recherche sur l'embryon est aujourd'hui en France, une réalité pratique repérable et observable depuis plusieurs décennies. C'est le lieu de convergence de trois dynamiques :- une volonté politique affirmée (inauguration de l'institut des cellules-souches embryonnaires It-Stem sur le site du Génopole d'Evry en 2007) - une implication forte des laboratoires de recherche. Les bilans fournis annuellement par L'Agence de biomédecine réaffirment toujours le même objectif : la médecine régénératrice, ou réparatrice, ou si vous voulez, la thérapie cellulaire. - Les tiraillements au sein de la communauté scientifique.

La division règne aujourd'hui sur le chemin à prendre. On veut aller vers la thérapie cellulaire. On a pris la route de l'utilisation des embryons jusqu'à maintenant. On en critique la pauvreté des résultats, les contre-performances accumulées et les risques : médiocre tolérance immunitaire, potentiel prolifératif incontrôlable. L'horizon se brouille. Les travaux d'équipes internationales de chercheurs ont révélé d'autres pistes de recherche que la voie des cellules embryonnaires. Celles-ci sont concurrencées par d'autres **cellules-souches*** au fort potentiel de prolifération et de différenciation. Leur utilisation est très prometteuse et ne pose aucun problème éthique. La position actuelle des experts est d'explorer les deux chantiers concurrents, cellules embryonnaires, et cellules-souches non embryonnaires pour faire, le moment venu un bilan comparatif.

2. Les controverses éthiques

Trois positions au moins s'affrontent.

– La position de l'humanisme catégorique qui pose un interdit total, sans aucune dérogation. Toute vie humaine doit être respectée du début à la fin. Or l'embryon est un début de vie humaine et la recherche conduit à sa destruction. Les représentants de cette position ne manquent pas dans la société civile ; des juristes, certes, des philosophes, mais surtout les porte-parole de la doctrine de l'Église catholique. Les évêques français se sont beaucoup investis en la matière, en faisant un rapport spécifique (D'Ornellas P.2009), comme aussi la fondation Max Lejeune. (La lettre de la Fondation Jérôme Lejeune). DURAND G. (1997) emploie l'expression « vitalisme », pour désigner cette tendance.

– La deuxième position, diamétralement opposée est celle de la permissivité totale au nom de la liberté et de l'intérêt de la société. L'homme a le droit de disposer de son propre corps et donc de l'embryon. C'est le courant libertaire auquel se rattachent certains philosophes : Michel ONFFRAY, Rowan OGIEN.

– La troisième position est celle d'un entre-deux, l'humanisme pragmatique. Le raisonnement est le suivant. Le respect et la protection de la vie humaine s'appliquent de manière absolue à l'embryon, objet d'un projet parental de procréation. - Or, il y a des embryons fécondés in vitro qui sont dépourvus de tout projet parental : les embryons malades qu'on ne peut implanter suite à un DPI, les embryons abandonnés par les parents après un certain délai, les embryons donnés librement par les parents pour la recherche. Pourquoi ne pas saisir cette opportunité pour les livrer à la recherche à titre dérogatoire ? C'est le moindre mal. De toute façon ils sont voués à leur propre destruction. Voilà c'est pourquoi je parle d'un humanisme pragmatique, courant sinon dominant du moins très en force dans le contexte actuel.

Au fond cette position centriste qui prend ses distances par rapport aux deux extrêmes tente de concilier des contraires : l'interdit – et l'autorisé. La fermeté dans le principe de base, la souplesse dérogatoire dans les règles d'application. Elle repose sur une vision dialectique de l'embryon qui n'est, ni une chose, ni une personne au sens plein du terme. C'est dans cette ligne que s'inscrit le droit de la bioéthique à « la française ».

3. La position du droit

La position du droit manifeste à la fois un embarras et certaines évolutions d'ouverture.

3.1. Les embarras du droit

Historiquement les juristes ont fait l'expérience de leur incapacité congénitale à définir un statut pour l'embryon. Pourquoi ? Le droit appréhende les réalités à partir de deux catégories fondamentales : les personnes et les choses. Les personnes sont des sujets titulaires de droits et soumis à des obligations. Les choses sont objet de droit, elles sont commercialisables, peuvent faire l'objet de transaction financière. (Bourgault Coudevylle D.2 003). L'embryon, ne rentre dans aucune de ces catégories. Un être humain où s'entrecroisent deux réalités : une réalité biologique présente et un futur enfant. Cet être humain à droit au respect garanti par une protection juridique particulière. Mais quelle protection ? Tantôt le droit a eu tendance à privilégier l'une ou l'autre de ces deux réalités : le futur enfant ou la réalité biologique. Il y aurait eu évolution.

3.2. Les évolutions du droit

Le droit civil, en particulier a privilégié l'idée d'embryon personne conditionnelle. Il lui accorde à l'avance certains droits sous conditions (succession). Progressivement l'attention du droit s'est tournée sur la réalité biologique de l'embryon. Une première manifestation est l'acceptation et l'encadrement de l'IVG par la loi Veil du 17 janvier 1975. On tolère une atteinte à la vie humaine dans des situations bien définies. Un deuxième signe est l'ouverture vers la procréation médicalement assistée (1994) encadrée juridiquement. On fabrique, on conserve on implante des embryons pour répondre à une infertilité médicalement constatée. Enfin la troisième manifestation est la confrontation acceptée du droit avec la recherche sur l'embryon. Je m'arrête quelques instants sur ce point.

À la fin des années 1990 une pression sociale, scientifique mais aussi politique se développe pour la liberté de la recherche sur l'embryon. Plusieurs institutions vont se prononcer en faveur des recherches embryonnaires. Parmi elles : le CCNE (avis du 15 décembre 1986), (avis du 11 mars 1997), le rapport CLAEYS HURIET 1995 (OPECST) sur la thérapie cellulaire et la bioéthique. Plus étonnant encore, un avis du Conseil d'État (25 novembre 1999) demandait que l'on « *entre dans cette perspective, prometteuse pour le bien de société, la lutte contre les maladies génétiques, lourde d'enjeux scientifiques dans un contexte de concurrence internationale* ». En conséquence, la question à laquelle le législateur avait dit « non » en 1994 (loi du 29 juillet) se repose une nouvelle fois en 2000, dans un contexte nouveau, offensif exigeant une clarification juridique.

Les termes du débat vont s'organiser autour du concept discutable de « personne potentielle » impulsé par le C.C.N.E (Avis 22 mai 1984) repris par la suite. Mais critiquée par les uns pour son imprécision, ou ses ambiguïtés accueillies favorablement par les autres, l'expression va devenir, une sorte d'aimant fédérateur. Le concept est dialectique : il traduit ce qui n'est pas et ce qui est. L'embryon est humain dès les premiers moments de son existence. Il a tout le potentiel pour devenir « personne ». Il a droit à une protection. Protection variable selon le contexte. Protection absolue pour l'embryon objet d'un projet parental. Cela signifie une indisponibilité totale pour la recherche. Protection relative pour l'embryon « orphelin » dépourvu de ce projet. *À partir du moment où il n'est plus perçu par ses propres géniteurs comme une personne potentielle, l'embryon ne vaut guère plus qu'un matériel biologique qui ne pourra jamais plus accéder* au *monde des personnes (BOURGAULT.D 2003).* Même à ce stade il exige une protection minimum. On ne peut pas faire n'importe quoi. Il peut devenir objet de recherche contrôlée, autorisée en fonction de l'intérêt qu'elle présente pour autrui et la société, mais il n'est pas possible de fabriquer des embryons spécifiquement pour la recherche. Voilà les idées qui se sont agglomérées autour de la « personne potentielle ».

Par la suite, le droit n'emploiera pas explicitement l'expression « personne potentielle », mais la reconnaît implicitement. Il va en exploiter la philosophie pour procréer un dispositif d'encadrement façonné par trois lois successives : celles de 2004, de 2011 et dernièrement celle du 7 août 2013. C'est le passage de la réserve contorsionnée à l'autorisation assumée

3.3. La construction d'un système de régulations

2004. Dérogation encadrée

Le dispositif de 2004 pose un interdit fondateur mais en même temps organise un régime dérogatoire qui prévoit la possibilité de recherche uniquement sur les embryons surnuméraires fécondés dans le cadre d'une PMA. C'est le régime de la dérogation encadrée pour 5 ans.

2011. Dérogation assouplie

La loi de 2011 reprend ce régime avec quelques assouplissements. C'est un régime de dérogation assouplie. La dérogation n'est plus limitée à cinq ans comme précédemment, et ce n'est plus un régime expérimental. En voici la configuration. La recherche sur l'embryon humain... est interdite art.2151-5.I. Par dérogation, dit la loi de juillet 2011, la recherche est autorisée si les conditions suivantes sont réunies. Elles sont cumulatives. (2151-5 II)

– La pertinence scientifique du projet de recherche est établie et contrôlée.

– La recherche est susceptible de permettre des progrès médicaux. Il y a assouplissement puis que la loi antérieure fixait comme finalité des progrès thérapeutiques majeurs. Le champ est donc élargi.

– Il est établi qu'il est impossible de parvenir aux résultats escomptés par le biais d'une recherche ne recourant pas à des embryons humains.

– Le projet de recherche et sa mise en œuvre respectent les principes éthiques relatifs à la recherche sur l'embryon les recherches alternatives à celles sur l'embryon humain et conformes à l'éthique doivent être favorisées.

– La recherche ne peut être menée qu'à partir d'embryons conçus in vitro dans le cadre d'une PMA et ne faisant plus l'objet d'un projet parental. Le couple dont est issu l'embryon doit donner son consentement préalable par écrit. Il est informé de nature des recherches envisagées. Ce consentement est donné après un délai de réflexion de trois mois, il est révocable sans motif. **L'Agence de biomédecine*** autorise les protocoles de recherche. Décision communiquée aux ministres qui peuvent interdire ou suspendre la réalisation. Si l'Agence refuse, les ministres peuvent demander une deuxième délibération dans un délai de trente jours dans l'intérêt de la santé publique ou de la recherche scientifique.

– Les embryons sur lesquels une recherche a été conduite ne peuvent être transférés à des fins de gestation

– À titre exceptionnel, des études sur les embryons visant à développer les soins au bénéfice de l'embryon et à améliorer les techniques d'assistance médicale, ne portant pas atteinte à l'embryon peuvent être conduites avant et après leur transfert à de fins de gestation si le couple y consent.

On constate que ces dispositions, modifiées dans la forme, se trouvaient déjà, pour l'essentiel, dans la loi de 2004, sauf la « finalité médicale » dont il a été question plus haut et la fin de la période expérimentale.

Par ailleurs la loi laisse intactes certaines dispositions antérieures : autorisation d'importation et d'exportation d'embryons sous le contrôle de l'Agence, interdiction de faire du commerce avec les embryons, interdiction du clonage thérapeutique et reproductif.

Voilà. Nous sommes face à une interdiction de principe assortie d'une dérogation de fait. C'est une transgression assumée de l'interdit. L'apport de la loi de 2011 est donc bien maigre par rapport aux dispositions de 2004. Qu'en est-il de 2013 ?

2013. L'autorisation assumée

L'innovation majeure de la loi du 7 août 2013 est le passage à un régime d'autorisation encadrée. Le statut de dérogation disparaît donc pour faire place à un statut d'autorisation juridiquement encadrée.

« *Aucune recherche sur l'embryon humain ni sur les cellules-souches embryonnaires ne peut être entreprise sans autorisation* ». (CSP Art.2151-5-1 CSP). La recherche peut être autorisée sous conditions. Celles-ci sont pratiquement les mêmes que celles exposées plus haut, dans une rédaction modifiée. C'est toujours l'Agence de biomédecine sous le contrôle du Ministère de la recherche qui donne l'autorisation à des protocoles de recherche. Enfin cette dernière loi introduit un nouvel interdit : celui de la création d'embryon transgénique ou chimérique.

En conclusion, satisfaction est enfin donnée aux experts, et à de nombreux chercheurs qui dans de multiples rapports réclamaient la suppression de l'interdit, la mise en place d'un régime d'autorisation simple, pour des raisons de logique, de lisibilité, et de réalisme.

Il reste que cette question de la recherche sur l'embryon divise la société, le monde de la recherche, le Parlement, les rapports du Parlement avec le gouvernement. Elle est transversale aux différents groupes qui structurent la société. On touche à l'éthique, à la conscience collective mais aussi à la conscience personnelle. Or deux modèles éthiques s'affrontent : une éthique qui relève d'un humanisme catégorique, transcendantal, qui défend, la dignité de la vie humaine en la sacralisant… Le deuxième modèle est un humanisme pragmatique qui tient compte du contexte, et accepte même un certain utilitarisme. Est bon ce qui est utile pour l'individu, et pour la société, pour la science. La recherche sur l'embryon est bonne pour la science et ses applications. L'embryon dépourvu de projet parental est de toute façon destinée à disparaître ; autant qu'il soit utile c'est le moindre mal.

Références juridiques : CSP 2151-1 à 2151-8
Liens internes : Embryon – cellules – Procréation médicalement assistée – Bioéthique et philosophie.
Liens externes : BOURGAULT COUDEVYLLE D. (2003) *La condition juridique de l'embryon et du fœtus.* Dans Regards sur l'actualité n° 291 mai 2003. LE COZ P. (2009) *Respecter l'embryon humain* ? Dans Regards sur l'actualité n° 356 décembre 2009. D'ORNELLAS P Mgr (2009) *Bioéthique Propos pour un dialogue.* DURAND G. (1997) *La bioéthique.* CLAEYS HURIET (1999) *Rapport sur la thérapie cellulaire et la bioéthique.* C.C.N.E. (1986) *Avis du 15 décembre 1986 relatif aux recherches et utilisations des embryons humains « in vitro » à des fins médicales et scientifiques. Avis du 11 mars* 1997 sur la constitution de collections de cellules embryonnaires. BINET J.R. (2011) *La réforme de la loi bioéthique.*

85. REFUS DE SOINS ET ARRÊT DES TRAITEMENTS.

Le malade peut-il refuser les soins thérapeutiques proposés par le médecin ? Au risque de mettre sa vie en danger ? Le médecin doit-il respecter sa volonté ? Par ailleurs, le médecin peut-il décider lui-même de l'arrêt des soins ?

1. Éléments d'histoire

La question s'est posée bien avant l'intervention du législateur et reste évidemment actuelle. Le 9 juin 1998 une juridiction administrative a rendu deux décisions importantes en ce domaine, pour des faits (1991) de transfusions sanguines à un patient, témoin de Jéhovah qui avait manifesté le refus de ce traitement. La position des juges est nette : Il faut respecter la volonté de patient qui refuse un traitement Mais l'urgence permet de passer outre l'absence de consentement. Pour cela 3 conditions cumulatives doivent être présentes : la vie du patient est en danger il n'y a aucune alternative thérapeutique les actes doivent être indispensables à la survie et proportionnels à l'état du malade. Plus tard le Conseil d'État rend une ordonnance (16 août 2002, affaire Feuillatey) qui confirme cette position. Le juge administratif a retenu que les médecins ne portent pas atteinte à la liberté fondamentale que constitue le consentement à un traitement médical, lorsque, après avoir tout mis en œuvre pour convaincre un patient d'accepter les soins indispensables, ils accomplissent dans le but de tenter de le sauver, un acte indispensable à sa survie et proportionné à son état. Ces solutions répétées ont fini par attirer l'attention du législateur, tant les enjeux sont importants, comme aussi les risques.

2. Les enjeux

Les enjeux sont doubles : d'un côté la santé du malade. De l'autre le respect de la volonté du patient. Il y a contradiction. Le pouvoir médical est-il limité par le refus du patient au risque de sa vie ? Quelle protection couvre le médecin contre tout recours judiciaire pour « **non-assistance à personne en danger** * » ?

3. La réponse du droit

La loi du 22 avril 2005 a inscrit dans le Code de la santé publique le droit au refus des soins pour le patient. Mais dans les faits quatre situations sont à examiner.

1 La personne est consciente et en fin de vie.
2 Le patient est conscient mais pas en fin de vie.
3 Le patient est inconscient et en fin de vie.
4 Le patient est inconscient mis pas en fin de vie.

Dans le cas 1 : conscient et en fin de vie

La personne est en phase avancée ou terminale d'une affection grave et incurable. Un exemple : le patient cancéreux pour lequel il n'y a plus aucun espoir raisonnable de guérir et à qui on propose une chimiothérapie de la dernière chance.

Cette personne a le pouvoir de décider de refuser ou d 'arrêter tout traitement. Dans ce cas le médecin doit respecter sa volonté après l'avoir informée des conséquences de son choix. Cependant les conditions sont strictes : la maladie est grave, incurable. Son évolution est en phase avancée ou terminale. La décision du malade est inscrite dans son dossier médical. Le médecin sauvegarde la dignité du mourant et assure la qualité de fin de vie en dispensant les **soins palliatifs***. Dans ce cadre il peut pratiquer ce qu'on appelle le traitement par un **médicament à double effet***. Cette disposition met le praticien à l'abri de toute poursuite pour non-assistance à personne en danger ; crainte parfois exprimée par le corps médical dans les situations d'arrêt de traitement (CSP Art. L.1111-70).

Dans le cas 2 : conscient mais pas en fin de vie

La personne peut-elle refuser les soins ? OUI. Le médecin doit respecter la volonté du patient, le refus de soin est le corollaire du consentement. Cependant le refus peut mettre la vie du patient en danger. Par exemple : un tétraplégique qui a toute sa conscience, mais sa vie dépend d'un respirateur ou d'une hydratation et nutrition artificielle. Le médecin doit tout mettre en œuvre pour le convaincre d'accepter les soins indispensables. Il peut faire appel à un autre membre du corps médical. Dans tous les cas le malade réitère sa décision dans un délai raisonnable. S'il persiste, le médecin doit respecter sa décision. Dans un souci de transparence et de traçabilité l'ensemble de la procédure doit être inscrit dans son dossier médical. Le médecin dispense, si nécessaire les soins palliatifs.

Dans ces deux premiers cas le médecin et le malade affrontent ensemble le même risque : celui d'avancer la mort, d'abréger la vie, ce qui s'exprime par le « laisser mourir » qui n'est pas le faire mourir. Dans les deux cas le droit met le praticien à l'abri de toute poursuite pour non-assistance à la personne en danger.

Il ressort donc que le médecin ne peut passer outre la volonté du malade. Son obligation est bien délimitée. Ici la loi prend une position diamétralement opposée à la jurisprudence antérieure (Conseil d'État) selon laquelle le dépassement du refus, dans des situations d'urgence, n'est pas une atteinte à la liberté du patient.

Reste un problème celui de la preuve : comment le médecin peut-il prouver qu'il a tout mis en œuvre pour convaincre ? En cas de litige, le médecin doit prouver qu'il a rempli son obligation d'information. Pour cela il peut faire signer au patient une attestation établissant qu'il a eu connaissance des risques. Le document doit toujours indiquer le nom du médecin. Une telle attestation permet parfois au malade de prendre conscience des risques encourus et peut être de changer d'avis. Si le patient refuse de signer l'attestation, il convient d'établir un procès-verbal de préférence signé par deux soignants.

Dans le cas 3 : inconscient et en fin de vie

Il ne faut pas confondre refus de soins de la part du malade et arrêt du traitement décidé par le médecin.

Je prends un exemple.

Un patient inconscient en phase terminale d'un cancer généralisé pour lequel se pose la question de pratiquer une transfusion sanguine ou un traitement antibiotique. Les choses sont évidemment plus compliquées. C'est le médecin qui décide. Il doit déterminer si le traitement envisagé représente ou pas dans la situation précise, un **acharnement thérapeutique*.** Si oui, il doit s'abstenir, c'est-à-dire limiter ou arrêter un traitement devenu inutile, lourd, disproportionné.

Pour éviter toute décision clandestine ou suspecte, et dans un souci de transparence, le médecin respecte une procédure particulière dite **« procédure collégiale*** ». Après concertation et consultation puis il décide. La décision motivée est inscrite dans le dossier médical. Mais la décision peut toutefois avoir été facilitée sinon par la personne de confiance, qui n'a pas de pouvoir décisionnel, du moins par les directives anticipées à deux conditions : d'une part si la personne, de façon anticipée, a demandé l'arrêt des soins et si les directives, comme c'est probable, acquièrent une force contraignante et opposable.

Il ressort donc que cette situation limite, est source d'obligation pour le médecin : celle d'arrêter les soins thérapeutiques, de respecter la volonté du malade mais d'assurer les soins palliatifs.

Dans le cas 4 : la personne est inconsciente mais non en fin de vie

La personne est en état végétatif chronique. Il s'agit de la situation de personnes plongées dans un coma profond et jugé irréversible. La personne est maintenue artificiellement en vie (assistance respiratoire et alimentation et hydratation artificielles). Le patient étant incapable d'exprimer son opinion, c'est au médecin que revient d'évaluer la situation. Il peut décider ou non l'arrêt de tout traitement susceptible de mettre la fin de vie du patient en danger. Il respecte la **procédure collégiale*** évoquée plus haut, la procédure et la décision sont enregistrées dans le dossier médical.

Pour le mineur ou le majeur en tutelle, si le refus de la personne titulaire de l'autorité parentale risque d'entraîner des conséquences graves, le médecin délivre les soins indispensables. Il peut donc passer outre le refus de traitement exprimé par les personnes responsables.

4. Interrogations

Ici la loi ne coïncide pas exactement avec la jurisprudence antérieure rappelée plus haut. Selon celle-ci le dépassement du refus, dans des situations d'urgence, n'est pas une atteinte à la liberté du patient. D'un côté le respect de la volonté du patient s'arrête là où commence l'urgence vitale. De l'autre le respect de la volonté du patient n'est pas limité par le refus dangereux, compromettant la vie du malade. Comment concilier ces deux positions ? Normalement la loi s'impose aux juges qui ne pourront plus choisir la solution au cas par cas en fonction des circonstances de fait, comme ils le faisaient auparavant.

5. Et ailleurs ?

On relève deux points forts de consensus entre la plupart des pays de l'U.E. le refus de l'acharnement thérapeutique et la reconnaissance du refus de soins par le malade, refus plus ou moins encadré juridiquement.

Références juridiques. Loi du 22 avril 2005. CSP Art. L.1111-10.
Liens internes : fin de vie – consentement du patient
Liens externes : KNOPF A. Kratz PH. *Le refus de soin* (27 mars 2004) www. Cadresdesanté.com. Actualité juridique de droit administratif. 16 septembre 2002.

86. Refus des empreintes génétiques

On sait que le relevé d'empreintes génétiques et son utilisation comme instrument de preuve est autorisé dans le domaine civil dans le cadre d'une action en filiation et dans le domaine pénal dans le cadre d'une enquête criminelle, à des fins d'identification d'une personne éventuellement coupable d'infraction.

Comment concilier cette démarche avec la liberté du citoyen ?

1. La possibilité d'un refus

Le refus d'une prise d'empreintes par le citoyen peut se poser dans les deux domaines signalés plus haut. Au civil, c'est le juge qui ordonne cette mesure, et lui seul. Mais pour son exécution, le consentement de l'intéressé doit être préalablement et expressément recueilli. Cette mesure trouve son fondement dans le principe d'inviolabilité du corps humain. Qu'on le veuille ou non, un relevé d'empreintes génétiques est une atteinte, minime il est vrai à l'intégrité du corps humain. Si le consentement est requis, le refus est toujours possible. Dans ce cas, il revient au juge d'en apprécier les raisons et d'en tirer des conséquences juridiques, notamment en en tirant la preuve de l'existence du lien de filiation.

2. Le refus : infraction

Au pénal la situation est différente. Le consentement de l'intéressé n'est pas requis bien au contraire. « Le prélèvement peut être effectué sans l'accord de l'intéressé sur réquisitions écrites du procureur de la république » (Loi du 9 mars 2004, art.49. code de procédure pénale art.706-56). Le fondement ici est la sécurité et la rapidité et l'efficacité des poursuites. C'est donc une contrainte qui pèse sur le citoyen suspect. Il y a plus. Le fait de refuser de se soumettre au prélèvement est puni d'un an d'emprisonnement et de 15 000 euros d'amende. Lorsque le refus émane d'une personne condamnée pour crime, les peines sont doublées. (CPP art.706-59). En outre pour les personnes condamnées, le refus entraîne suppression des remises de peine.

3. Contestations

La mise en œuvre de cette mesure dans le domaine pénal ne va pas toujours de soi pour deux raisons. D'une part il existe, au sein du corps social, des mouvements de résistance organisés à ce procédé. Des groupes informels se sont insurgés et ont créé un site particulier : le site du refus en matière de fichage. L'argument majeur est celui du développement exorbitant du **FNAG** * nourri d'un torrent de prises d'empreintes. C'est une dérive liberticide digne du « big brother » et le fruit de préoccupations ultras sécuritaires de l'État, au mépris des droits de l'homme (Corse matin 31 mars 2001). D'autre part, d'après des observateurs avertis, les juges hésiteraient à appliquer cette mesure. Le refus n'est pas systématiquement poursuivi, notamment pour les cas de faucheurs volontaires d'OGM, mouvements d'autonomistes corses ou d'alter mondialistes (2004).

Sources juridiques : Art.16-11 Code civil. Code procédure pénale art.706-56
Liens internes : Tests génétiques – FNAEG.

87. REGISTRE DU REFUS DU DON D'ORGANES.

1. Le registre

Nul ne peut être donneur d'organes contre son gré. Rappelons, qu'en France la règle est celle du consentement implicite. Qui ne dit mot consent. Nul ne peut être donneur s'il a manifesté explicitement son opposition. Il peut le faire de multiples manières soit auprès de sa famille, son médecin, ou dans des **directives anticipées*** remises à une **personne de confiance**. Il faudra alors en rapporter la preuve au moment du décès. De plus pour la mise en œuvre de cette règle, la loi (6 août 2004) a institué un registre national automatisé du refus de prélèvement ouvert à tout citoyen. Il est géré par l'agence de biomédecine qui en a la responsabilité.

2. La démarche d'inscription

Si une personne ne souhaite en aucun cas que ses organes soient prélevés après son décès en vue d'une greffe, elle peut le faire savoir de manière officielle en demandant son inscription à ce registre national des refus de dons d'organes. Officiellement elle refuse donc qu'un prélèvement d'organes soit opéré sur son corps soit à des fins thérapeutiques, soit pour rechercher les causes du décès, soit à d'autres fins scientifiques.

Toute personne âgée d'au moins 13 ans peut accomplir la démarche. Pour cela il convient de remplir le formulaire d'inscription et de le retourner à l'Agence de biomédecine, daté et signé, accompagné d'une photocopie de pièce d'identité. On peut télécharger ce document (www. Agence de biomédecine). Toute personne inscrite au registre des refus dispose d'un droit d'accès et de rectification ou de suppression, au cas de changement d'avis.

Il y aurait actuellement environ 65. OOO personnes inscrites.

3. Les effets de l'inscription ou de la non-inscription

Le Code de la santé publique fait de l'interrogation du fichier national des refus un préalable obligatoire au prélèvement. Aucun prélèvement ne peut être opéré sans interrogation obligatoire et préalable du registre sur l'existence éventuelle d'un refus formulé par la personne décédée. Si la personne est inscrite, sa volonté doit être respectée.

Si la personne n'est pas inscrite, n'a pas exprimé son refus elle est censée théoriquement être consentante, du moins provisoirement. Il convient d'être prudent. Le refus peut être exprimé par tous moyens. Mais une nouvelle loi, actuellement en débat va renforcer la règle du consentement implicite, sans nécessairement consulter la famille, mais en l'informant seulement.

Sources juridiques : CSP Art.L.1232-1. R.1232-6
Liens internes : Transplantation – prélèvement et don d'organes.
Liens externes : BINET J.R. (2010) droit médical. DE PLAEN S. Dir. *La transplantation d'organes. Enjeux et paradoxes*. (2006) FELDMANN G. (2010) *la bioéthique*. MATHIEU B. (2009) *La bioéthique*.

88. Réparation juridictionnelle du préjudice médical

Lorsque la victime d'un dommage, résultant d'un acte médical opte pour une réparation juridictionnelle, les règles qui s'appliquent à son action sont essentiellement les mêmes que pour toute action en responsabilité. Les tribunaux sont les juridictions de l'ordre privé (tribunal d'instance ou de grande instance) ou de l'ordre administratif selon que le litige met en cause une personne privée ou au contraire une administration publique.

Autrement dit, selon que le dommage résulte d'un acte médical réalisé dans un établissement public ou un établissement privé ou en cabinet, la victime devra saisir le juge administratif ou le juge judiciaire.

Les actions tendant à mettre en cause la responsabilité des professionnels de santé ou des établissements de santé publics ou privés à l'occasion d'acte de prévention, de diagnostic, ou de soins se prescrivent par dix ans à compter de la consolidation du dommage CS Art.L.1142-28

Lorsque la victime a fait le choix de la voie juridictionnelle mais que son préjudice est de nature à être pris en charge au titre de la solidarité nationale (accident thérapeutique grave infection nosocomiale), la juridiction saisie, si elle estime que le dommage est indemnisable à ce titre, met en cause **l'ONIAM*** qui devient défendeur en la procédure CSP Art.L.1142-21. Rappelons que cet office indemnise certains dommages au nom de la solidarité nationale en se substituant au professionnel, à l'établissement ou son assureur.

Sources juridiques : CSP Art.L.1142-21.
Liens internes : ONIAM – réparation non juridictionnelle – responsabilité médicale
Liens externes. BINET J.R. (2010) *Droit médical site ONIAM ;*

89. RÉPARATION NON JURIDICTIONNELLE DU PRÉJUDICE MÉDICAL

Le décret du 3 mai 2002 a créé dans le cadre de la réparation non juridictionnelle les Commissions régionales de conciliation et d'indemnisation (CRCI).

Elles peuvent être interrégionales. Ce qui est le cas actuellement puisqu'elles sont regroupées en quatre pôles régionaux.

1. Quelle organisation ?

Le président est obligatoirement un magistrat, lequel peut présider plusieurs commissions. Les commissions sont composées, outre le Président, de 20 membres représentant les usagers, les professionnels de santé, les établissements de santé, les assureurs, l'**ONIAM***, ainsi que des personnalités qualifiées. Les présidents sont nommés par le ministre de la Justice. Les membres des commissions sont nommés par l'Agence régionale de santé pour trois ans renouvelables.

2. Quelles missions ?

Comme l'intitulé l'indique les commissions ont deux missions : le règlement à l'amiable des litiges portant sur un dommage excédant un certain seuil de gravité défini réglementairement.

La deuxième mission est la conciliation. Cette dernière fonction est essentielle. La victime peut y avoir recours d'emblée, en la sollicitant dès la saisine de la commission. Elle pourra aussi se la voir proposer lorsque la commission estime que son dommage ne présente pas le caractère de gravité requis, pour être pris en charge par la solidarité nationale.

Qu'il y ait faute ou absence de faute, toutes les victimes d'un accident médical grave, qu'il ait pour origine un acte de prévention, un acte de diagnostic ou un acte thérapeutique, peuvent bénéficier de ce dispositif, comme aussi les victimes de maladies nosocomiales.

3. Procédure

La commission qui reçoit une demande instruit cette demande sur le plan administratif mais aussi médical. Au terme de cette instruction, la commission dispose de six mois pour émettre un avis. S'il s'avère que le dommage relève de l'indemnisation des infections nosocomiales, ou d'un accident thérapeutique grave pris en charge au titre de la solidarité nationale, la commission en informe l'ONIAM*. L'avis qu'elle transmette ne lie pas l'office. Si au contraire, l'avis conclut à la responsabilité de l'acteur de santé mis en cause, son assureur doit, dans un délai de quatre mois, faire une offre d'indemnisation visant à la réparation intégrale des préjudices. Pour que la victime puisse être indemnisée, elle doit accepter cette offre. Après acceptation, le paiement doit intervenir rapidement : l'assureur dispose d'un délai d'un mois. Si la victime estime que l'offre qui lui a été faite est insuffisante, elle peut alors saisir la juridiction compétente.

Bien que ces commissions soient amenées à se prononcer sur un litige, elles ne constituent pas des juridictions. Elles émettent des avis, non des jugements, qui ne s'imposent ni aux parties qui conservent la faculté de saisir un tribunal pour obtenir la réparation, ni à l'ONIAM ultérieurement saisi aux fins de déterminer le montant de l'indemnisation.

En créant une procédure non contentieuse de règlement des litiges de responsabilité médicale et les structures compétentes pour en connaître, la loi du 4 mars 2002 a réussi un coup de maître. Il consiste en l'aboutissement, d'une volonté tenace de permettre un recours aisé à la médiation pour les conflits et indemnisation liées à des accidents médicaux. C'est le terme d'une longue bataille centrée sur la prise en compte de l'intérêt du patient. C'est le triomphe d'une réparation non juridictionnelle.

Références juridiques : CSP Art. L.1142-5-6 et R.1142-5-6-7.
Liens internes : ONIAM – responsabilité médicale.
Liens externes : Binet (2010) *Droit médical.*

90. Responsabilité médicale

La responsabilité des professionnels de santé se caractérise par sa complexité puisqu'elle se situe à la frontière de deux domaines, juridique et médical ; cette notion de responsabilité, primordiale en droit, conditionne tout le système juridique, civil, administratif et pénal. En matière médicale, s'il n'est pas admissible que le médecin soit tenu pour responsable de toutes les conséquences de ses actes professionnels en dehors de toute faute, il n'est pas acceptable non plus qu'une faute médicale aboutisse à abandonner une victime sans aucune réparation.

1. Les principes de base

1. La responsabilité médicale se traduit donc par la nécessité cumulative d'une faute, d'un préjudice causé au patient et du lien de causalité entre la faute et le préjudice (CSP Art. 1142-1).

2. Le patient ou ses ayants droit peut alors obtenir une indemnisation et la condamnation des professionnels de santé.

3. Le médecin n'est pas tenu à une obligation de résultat mais de moyens. En effet, le résultat médical étant aléatoire, du moins en partie, le médecin ne peut être tenu de guérir un patient. Il ne s'agit donc pas d'une obligation de résultat. Toutefois le professionnel de santé doit mettre en œuvre tous les moyens nécessaires, au regard des données acquises de la science à un moment donné, pour tenter de guérir ou soulager la douleur du patient, ce en quoi consiste une obligation de moyens.

4. Il découle de l'obligation de moyens du médecin que la responsabilité médicale est une responsabilité pour faute. Ce principe est rappelé par la loi du 4 mars 2002.

Il peut s'agir d'une faute médicale, par exemple, une faute de diagnostic, un défaut d'information, une faute dans le choix de la mise en œuvre du traitement, défaut d'information du patient sur un risque médical connu. En outre, il peut s'agir d'une faute dans l'organisation du service : défaut de surveillance, présence insuffisante de moyens, intervention tardive d'un interne en raison du fonctionnement défectueux d'un poste de standard… La jurisprudence est surabondante en ce domaine.

2. La qualification juridique de la responsabilité

Lorsqu'on parle de responsabilité, il est important de savoir quelle responsabilité est concernée. Or les demandes du patient, les situations, les contextes peuvent être très divers. Pour cette raison il est nécessaire de définir, ou de qualifier le type de responsabilité à mettre en œuvre. Cette démarche va déterminer le type de tribunal compétent. Responsabilité civile ? Responsabilité administrative ? Responsabilité pénale ?

La notion de responsabilité civile évoque l'idée d'un dommage, d'une réparation ou d'indemnisation de la personne qui a subi un dommage. Plus précisément elle est couramment définie comme une obligation de réparation à la charge du responsable. Ce type de responsabilité s'applique exclusivement dans le secteur privé, lorsque l'acte médical fautif s'est déroulé dans un établissement privé. Si les faits dommageables ont eu lieu dans un établissement public, la faute entraîne la responsabilité de l'administration.

Quant à la responsabilité pénale ou disciplinaire elle vise à réparer le tort fait à la société tout entière. Ces dommages sociaux sont érigés par la loi en infractions parce qu'ils portent atteinte aux besoins de sécurité, aux valeurs communes qui constituent le lien de la collectivité. Les sanctions pénales consistent en des peines dont la fonction est essentiellement punitive et répressive : amende, interdiction d'exercer, prison.

Quelle que soit la juridiction, civile ou pénale, le délai de prescription d'une action est de dix ans ; il ne commence à courir qu'à compter de la date de consolidation du dommage CSP Art.L.1142-28.

Références juridiques : CSP Art. 1142-1 -1142-1-1 -1142-2
Liens internes : obligation du médecin – Droits du patient – Réparation juridictionnelle du préjudice médical – Réparation non juridictionnelle du préjudice médical.
Liens externes : BINET J.R. (2010*) Le droit médical*

S

91. SECRET MÉDICAL

Le secret médical est l'obligation la plus importante du médecin. C'est un devoir cardinal.

1. Le principe

Avant d'être une obligation juridique, le secret médical est un devoir moral du médecin dont les origines sont anciennes. **Le Serment d'Hippocrate*** le mentionnait déjà. Voici en quels termes le code de déontologie médicale formule cette exigence : « Le *secret professionnel institué dans l'intérêt des patients s'impose à tout médecin dans les conditions établies par la loi* ». L'obligation concerne non seulement le médecin mais toutes les personnes qui participent aux activités de diagnostic et de soin : l'équipe médicale. C'est donc un secret partagé. Il s'étend au médecin-conseil des compagnies d'assurances. Par contre il ne s'impose pas au médecin expert judiciaire.

2. Les fondements

Au-delà du principe l'obligation a un fondement rationnel. Le secret médical est une obligation édictée dans l'intérêt du patient : le respect de sa vie privée qui a une valeur constitutionnelle. Le respect de la vie privée est corrélativement un droit pour le patient. Le code de la santé publique Art.L.1110-4 est formel : *« Toute personne prise en charge par un professionnel, un établissement, un réseau de santé... a droit au respect de sa vie privée et du secret des informations la concernant ».*

Mais il faut aller plus loin car l'essentiel est ailleurs. L'obligation du secret médical concerne l'intérêt thérapeutique du patient. Cela peut surprendre, mais le raisonnement est le suivant. Le médecin a besoin de toutes les informations utiles pour le meilleur diagnostic et la thérapeutique la plus adaptée. Mais pour se livrer ainsi, il faut que le patient sache que ses secrets ne seront pas dévoilés par leur dépositaire. Autrement dit l'un des fondements du secret professionnel réside dans l'importance de la sincérité dans les rapports entre une personne et un praticien. La sincérité d'information est indispensable, sans laquelle bon nombre de professions, qu'il s'agisse de la profession d'avocat ou de celle de médecin ne sauraient être correctement exercées.

3. Contenu

Le contenu du secret médical est envisagé de manière large : « l'ensemble des informations concernant la personne » CSP Art.L.1110-4 al.2. « *Le secret couvre tout ce qui est venu à la connaissance du médecin dans l'exercice de sa profession, c'est-à-dire non seulement ce qui lui a été confié, mais aussi ce qu'il a vu, entendu ou compris* » art. R.4127-4.

Il couvre les informations médicales. Cette composante est parfois susceptible d'entrer en conflit avec les droits de tiers à être informé. C'est le cas lorsque l'examen révèle l'existence d'une affection génétique susceptible d'être partagée par des apparentés qui pourraient trouver un intérêt médical à se savoir porteur de la mutation génétique considérée. Pour résoudre ce problème, la loi ne prévoit pas la levée du secret médical mais organise la possibilité de transmission de l'information aux apparentés selon une procédure spécifique concernant la communication des résultats d'un **examen génétique*** à la famille du patient. S'agissant des maladies contagieuses, la loi oblige le médecin à transmettre les informations qui leur sont liées à l'autorité sanitaire (CSP arr.3113-1).

Au-delà du médical, Le secret couvre aussi les informations non médicales quelle qu'en soit la nature : les opinions politiques d'un patient, la composition de sa famille, ses mœurs. Cependant la loi organise une possibilité limitée de divulgation de certaines informations normalement couvertes par le secret. C'est le cas en matière de dopage ou encore lorsqu'il a constaté des faits laissant présumer que des violences notamment sexuelles ont été commises. (Code pénal art.226-14). Nous touchons à la problématique des exceptions.

4. Les exceptions au secret

L'obligation du secret cesse lorsqu'il s'agit pour deux ou plusieurs médecins de discuter ensemble de la situation d'un patient afin de lui apporter le meilleur service possible. C'est l'hypothèse du secret partagé. *« La télémédecine, qui met en relation pour expertises ou assistance des équipes parfois lointaines, ouvre un nouveau domaine au secret médical partagé ». (Azoux p.102)* Le code de déontologie médicale prévoit la possibilité pour le médecin de révéler aux proches d'un malade le pronostic fatal lié à sa maladie comme aussi la dénonciation de mauvais traitements (CSP Art.R.4127-44). Ce sont les intérêts thérapeutiques, familiaux, sécuritaires qui fondent ces trois exceptions. Il en est une dernière plus utilitaire. Le CSP prévoit que le décès du patient peut libérer partiellement le médecin de son obligation de secret. L'hypothèse est celle où les informations détenues sont nécessaires pour permettre aux ayants droit du patient de connaître les causes de sa mort, de défendre sa mémoire ou de faire valoir leurs droits. Dans ces cas, le médecin pourra leur délivrer les renseignements utiles sauf si le défunt s'y était expressément opposé de son vivant.

5. Les sanctions en cas de violation du secret

La violation de cette obligation peut entraîner plusieurs types de sanctions : le médecin engage sa responsabilité civile, ou s'expose à des poursuites disciplinaires. Le secret médical est assorti d'un luxe de sanctions pénales (art.226-13 et14 du Code pénal). La réunion de quatre critères reste nécessaire : un confident, un secret, un acte de révélation et une intention coupable.

Sources juridiques : CSP Art.L.1110-4. R.4127-4. Code pénal Art.226-13.L.1110-4.
Liens internes : obligations du médecin – droit du patient – information génétique familiale.
Liens externes : AZOUX BACRIE l (2000) *Vocabulaire de bioéthique* – BINET J.R. (2010) *Droit médical.*

92. SÉQUENÇAGE DU GÉNOME HUMAIN

L'ADN, rappelons-le, est composé d'une suite de substances de quatre natures différentes désignées par les lettres A, T, G, et C

(Adénine, Thymine, Guanine et Cytosine). Ces substances sont des bases. Connaître leur ordre de distribution est très important car c'est cet ordre qui définit la fonction des gènes.

1. Séquencer ?

Séquencer veut dire rapporter, rendre compte de l'ordre de distribution des milliards de bases composant un génome et identifier les séquences correspondant à des gènes précis. Un travail titanesque qui ne peut se faire aujourd'hui que grâce à des ordinateurs de plus en plus puissants.

2. Identifier un gène

Corrélativement identifier un gène veut dire être capable de le reconnaître par sa séquence ou un de ses effets biologiques. Ceci peut se faire de différentes manières notamment en montrant son implication dans une pathologie donnée. On peut ainsi identifier le gène de la mucoviscidose ou de la myopathie en montrant que leurs mutations sont la cause de la maladie. Quand ces gènes ont été identifiés on ne savait rien sur leur fonction biologique. C'est grâce à leur identification que la fonction a pu être progressivement élucidée. Comme on ne peut être certain d'avoir isolé un gène sans l'avoir identifié les deux vont de pair.

3. Isoler un gène

Isoler un gène signifie séparer physiquement l'ADN de ce gène du reste de l'ADN d'un génome. Ceci est réalisé en découpant le génome et en transférant les morceaux dans des bactéries qui le multiplieront en abondance à des fins d'analyse. Pour isoler un gène il faut être capable de l'identifier parmi les morceaux de génome qu'on a découpé. Isoler un gène ne veut pas dire pour autant qu'on en connaît la fonction.

Liens internes : ADN – Génome – Patrimoine génétique.
Liens externes : Monchicourt M.O. (s.d.) *Les enquêtes*. Avec J. Weisssenbach directeur du Genoscope. Edit. Platylus Press

93. Serment d'Hippocrate

1. Historique

Le texte original de ce serment, probablement rédigé au IVe siècle avant J.C., est traditionnellement attribué au médecin grec Hippocrate. Il est souvent considéré comme le principe de base de la déontologie médicale (BINET J.R. 2010).

Le serment engage le médecin à se conformer au devoir de qualification, au devoir de respecter la vie. Il interdit de remettre du poison et des remèdes abortifs ; il préconise le devoir de discrétion, le respect du secret médical. L'acte médical doit être utile, bienfaisant et juste.

« À cet égard ; le serment pose des principes intemporels, certains sont des principes clés de la déontologie médicale contemporaine. D'autres sont l'enjeu de débats actuels, (par exemple la question de l'euthanasie) ; les problèmes émergents, liés aux progrès scientifiques engendrent des conflits moraux au regard de principes ancestraux, si bien que les principes hippocratiques jalonnent les réflexions menées sur la médecine moderne ». (MONNIER S.2005).

2. Aujourd'hui

Ce célèbre serment a surmonté l'épreuve du temps et demeure, aujourd'hui encore la référence symbolique essentielle des devoirs du médecin, même s'il a été progressivement remplacé, à partir de la fin du XVIIIe siècle, par une version plus moderne dite « serment de Montpellier ».

Le serment est traditionnellement prêté par les médecins en Occident avant de commencer à exercer. Dans sa version moderne, il s'inspire généralement du texte d'origine tout en s'éloignant. Il a pour principal objectif de rappeler aux nouveaux médecins dans un cadre solennel qu'ils sont liés à des obligations légales, morales et éthiques. Sa fonction est aussi de marquer le passage du statut d'interne à celui de médecin proprement dit. En ce sens on peut aussi considérer son énonciation comme un rite de passage. Le texte n'a aucune valeur juridique ; cependant **le code de déontologie** * s'en est largement inspiré notamment en ce qui concerne des mesures telles que l'obligation de recueillir le consentement de la personne avant toute opération, ou encore le respect du secret médical, les rapports des médecins entre eux. (MONNIER S. 2005.)

Source : On trouve le texte, version originale et version moderne, dans BINET J.R. (2010) *Droit médical* p. 331 suiv.
Liens internes : code de déontologie médicale.
Liens externes : 1. MONNIER S. (2005) *Les comités d'éthique et le droit.* BINET J.R. *Droit médica*l (2010).

94. SOINS PALLIATIFS

1. De quoi s'agit-il ?

Le champ de référence est le droit des patients en fin de vie.

Faisons une comparaison éclairante entre trois mots « préventif » « curatif » « palliatif ». Un traitement préventif est une action qui veut éviter que la maladie survienne. Un traitement curatif est un traitement qui cherche à soigner la maladie en agissant sur la cause supposée du mal. Lorsqu'il n'y a plus d'espoir d'agir sur la cause du mal, on peut faire un soin « palliatif » c'est-à-dire atténuer la souffrance et permettre ainsi à la personne de vivre au mieux la fin de sa vie.

« Les soins palliatifs sont des soins actifs et continus pratiqués par une équipe interdisciplinaire en institution ou à domicile. Ils visent à soulager la douleur, à apaiser la souffrance psychique, à sauvegarder la ***dignité de la personne**** *malade et à soutenir son entourage »* CSP Art.1110-10.

Les notions importantes sont celles de soulagement de la douleur, de respect de la dignité et de soutien des proches de la personne.

2. Le rapport du patient aux soins palliatifs.

« Toute personne malade, dont l'état le requiert, a le droit d'accéder à des soins palliatifs et à un accompagnement » (CSP 1110-9).

« Dont l'état le requiert », qu'est-ce à dire ? Les soins palliatifs sont destinés aux personnes qui ne peuvent plus recevoir des thérapeutiques efficaces, en raison du stade d'évolution de leur maladie. Ils ont pour objet d'accompagner par des soins adaptés, aussi longtemps que nécessaire, la fin de vie du malade.

Au droit du malade correspond une obligation de moyens pour le médecin : *Les professionnels de santé mettent en œuvre tous les moyens à leur disposition pour assurer à chacun une vie digne jusqu'à la mort* CSP Art.1112-4.

Complémentairement le dispositif prévoit une démarche d'accompagnement.

Un accompagnement

L'accompagnement est assuré par une équipe interdisciplinaire autour du médecin. Cette équipe comprend, notamment, des kinésithérapeutes, psychiatres ou assistants sociaux, des auxiliaires de vie, des orthophonistes… Mais l'originalité de l'équipe est certainement d'accueillir des bénévoles de l'accompagnement.

Ce ne sont ni des intrus, ni des électrons libres. Ils ont un statut : ils sont obligatoirement membres d'une association engagée dans le développement des soins palliatifs. Ces associations sont relativement nombreuses. Loin d'être dispersées elles ont des structures de regroupement. Chaque association apporte des réponses spécifiques aux attentes des personnes. Leur présence dans les hôpitaux est fondamentale. Elles agissent en accord avec les établissements hospitaliers, sur la base de convention. Dans ce cadre, elles respectent certains engagements : n'intervenir ni dans le domaine médical, ni administratif ; respecter les convictions et opinions de chacun, la confidentialité de l'information ; travailler en liaison avec l'équipe soignante. Évidemment il revient aux associations de sélectionner les bénévoles de leur donner une formation adaptée, de les mandater pour intervenir dans l'accompagnement, d'assurer le suivi, et l'encadrement des équipes.

« *Accompagner* », certes, mais encore ?

Les témoignages d'accompagnants (Hennezel 1995, Gagnet M. 2007) insistent pour dire que l'accompagnant ne remplace pas les soignants ni les proches de la personne malade. Il est un témoin un être humain qui exprime simplement sa solidarité avec un autre être humain dans le respect des différences et désirs de celui qu'il accompagne. Le bénévole est là, présent, disponible pour écouter, parfois pour briser la solitude de celui ou celle qui fait face à la maladie et à la mort. Il représente la société et traduit la non-indifférence à la souffrance en fin de vie de cette société. Il s'agit de permettre à un mourant d'être vivant jusqu'au bout afin qu'il puisse accomplir sa vie avant de mourir et conserver le sentiment de faire partie de la communauté des vivants.

Références juridiques : CSP Art.L.1110-9 -1110-10- 1112-4
Liens internes : fin de vie – Droits du patient en fin de vie.
Liens externes : HENNEZEL M. (1995) *La mort intime. La France palliative* : rapport. (2008). www.ladocumentation française.fr « *Pour que la mort ne nous soit pas volée* » in Mouvement chrétien des retraités. Décembre 2007. GAGNET E. (2007) *La mort apaisée.*

95. Suicide assisté

1. Faits d'histoire philosophique

La problématique du suicide simple a retenu l'attention dès l'antiquité. Aristote juge le suicide contraire à un devoir de justice à l'égard de la société (Ethique à Nicomaque V.15, 1138). Le suicide est éthiquement illicite pour la même raison que l'homicide. Il n'est pas licite de se tuer parce qu'il n'est pas licite de tuer un homme, estimait de son côté St Augustin dans la « Cité de Dieu » (L.XVII). Pour Kant *« le suicide est un crime (meurtre). On peut le considérer aussi comme une transgression du devoir de l'homme envers les autres hommes comme celui des époux les uns envers les autres, ou des parents envers les enfants, ou du sujet envers l'autorité ou des concitoyens, ou enfin encore comme la transgression du devoir de l'homme envers Dieu, l'homme abandonnant sans y avoir été invité le poste qui nous a été confié dans le monde ; l'homme ne peut aliéner sa personnalité aussi longtemps qu'il existe pour lui des devoirs donc aussi longtemps qu'il vit ».* Ce discours peut être entendu aujourd'hui mais sera-t-il accepté ou compris ? Les partisans de la pensée libertaire le déclareront irrecevable au nom du primat de la liberté de l'individu qui peut disposer de sa vie comme il l'entend, y compris par le suicide tout court. Les partisans de la pensée transcendante, s'y retrouveront peut-être, sans en référer nécessairement au religieux. Ce sont les mêmes qui refusent l'euthanasie et sans doute le suicide assisté ou non. L'expression elle-même n'est pas toujours bien accueillie : elle viendrait semer la confusion dans la problématique de fin de vie qui a déjà un encadrement juridique spécifique.

2. De quoi parle-t-on ?

L'expression « *suicide assisté* » ou « *aide au suicide* » désigne l'acte de fournir un environnement, des conseils et des moyens nécessaires à une personne pour qu'elle se suicide. Ce n'est donc pas un suicide simple sans aucun contrôle ; ce peut-être un suicide assisté sous contrôle d'un ou plusieurs tiers (famille ou amis), Ce peut-être aussi un suicide médicalement assisté en présence d'un médecin qui assure le contrôle de l'opération. Par ailleurs le suicide assisté exige la manifestation claire et libre de la volonté de mourir du patient. Contrairement à l'euthanasie, c'est le patient lui-même qui déclenche sa mort et non un tiers. *« Le suicide médicalement assisté est présenté par ses défenseurs comme plus sûr en termes de respect en toutes circonstances de l'autonomie de l'individu, dès lors que (contrairement à ce qui se passe par hypothèse, dans le cas de l'euthanasie) c'est le patient qui décide le cas échéant, le moment exact et les modalités de son suicide ; il n'y a aucune intervention extérieure directe d'un tiers » HENNETTE-VAUCHEZ S. (2009).* Cette sécurisation est bien réelle, mais ne supprime pas la complexité des questions liées aux enjeux de cette démarche.

3. Enjeux et questions

La lecture des enjeux et donc des questions dépend du soubassement philosophique de référence. Si on reste fidèle à un humanisme lié à la tradition du respect des droits de l'homme, alors la transcendance et les valeurs de la dignité de la personne, du respect de la vie surgissent tout de suite. L'homme peut-il disposer de sa propre vie ? Son corps lui appartient – il ? Peut-il revendiquer un droit de mourir comme il veut ? Quand il veut ? Y a-t-il une alternative sérieuse et acceptable du point de vue éthique au suicide comme mode de fin de vie ? Les questions rejoignent par certains côtés celles que pose l'euthanasie. Du reste les deux démarches sont fréquemment liées dans les analyses bioéthiques.

4. Quel est l'état du droit en la matière ?

L'aide au suicide est difficilement saisissable par le droit. Il y a plusieurs raisons. La première est liée à la nature du suicide. Dépénalisé dès le Code pénal révolutionnaire de 1791, le suicide n'est plus une infraction en droit français. Il n'est l'objet d'aucune incrimination pénale directe. *« En conséquence, l'assistance ou l'aide au suicide ne peuvent davantage être poursuivies, à défaut d'une infraction principale à laquelle les rattacher »*. (Hennette -Vauchez

2009). Cependant cette position va contre le discours dominant de la plupart des juristes. Pourquoi le droit est-il muet ? C'est peut-être pour des raisons techniques. Comment réprimer le suicidé qui n'a fait de tort direct à autrui et qui de surcroît n'est plus là ?

La deuxième raison est le poids d'un tabou politico-juridique français. « *Il faut encore observer, au sujet du suicide, une des spécificités du débat politico-juridique français qui est d'être demeuré pour l'essentiel hermétique à la question du suicide médicalement assisté, alors même qu'elle est devenue centrale dans la littérature anglo-américaine* » (HENNETTE-VAUCHEZ 2009). Le concept a gagné un poids considérable dans certains États.

Oui, le droit est muet sur la notion de suicide assisté. Est-il possible de le rattacher à une catégorie d'infractions voisines ? Peut-être. On peut décrypter dans le Code pénal quelques pistes : l'incitation ou provocation au suicide, la non-intervention d'un témoin qui s'abstient face à un danger imminent. Plus exactement le Code pénal dans son article 223-13 donne des repères utiles. Le fait de provoquer quelqu'un au suicide et si l'acte est suivi d'un suicide ou d 'une tentative est une infraction sanctionnée par 3 ans de prison et une amende de 45 000 euros. La même peine s'applique au témoin qui s'abstient. On peut extraire de cette position une réponse à la question du suicide assisté. Si celui qui incite, encourage au suicide commet une infraction pénale, a fortiori celui qui aide, accompagne le tiers dans sa démarche. SI le témoin qui s'abstient est coupable a fortiori le tiers qui plus que témoin, joue un rôle d'auxiliaire dans l'opération fatale.

L'omerta va-t-elle se soulever ? Probablement.

Selon une enquête, (Politique. Société du 3 janvier 2013) 58 % des gens se déclarent favorables au suicide assisté. Dans ce contexte. Par ailleurs à la demande du Président François Hollande un groupe de travail désigné comme « conférence des citoyens » a travaillé sur cette question et finalement a donné un avis favorable à la pratique de suicide assisté (Le Monde 17 décembre 2013). Aussi le Président et sa ministre de la Santé Marisol Touraine préconiseraient une forme de suicide assisté à la française, supervisée par un médecin prescripteur et un accompagnateur qu'encadreraient des associations chapeautées par l'État. Ce projet ne figure pas dans la proposition de loi actuellement en débat au Parlement.

5. Et ailleurs

Le suicide assisté est illégal dans la plupart des pays. Il est reconnu cependant en Suisse, aux Pays Bas, au Luxembourg et trois États d'Amérique.

Références juridiques : Code pénal Art. L.223-13
Liens internes : fin de vie – euthanasie – droits du patient
Liens externes : VAUCHEZ HENNETTE S. (2009). *Le droit de la bioéthique. Politique Société* du 3 janvier 2013. Le Monde 17 décembre 2013 « *La conférence des citoyens favorable au suicide assisté et à l'euthanasie* ».

T

96. Textes internationaux et bioéthique

Le droit international de la bioéthique se caractérise par une grande hétérogénéité. Il se compose de conventions ayant force obligatoire, mais aussi de Déclarations émanant d'organisation internationale, à valeur incitative. De plus il faut distinguer les sources internationales, les sources spécifiquement européennes (Conseil de l'Europe) et les sources communautaires (Union européenne).

Sources internationales

Le Code de Nuremberg (1947). On trouve le texte dans BINET J.R. (2010).

La déclaration universelle sur le génome humain et les droits de l'homme (Unesco 11 novembre 1997).

La déclaration universelle sur la bioéthique e les droits de l'homme. (Unesco 19 octobre 2005) On trouve le texte dans BORILLO (2011).

Sources européennes

Convention européenne de sauvegarde des droits de l'homme et des libertés fondamentales (4 novembre 1950). Elle force l'obligation pour les États qui l'ont ratifiée et insérée dans leur droit national.

Convention pour la protection des droits de l'homme et la dignité de l'être humain à l'égard des applications de la biologie et de la médecine dite Convention d'Oviedo (4 avril 1997). Elle a un effet contraignant pour les États qui l'ont adoptée et insérée dans leur droit national. On trouve le texte dans BINET J.R. (2012). Cette convention a été complétée par 4 Protocoles additionnels signés entre 1998 et 2008. On trouve les textes dans BINET J.R. (2012).

Sources communautaires

Directive du 31 mars 2004 : normes de qualité et de sécurité concernant le don et conservation des tissus et cellules humaines.

Directive du 6 août 2010 relative aux normes de qualité et de sécurité des organes humains destinés à la transplantation.

Directive européenne du 6 juillet 1998 relative à la protection juridique des inventions biotechnologiques.

Il serait hasardeux de dire qu'il existe à ce jour un droit de l'Union européenne en matière de bioéthique. Les instances l'Union européenne n'ont pas de compétence spécifique pour légiférer dans le domaine de la recherche et de la médecine. Elles sont intervenues cependant ponctuellement, sur des sujets très limités par voie de directives contraignantes. Mais globalement les questions de bioéthique relèvent de la compétence des instances nationales dans le respect des orientations données par les conventions européennes.

Liens internes : Principes de base de la bioéthique.
Liens externes : MONDIELLI E. *L'essentiel de la Bioéthique.* SEBAG V. *Droit et bioéthique.* BINET J.R. (2012*) La réforme de la loi de la bioéthique.*

97. THÉRAPIE GÉNIQUE

1. Éléments techniques

Le traitement d'une maladie génétique peut se faire par une intervention directe, à la source, sur l'ADN d'une personne pour corriger une mutation ou un défaut de gène à l'origine d'une maladie. L'intervention se traduit par l'introduction d'un nouveau gène dans les cellules du patient. Celle-ci peut avoir trois objectifs : compenser une anomalie génétique - modifier les fonctions de la cellule qui recevra le gène - être utilisé comme vaccin et servir de traitement thérapeutique. Les thérapies géniques font l'objet de deux types de recherche : les thérapies in vivo : le gène est injecté dans les cellules du patient dans un but thérapeutique. Les thérapies ex vivo : les cellules sont prélevées, puis modifiées avec l'introduction du gène et ensuite réimplantées dans le corps du patient.

2. Une distinction fondamentale.

La thérapie peut être seulement somatique. Cela signifie qu'elle consiste en l'injection de cellules utilisées dans le but de soin. Mais elles ne touchent que les cellules somatiques de l'individu, et non les cellules germinales. Elle n'a donc aucune incidence sur la descendance de la personne. Le CCNE (avis n° 36-a 22 juin 1993) définit ainsi la thérapie somatique : « *une modification du capital génétique concernant seulement les cellules non reproductrices de l'organisme, qui n'atteindrait qu'un organe ou qu'un système cellulaire* ».

Les thérapies peuvent toucher directement les cellules reproductrices et interviennent donc sur le patient et sa descendance. On parle alors de thérapie germinale. Elles modifient ainsi, de manière définitive, le patrimoine génétique d'une descendance, et potentiellement de l'humanité.

3. Que dit le droit ?

Le droit positif est formel : aucune transformation ne peut être apportée aux caractères génétiques d'une personne dans le but de modifier sa descendance. (Code civil art.16-4). Ce texte entend préserver l'intangibilité génétique de l'espèce humaine. Ce qui est dit par ailleurs : « *Nul ne peut porter atteinte à l'intégrité de l'espèce humain*e ». En revanche les thérapies somatiques sont autorisées. Le code ne prévoit des sanctions pénales que dans le cas de l'eugénisme et le clonage reproductif qualifiés de « **crimes contre l'espèce humaine*** ».

Références juridiques : Code civil art.16-4
Liens internes : principes de base de la bioéthique – Crime contre l'espèce humaine.
Liens externes : AZOUX BACRIE L (2000). ANDORNO (1997).

98. Trafic d'organes

Le rapport CLAEYS (octobre 2008) dénonce sous les expressions « trafic d'organes » et « tourisme de la transplantation » une réalité inquiétante. En avril 2008 les médias ont braqué les projecteurs sur ce genre de pratiques en Chine, au Kosovo (Généthique 17 avril 2008). Mais de quoi parle-t-on ?

Le trafic d'organes consiste à rechercher, transporter, des personnes vivantes ou décédées ou leurs organes en faisant usage de menace ou de toute autre forme de coercition. C'est aussi le fait de donner ou de recevoir un paiement pour contraindre un donneur potentiel à se laisser exploiter par l'ablation de ses organes en vue d'une transplantation. L'organe humain est traité comme une marchandise. Selon l'OMS ce commerce représentait en 2005 10 % des transplantations rénales pratiquées dans le monde.

Le tourisme de la transplantation est le fait de personnes souffrant d'insuffisance rénale, par exemple, en quête d'un rein, et de chirurgiens greffeurs qui se déplacent dans le seul but d'effectuer une transplantation aux dépens de personnes, le plus souvent très pauvres et acceptant de vendre l'un de leurs reins. Ces pratiques sont relevées en Afrique du Sud, en Turquie, États unis. En Inde, un vaste réseau de trafic aurait été démantelé au début de 2005. La Chine a été une plaque tournante de ce marché. Cependant une loi de 2006 interdirait désormais la commercialisation d'organes. Face à ces formes d'exploitations internationales, les tentatives de contrôle ou de régulation sont encore très faibles. La mise en œuvre de dispositions répressives est laissée à chaque pays. En France ; le don d'organes contre paiement, le prélèvement sans consentement sont sanctionnées par des peines lourdes : amende de 100 000 euros et 7 ans d'emprisonnement. Au niveau international il n'existe pas de dispositif répressif efficace. Cependant la lutte contre le trafic est prise en considération dans le cadre d'Eurojust, organe de coordination et de coopération entre les autorités judiciaires compétentes des États membres et d'Europol qui soutient les activités répressives des États membres contre les organisations criminelles transnationales. Il en est de même des services d'Interpol. MARTINENT E. (2009). Toutefois il serait intéressant que la communauté internationale et européenne se dote de cellules spécifiques à la criminalité biomédicale. En effet, cette dernière pose le problème *des preuves de trafic transfrontalier et international car ces actions criminelles restent taboues et des corruptions et des pressions de toutes sortes rendent les enquêtes difficiles à mener à terme* DUMAS M. (2001).

Liens internes : don d'organes et transplantation – Principes de base de la bioéthique.
Liens externes : CLAEYS – VIALATTE J.S. (2008). *Rapport sur l'évaluation de l'application de la loi du 6 août 2004 relative à la bioéthique*. Agence de biomédecine. *Tout sur le don d'organes*. Site : www. France-adot-org/don-

organe ; h- MARTINENT E. (2009) *La bioéthique dans les pays occidentaux, quelles législations et évolutions ?* dans *Regards sur l'actualité* n° 356. DUMAS-MARTY (2001) *Criminalité économique et atteinte à la dignité de la personne*, Vol IV *Vers des principes directeurs internationaux de droit pénal.*

99. TRANSGENÈSE

Opération qui consiste à transférer un gène étranger dans les cellules reproductrices d'un être vivant pour le transformer. De ce fait il y a transmission de certaines propriétés choisies à sa descendance

Cette pratique est couramment utilisée dans les mondes animal et végétal. De ce fait on confère à des organismes donnés des caractères supplémentaires et évidemment avantageux pour l'agriculteur, le producteur, l'industriel.

Certains font l'assimilation de la thérapie génique sur l'humain et Transgenèse. D'après moi la différenciation s'impose. Pour deux raisons. Dans le premier cas on ne touche pas aux cellules reproductrices, mais seulement aux cellules somatiques. Donc il n'y a pas transmission héréditaire. De plus, on n'ajoute pas un gène supplémentaire, mais on modifie un gène malade ou on le remplace par un autre gène sain. En revanche dans le second cas, on touche aux cellules reproductrices, et on introduit un gène supplémentaire, étranger. Par exemple, le gène de la résistance à la Pylade du maïs dans le maïs. Donc thérapie génique et transgénèse se différencient.

De toute manière la dernière loi (7 août 2013) pose un nouvel interdit : celui de la création d'un embryon transgénique ou chimérique. En génétique, une chimère est un organisme, animal en général, formé de deux types de cellules génétiquement distincts (mouton-chèvre ; souris-rat). L'organisme résultant est une combinaison de plusieurs types compatibles.

100. TRANSPLANTATION D'ORGANES

Il s'agit d'une opération complexe qui comporte trois phases : d'aval en amont : la **greffe** * d'un organe entier sur le corps d'un patient ; cette greffe présuppose le **prélèvement de cet organe*** sur le corps vivant ou mort d'une autre personne ; enfin elle exige de la part de cette dernière **un don d'organe**.* Souvent les auteurs assimilent

« transplantation » et « greffe », à tort à mon avis. Remarquons que le droit utilise les termes suivants : « don » « prélèvement » et « greffe ».

Cette technique consiste donc à remplacer un organe déficient par un organe sain. Receveur et donneur doivent être compatibles.

Les pratiques de transplantation ont été encadrées par la loi Caillavet (22 décembre 1976) qui a fixé le régime juridique du prélèvement d'organes sur personne vivante ou décédée. Depuis lors, les dispositions de cette loi intégrées dans le CSP ont fait l'objet de quelques importantes modifications. Les dernières en date résultent de la loi du 7 juillet 2011. Toutefois l'économie générale de ce dispositif est restée pour l'essentiel conforme au modèle initial. « *Il en ressort principalement que le droit doit se faire l'arbitre d'intérêts contradictoires. Ainsi il est nécessaire de développer les possibilités de prélèvement pour assurer un nombre suffisant d'organes disponibles au profit des patients en attente de greffe ; cependant cette quête ne doit pas se faire au détriment du respect des personnes prélevées » BINET J.R. (2010).*

Sources juridiques : CSP Livre deuxième. Don et utilisation des éléments et produits du corps humain.
Liens internes : don d'organes – don croisé – prélèvement d'organes – greffes – Agence de biomédecine.
Liens externes : BINET J.R. (2010) *Droit médical.*

POSTFACE

La bioéthique et le regard des religions

Sources utilisées.

BRECK J. (2007) Le don sacré de la vie. Les chrétiens orthodoxes et la bioéthique.

BOELLE C. et Alii (2004) Petit dictionnaire des religions

BOUBAKEUR recteur de la grande mosquée de Paris (2007). Point de vue de l'islam sur l'euthanasie. Site : www.bioéthique.com

CATÉCHISME CATHOLIQUE (1992)

COLLANGE J.F. Bioéthique et protestantisme.

COLLECTIF PROTESTANT (2009) États généraux de la bioéthique. Éléments de réflexion proposés par la Commission Église et Société de la FPF. Site http ://www.protestants.org.

CONGRÉGATION POUR LA DOCTRINE DE LA FOI (22 février 1987). Instruction Donum vitae.

CONGRÉGATION POUR LA DOCTRINE DE LA FOI (2008) Instruction dignitas personnae sur certaines questions de la bioéthique. Décembre 2008.

D'ORNELLAS P. Mgr (2009) Bioéthique. Propos pour un dialogue.

DURAND (1997) G. La bioéthique.

Jean Paul 2. (1995) Encyclique « L'Évangile de la vie ». Sur la valeur et l'inviolabilité de la vie humaine.

LA CROIX (2008) L'A.B.C. DE LA BIOÉTHIQUE.

LARCHET J.C. Fin de vie et euthanasie ; une fin de vie paisible sans douleur sans honte. Un éclairage orthodoxe sur les questions éthiques liées à la fin de vie.

PELLAT E. Les religions et la bioéthique. États généraux de la bioéthique : juifs, catholiques et musulmans trois voix pour un débat. Famille chrétienne. Le 16 mai 2009. Site : www. Crcm-ra. org-

SICARD D. (2009) L'éthique médicale et la bioéthique.
THIOLLIER M.M. (1966) Dictionnaire des religions.
X.X.X.Bioéthique et judaïsme. dans Itoni n° 32 novembre 2009. site http ://www.ujl-lyon.com

Nous avons un modèle bioéthique à la française, modèle républicain, laïc, élaboré démocratiquement. Il s'impose à tous, même s'il ne fait pas l'unanimité sur plusieurs questions vives. Les religions ont-elles quelque chose à dire ?

OUI. Les religieux sont représentés du reste au CCNE. Les autorités des religions monothéistes ont participé activement au dernier mouvement de révision. On a même dénoncé les pressions des lobbies religieux sur les acteurs politiques

Comment se développe la pensée bioéthique dans les religions ?

Quel regard portent-elles sur le dispositif français en retenant quatre domaines essentiels : la procréation médicalement assistée, le don et la transplantation d'organes, la recherche sur l'embryon humain, les droits de la personne malade et en fin de vie.

I. Le développement de la pensée bioéthique dans les religions

1.1. Église Catholique

Les représentants de cette Église disent avoir un message doctrinal auquel adhèrent les croyants par la foi. Ce message est formé d'un certain nombre de dogmes incontournables : par exemple l'existence d'un Dieu unique, la création du monde. L'intervention de Jésus Christ fils de Dieu et sauveur des hommes. La croyance en une vie future à laquelle on accède par la résurrection. Dans ses bases, cette doctrine est inscrite dans les livres saints : la Bible, l'ancien et surtout le Nouveau Testament formé des quatre évangiles et des Actes des apôtres.

Elle contient non seulement des « vérités révélées », mais aussi des règles de conduite, des orientations morales, pour guider l'agir humain. C'est vrai de façon générale, c'est vrai pour notre domaine appelé « bioéthique ».

Quels acteurs interviennent dans l'élaboration, le développement, la diffusion de cette doctrine ?

Cette question relève de l'organisation spécifique de cette Église. Organisation hiérarchique selon cette pyramide : Le pape, ou souverain Pontife, les cardinaux, les évêques, puis les pasteurs au service des fidèles. Pape et évêques seuls ont le pouvoir de dire la doctrine en matière de bioéthique, de l'expliciter, de la définir sur la base du contenu des livres saints et de la tradition. Autrement dit l'Église véhicule une bioéthique officielle. Cette doctrine bioéthique est, formalisée dans des instructions, des encycliques, des contributions écrites des évêques de chaque pays. Bioéthique très élaborée, détaillée, unifiée, dogmatique, contraignante. Ce qui est attendu des fidèles, c'est l'adhésion, et le respect de cet enseignement.[1]

Quels sont les fondamentaux de cette doctrine bioéthique ?

J'en vois cinq

1. La primauté de l'homme dans sa dimension corporelle et spirituelle sur toutes les techniques et les développements de la science. Il est la finalité en soi qui donne du sens à la vie en société.

2. Composé d'une âme et d'un corps, l'homme, unité organique a une dimension naturelle et surnaturelle : créé à l'image de Dieu il est appelé au-delà de la mort à une autre vie que la raison ne peut connaître. Le corps d'un être humain n'est donc jamais réductible à l'ensemble de ses cellules. L'âme est considérée par la Bible comme le souffle de vie donné par Dieu, réalité immortelle pour les chrétiens.

3. De ce fait la vie humaine sous toutes ses formes est digne d'un respect absolu, car elle transcende le pouvoir de l'homme, et vient du créateur. « Par le simple fait qu'il existe, chaque être humain doit être pleinement respecté » ce que traduit le concept de DIGNITE HUMAINE qui parfois prête à confusion[2].

4. Le respect de cette vie s'étend à l'être humain, sur tout le parcours, de sa conception jusqu'à la fin de vie. *« L'être humain doit être respecté et traité comme une personne dès sa conception, et donc, dès ce moment, on doit lui reconnaître les droits de la personne, parmi lesquels en premier lieu le droit inviolable de tout être humain innocent à la vie »*[3].

5. La loi naturelle est le fondement de la bioéthique catholique.

Concept fort ancien, gréco-romain, remis en lumière par st thomas d'Aquin. La loi naturelle est ce qui fait que l'homme est ce qu'il est ; quelque chose d'incontournable, de propre à l'homme quelle que soit

---

[1] BOELLE C. *Petit dictionnaire des religions*

[2] DE GAULMYN *La loi naturelle fondement de la morale catholique.* ABC de la bioéthique

[3] INSTRUCTION *dignitas personae sur certaines questions de la bioéthique*

sa condition. C'est « le message éthique inscrit dans l'être humain » dit Benoit 16. Comment la découvrir ? C'est affaire de raison. La raison est capable de discerner ce qui constitue ce fondement. Instruction *Donum vitae 1987. Instruction Dignitas personnae sur certaines questions de la bioéthique* 2008. Encyclique *l'Évangile de la vie. Sur la valeur et l'inviolabilité de la vie humaine* 1995 (Jean Paul 2) *Catéchisme catholique* (1992).

1.2. Églises orthodoxes

Comme vous le savez le terme orthodoxe désigne les Églises chrétiennes d'Orient qui se sont séparées de l'Église d'Occident lors d'un schisme de 1054. Elle dit avoir une doctrine. Celle-ci s'appuie sur la Bible et plus particulièrement sur les livres du Nouveau Testament, sur les 7 premiers conciles, et sur les ouvrages de personnalités désignées comme les Pères de l'Église. Les sources d'inspiration sont donc proches de celles de l'Église catholique tout en étant plus larges. Il existe cependant des points de rupture : le refus de certains dogmes (proclamés au XIXe siècle), le rejet de l'autorité du Pape, et des divergences d'un point de vue liturgique

Les écarts se prolongent au niveau de l'organisation des Églises. Elles forment une fédération d'Églises autocéphales où chacun garde sa propre langue et ses coutumes particulières. Séparées de Rome ces Églises sont autonomes, chacune d'elles élit, lors d'un synode son patriarche. Ce modèle est diamétralement opposé au centralisme hiérarchique de l'Église catholique. Évidemment il retentit sur le mode d'élaboration du message. Comme le dit l'un de ses représentants[4] l'Église orthodoxe de par sa structure ecclésiale n'a pas de magistère enseignant. Toute prise de position vient de l'Église tout entière, à partir d'une connaissance sérieuse des questions envisagées. Des pasteurs ou théologiens se sont mobilisés pour créer en 1986 l'Association Orthodoxe d'Études Bioéthiques. Dans une approche multidisciplinaire, à la fois scientifique et théologique, cette association cherche à définir une éthique proprement orthodoxe.[5]

Il est difficile, du fait de l'absence d'une autorité officielle unique, de trouver une doctrine aussi élaborée et unifiée que dans l'Église

---

[4] CHRYSSOSSTALIS A.www. franceculture.com : emission-orthodoxie. *Regard orthodoxe sur les lois bioéthiques.*

[5] *Regard orthodoxe sur les lois bioéthiques*. Site www.franceculture.com : emission-orthodoxie. 19 juin 2011

catholique. Les prises de positions, formalisées dans des ouvrages[6], ou des comptes rendus de tables rondes, des entretiens, sont dispersées, ponctuelles, concernant telle ou telle question, par exemple la fin de vie.

Y a-t-il une spécificité de la réflexion bioéthique ? Difficile à trouver. À défaut d'écrits suffisamment élaborés, une comparaison entre pensée catholique et pensée orthodoxe ne présente aucune divergence de fond dans le champ de la bioéthique. On peut en déduire que les fondamentaux sont identiques. On peut y voir un paradoxe : que la réflexion émane d'une autorité officielle, d'un Magistère, ou qu'elle vienne d'en bas, elle aboutirait au même résultat.

1.3. Les Églises protestantes

L'histoire du protestantisme se confond avec celle de la Réforme de l'Église. Le terme provient de la « protestation » ou révolte qui souleva un certain nombre de chrétiens de Martin Luther contre les abus du clergé au XVIe siècle. Elle entraîna les adeptes à se séparer du pouvoir de Rome, du Pape. On recherche alors une religion plus simple, plus dépouillée, plus conforme aux Évangiles. Le mouvement, qui laisse une large place à l'affirmation de la liberté individuelle, va connaître la création d'une multitude d'églises liées à des interprétations différentes du Livre saint. Le point commun est l'autorité souveraine de la Bible. Tous se réclament du Livre saint, surtout du Nouveau Testament avec un désir de retour au christianisme primitif et un grand souci de simplicité dans le culte. Le fond de doctrine, proche de celle des catholiques, repose sur la reconnaissance d'un Dieu unique, créateur, la manifestation de Jésus Christ, Messie qui vient sauver les Hommes, le salut par la foi débouchant, au-delà de la mort sur une autre vie.

L'organisation des églises est du type fédéral, peu hiérarchisé. Le pape est respecté mais son autorité n'est pas reconnue. Les pasteurs, chargés avant tout de la prédication sont choisis dans la communauté des croyants. Aucune autorité suprême ne sanctionne ou définit les croyances. L'interprétation éthique de l'Évangile n'est pas une affaire de doctrine qui pourrait être l'objet d'un magistère, elle se fait dans

---

[6] BRECK J. (2007) *Le don sacré de la vie. Les chrétiens orthodoxes et la bioéthique.* LARCHET CH. (2009) Fin de vie et *euthanasie ; une fin paisible sans douleur et sans honte.*

l'existence par chacun en conscience. C'est l'exaltation de la responsabilité de la personne. Ceci ne veut pas dire que les responsables, les pasteurs se taisent en matière de bioéthique. Selon les dires de Durand G. lui – même théologien (Durand G.1997), les Églises protestantes dans l'ensemble s'expriment de manière beaucoup plus collégiale que l'église romaine. Elles exposent, leurs positions officielles sur des sujets de bioéthique en tenant compte des différents points de vue entre les membres de l'église. Le consensus auquel on parvient, quand on y parvient, est le résultat de la discussion et de la négociation entre des intérêts divergents. De plus, point très important, les positions officielles sont données comme des éléments de réflexion pour chacun, et non comme une construction dogmatique contraignante.

En ce qui concerne la bioéthique, son élaboration est de ce fait démocratique, collégiale, non autoritaire, et de type incitatif et non contraignant. Autant de points de rupture avec le mode de réflexion doctrinale de l'Église catholique.

1.4. Islam

L'Islam est le nom de la religion monothéiste fondée sur la prédication du prophète Mohammed au VIIe siècle. Celui-ci est considéré comme un intermédiaire qui a recueilli la parole divine révélée et l'a transcrite dans le Livre sacré du Coran. L'islam est une religion et une loi (la charia) qui règle non seulement la vie religieuse mais aussi le système de gouvernement ainsi que tous les aspects de la vie quotidienne des musulmans. Mais alors que les auteurs de la Bible hébraïque et de la Bible chrétienne sont des hommes inspirés pas Dieu, le Coran est pour le musulman, la parole même de Dieu. Tous les musulmans admettent les croyances essentielles : Dieu est unique, le Coran est la parole même de Dieu, Mohammed est le prophète qui a transcrit la parole de Dieu. Ils forment ainsi une communauté de croyants. Ils sont divisés entre chiites et sunnites (90 %). Les premiers contrairement au second ont un véritable clergé, avec une hiérarchie au sommet de laquelle se trouvent les ayatollahs et en dessous les mollahs. Ces différents courants de pensée se réfèrent toutefois aux trois mêmes sources : Coran, Hadiths (les dits du prophète) et jurisprudence qui doit proposer la traduction éthique de principes moraux, résume Sadek Beloucif, ancien membre du comité national d'éthique. De ces trois sources, on peut dégager trois principes de base : le caractère sacré de la vie : qui sauve une vie sauve toute l'humanité, et qui tue une vie tue toute l'humanité . L'individu est également unique, singulier. L'exaltation de l'homme : l'homme a été créé dans la forme la plus parfaite dit le Coran.[7]

Il reste que l'islam n'a pas une position officielle sur la bioéthique. Devant une décision, le croyant se réfère donc aux textes, à la tradition, éventuellement au consensus régnant au sein de la communauté. En l'absence de réponse précise, il choisira en son âme et conscience[8].

1.5. Judaïsme

Le fondement de l'éthique juive est l'ensemble des commandements de la Torah dont il faut déduire les multiples prescriptions réglementant la vie quotidienne. Dans le judaïsme droit et éthique font un. L'autorité morale qui dicte l'éthique établit en même temps les principes de droit qui la traduisent en terme pratique. Ethique pragmatique, rituelle, fondée sur l'interprétation de la Torah par les rabbins. Mais la loi est ouverte aux évolutions : comme le dit André Chouraqui, il est nécessaire d'adapter la loi aux nouvelles circonstances de la vie d'Israël. La loi (halakha) est une loi qui avance en marchant, ce qui lui permet de ne pas être dépassée par la technique. La loi éthique et son interprétation tiennent compte des contextes : chaque cas est particulier. Un couple doit toujours s'adresser à un rabbin décisionnaire spécialisé en médecine, pour savoir si sa situation (en matière de procréation par exemple) entre dans le cadre fixé par la loi juive. Le mode d'élaboration de la bioéthique est du type casuistique, au cas par cas, qui rappelle le raisonnement juridique[9].

Ces cinq religions monothéistes s'expriment sur la bioéthique. Le mode d'élaboration de la doctrine et son application sont très variables. Il y a le type hiérarchique, et le type démocratique, casuistique. La portée est différente. Elle est tantôt de type prescriptif, tantôt incitatif. La posture attendue du croyant est variable également : soumission, adhésion, prise de responsabilité personnelle, liberté éclairée devant les situations-problèmes.

---

[7] LA CROIX *La position des autres confessions*. Dans l'A.B.C. de la bioéthique

[8] COLLANGE J.F. (2007) *La vie, quelle vie ?*

[9] LA CROIX *La position des autres confessions.* Dans l'A.B.C. de la bioéthique BOELLE C. *Petit dictionnaire des religions*

2. Le regard des religions face au dispositif bioéthique français.

Il y a deux questions sur lesquelles les points de vue convergents assez bien : la transplantation et le don d'organes et les droits du patient en fin de vie. Deux autres thématiques sont sources de divergences entre les religions elles-mêmes, mais aussi entre certaines religions et le dispositif officiel de bioéthique : procréation médicalement assistée et recherches sur l'embryon humain.

2.1. Transplantation et don d'organes.

Le point de vue de l'Église catholique

« Le don d'organes est un des actes les plus nobles de solidarité humaine »[10]

La position est donc l'acceptation de la transplantation d'organes, à trois conditions : gratuité et anonymat. Interdiction de publicité. L'accord est donc parfait avec la loi civile.

Les règles concernant le consentement du donneur ne posent pas de problèmes. À une contradiction près dans le dispositif : pourquoi respecter la volonté implicite du défunt et en même temps prendre en compte l'opinion de la famille qui peut être contraire à la volonté de l'intéressé ? Par ailleurs l'Église romaine reconnaît à la science médicale le droit de définir les critères de la mort. Elle admet les critères de mort cérébrale.

Le point de vue des Églises orthodoxes

La position est en tout point celle de l'Église catholique, sur cette question. Avec une insistance particulière sur le don post mortem. Je cite un des membres du comité hellénique de biomédecine, le Père Nikolaos Hatzinikilaou *Le don d'organes, post mortem, venant soulager la souffrance humaine est vu comme un témoignage d'amour et de ce fait encouragé. En accord avec l'écriture sainte, nous sommes tous frères, unis les uns aux autres, La transplantation peut être l'unique opportunité d'une communion d 'amour entre les êtres humains.*

---

[10] ENCYCLIQUE « *Evangelium vitae sur la valeur et l'inviolabilité de la vie humaine* » (25 mars 1995).

Le point de vue des Églises protestantes

La source utilisée est la production d'un collectif de 8 personnalités (pasteurs et chercheurs) publié sous le titre : *États généraux : éléments de réflexion proposés par la commission Église et société de la fédération protestante de France*. 2009 .

Les responsables de ces Églises disent accepter le dispositif officiel et sont d'accord avec la position de l'Église catholique. On retrouve aussi la même réticence, pour la logique du consentement implicite couplé à l'avis de la famille qui introduit un biais majeur sur les intentions du défunt. On insiste, ici aussi, sur la dimension humaniste et spirituelle du don d'organe. Acte de solidarité. C'est ce que tente d'expliciter le théologien J.F.COLLANGE dans sa problématique du don : « *il n'y a pas de meilleure façon de transformer l'absurde et le tragique d'une disparition soudaine que de permettre à d'autres de pouvoir encore continuer à vivre... Pour être réussi la transplantation ne doit pas seulement prendre en compte le souci du malade à traiter, mais aussi le respect du disparu et des siens dont le malheur peut certes créer ailleurs du bonheur, mais n'en reste pas moins un drame* »[11].

C'est de cette manière que les Églises protestantes, dans la diversité de ses branches non seulement acceptent mais encore encouragent le don et la transplantation d'organes. Du reste les pays protestants ont été les premiers à pratiquer des prélèvements en grand nombre.

Le point de vue de l'Islam

La position de l'Islam en ce domaine a évolué fortement. Fin des années 1980, la réflexion des savants conduisait à de fortes divergences : les uns affirment que le don d'organes est autorisé et l'autre penche vers l'interdiction absolue. Progressivement, sous le coup des progrès visibles et constatés de la médecine en ce domaine, la pensée islamique s'est unifiée de façon positive vers l'autorisation. La source que j'utilise est les décisions d'une journée nationale de réflexion sur le don d'organes tenue le 22 juin 2006 par l'Académie de droit musulman basée à La Mecque[12]. Cette autorité, constate qu'il n'y a aucun verset coranique ou écrit qui parle du don d'organe. Pour combler ce vide, elle produit une série de décisions unanimes. Une

---

[11] COLLANGE J.F. *Ethique et transplantation d 'organes*. 2000

[12] Conseil régional du Culte musulman Rhône-Alpes. *L'islam et le don d'organes*, 22 juin 2006 www.crcm.ra.org

greffe d'une partie du corps sur ce même corps est permise sous réserve du principe de précaution, du consentement, de proportionnalité entre avantages et inconvénients, gratuité. Et de citer en conclusion un verset du coran : « *quiconque sauve la vie d'un seul homme, sauve la vie de l'humanité entière* ».

La convergence avec le dispositif officiel est totale. Celui-ci, en revanche est plus explicite sur la définition du cercle des donneurs vivants.

Le point de vue du judaïsme

Quelle est la position du judaïsme ? Dans le cadre du projet de réforme organisé par le Gouvernement entre 2008-2011, le Sénat a organisé une série d'auditions des autorités religieuses, à laquelle a participé Michel GUGENHEIM, grand rabbin, directeur du *séminaire* israélite de France. La question du don d'organes figurait à l'ordre du jour. Je puise mes informations dans son intervention.[13]

Le grand rabbin donne trois signaux forts.

1er signal : *Les autorités rabbiniques ne voient aucun problème en ce qui concerne le prélèvement d'organes sur des personnes vivantes. La question du lien plus ou moins éloigné entre le donneur et le receveur ne pose strictement aucun problème.* Position plus ouverte que le droit français.

2e signal. Attention à la logique du consentement implicite. *Effectivement, si la personne n'a pas donné l'autorisation de son vivant, il est difficile de présumer qu'il l'a donnée.* Remarque que l'on retrouve chez les protestants, mais aussi sous la plume de plusieurs experts de la société civile.

3e signal. Attention au corps humain. *Dans le judaïsme, le respect dû au corps est une valeur extrêmement importante, Le corps qui a vécu et a été l'écrin d'une âme, conserve un statut sacré. Pour sauver une vie, toutefois, mais seulement hic et nunc, il est possible de porter atteinte à ce corps, mais uniquement dans ce cas.*

En conclusion : Loin d'être un point de discorde, le don d'organes est une pratique de consensus entre les religions d'une part et d'autre part entre les religions et le dispositif officiel de bioéthique. Au-delà de quelques réticences, c'est un sujet paisible. Il en est de même dans la société civile et la classe politique à une exception près : le recours à l'idée de consentement implicite pour le don post mortem.

---

[13] Projet de loi relatif à la bioéthique. Audition. www.senat.fr/rap:102-12826.html

2.2. La gestion de la fin de vie

Le point de vue de l'Église catholique

Trois textes récents de Jean Paul II traitent de cette question : Déclaration sur l'euthanasie du 5 mai 1980, le catéchisme de l'Église catholique 1992, encyclique l'Évangile de la vie 1995.

Ils contiennent trois affirmations :

– L'euthanasie est un meurtre injustifiable, gravement contraire à la dignité de la personne humaine, meurtre toujours à proscrire et à exclure en toutes circonstances. Elle relève d'un utilitarisme prométhéen, soit d'une perversion de la pitié.

– Les lois qui autorisent et favorisent l'euthanasie s'opposent au bien de l'individu et au bien commun. Elles sont donc dépourvues de toute véritable validité juridique. Non seulement elles ne créent aucune obligation pour la conscience, mais elles entraînent une « obligation grave et précise de s'y opposer par l'objection de conscience ». Cette obligation de désobéissance civile ne s'adresse pas aux seuls catholiques mais à tout être humain au nom des droits de l'homme.

– Positivement, le magistère est d'accord avec le dispositif officiel français en tout point : Il accepte le refus de l'acharnement thérapeutique, l'arrêt des soins à la demande du malade lui-même, la démarche des soins palliatifs. De plus, dès 1957, le pape Pie XII avait déclaré qu'il était légitime de recourir aux narcotiques pour soulager la souffrance, même si cela a pour effet secondaire d'abréger la vie humaine.

Le point de vue des Églises orthodoxes

La position est identique à celle du magistère catholique. Des porte-parole de cette tradition, John Breck, dans son ouvrage *Le don sacré de la vie* (2007), et J.C. Larchet, (2010) théologien orthodoxe auteur d'un livre intitulé *une fin de vie paisible sans douleur et sans honte* (2010) donnent un éclairage orthodoxe sur les questions éthiques liées à la fin de vie.

L'euthanasie n'apporte pas de solution au problème que pose le fait de devoir mourir si ce n'est d'avancer l'heure de l'inéluctable. Le critère qui doit inspirer les dernières décisions médicales est celui du bien-être spirituel du malade. La séparation de l'âme et du corps doit pouvoir s'accomplir dans la paix. L'équipe médicale ne doit pas chercher à prolonger à tout prix la vie du mourant, mais chercher à soulager sa souffrance pour qu'il puisse se préparer à la mort de façon adéquate.

Le point de vue des Églises protestantes

Le véritable défi revient à permettre à chacun de vivre au mieux sa mort et de ne pas en être dépossédée. Les soins palliatifs, le refus de l'acharnement thérapeutique vont dans ce sens. En ce qui concerne l'euthanasie, la position est peu dogmatique, et même divisée : pour les uns, c'est un interdit, au nom du respect de la dignité de la personne humaine image unique de Dieu. Pour d'autres, la question relève de la responsabilité individuelle avec la prise en compte des contextes de vie qui sont toujours singuliers. On reconnaît là les traces de l'éthique de la responsabilité, centrée sur l'individu et pragmatique. Il y a des situations où les demandes d'euthanasie doivent être écoutées et non jugées au nom de la liberté dont se recommande le protestantisme.

Quel que soit leur choix final fait, le protestantisme aura à cœur d'accompagner les personnes jusqu'au bout de leur démarche. Cette ouverture, cette tolérance, explique sans doute que des pays historiquement protestants Pays Bas, Danemark, Suède, aient donné un sens légal à l'euthanasie.[14]

Le point de vue de l'Islam

La loi coranique interdit le crime, le suicide et l'euthanasie. Le moment de la mort est issu du seul décret de Dieu. Nul n'est autorisé à le devancer. Euthanasie et acharnement thérapeutique sont tout autant interdits. (Aumonier 2011)

En 2007 le recteur de la mosquée de Paris, Dalil BOUBAKEUR, sollicité par le docteur Jean COTTET membre de l'Académie de médecine, a donné une consultation juridico théologique islamique sur cette question. Je cite : *La vie étant dans son unité, son identité et sa vocation un don de Dieu, nul n'a le droit, pour quelque motif que ce soit, d'y mettre fin, même à la demande du malade ou en cas*

[14] Texte proposé par la commission d'éthique de la F.P.F. signé Olivier Abel, juin 1991 www.protestants.org Livre blanc de la commission d'Ethique. Euthanasie et assistance.

d'inefficacité de remèdes, sans encourir la damnation éternelle. Position péremptoire là aussi.[15]

Le point de vue du Judaïsme

Le Grand Rabbin Ernest Gugenheim (1982 *les portes de la loi)* pose l'interdit de l'euthanasie en termes classiques : la vie est fondamentalement un don de Dieu. La vie de chaque être humain est donc un bien sacré. Celui qui détruit une vie est comme s'il détruisait un monde entier. En 2007 dans une déclaration commune de responsables juifs et catholiques publiée dans le Monde (4 avril 2007) les intervenants donnent une ouverture : « intervenir sur un malade au risque d'abréger sa vie est cependant licite si ce geste peut avoir une chance de le sauver pourvu qu'il ne s'agisse pas d'acharnement thérapeutique ». Mais ce n'est pas encore l'acceptation de l'euthanasie.

Faisons un pas de plus. Je me réfère à un article, d'auteur inconnu, intitulé « Bioéthique et judaïsme ». Cet article est paru dans le n° 32 d'Itoni (novembre 2009) revue de l'Union juive libérale de Lyon mentionnée sur son site. Selon cet auteur, un des axiomes essentiels de la pensée juive est que la vie ne nous appartient pas. En effet toute vie humaine présuppose une transcendance. Ce n'est donc pas à l'homme de décider quand et comment il va mourir.

Cependant, voyez le tournant, le judaïsme autorise de tuer à la guerre, autorise de prendre des risques, la peine de mort, et pousse le juif à se laisser tuer en martyr pour éviter la transgression. *On voit donc que la vie n'est pas toujours une valeur qui l'emporte sur tout.* Et voici une bifurcation étonnante. Selon le Talmud, l'interdit de l'euthanasie est à interpréter au cas par cas ; exemple : un malade en fin de vie en train d'agoniser : il ne faut rien faire pour hâter l'agonie mais laisser faire la nature sous peine de commettre un assassinat ; mais un malade atteint d'une maladie chronique dont on sait avec certitude qu'il va mourir est un cas différent : tuer ce dernier n'est pas condamnable et relève du tribunal humain et non des lois du ciel[16]. On voit donc que pour le judaïsme l'interdit de l'euthanasie est à interpréter au cas par cas, ce qui est totalement différent de la position catholique et de l'islam, ce qui est proche de la position protestante. Nous sommes dans une éthique de la responsabilité ou une éthique

[15] www.bioéthique.com Islam et euthanasie. 27 septembre 2007.

[16] *Bioéthique et judaïsme* site : www.ujl-lyon.com/Bioethique.html

pragmatique qui tient compte du contexte et des conséquences. Il convient cependant d'être prudent et de vérifier par des recherches complémentaires, si la pensée juive a suivi une telle évolution.

2.3. La procréation médicalement assistée

Le point de vue de l'Église catholique

La source la plus récente est l'Instruction Dignitas personae sur certaines questions de bioéthique (décembre 2008). J'en retiens les trois points suivants.

La transmission de la vie est inscrite dans la nature et ses lois demeurent comme une norme non écrite à laquelle tous doivent se référer. L'acte conjugal est irremplaçable ; il reste la seule technique digne d'une procréation responsable. Il ne peut exister d'enfants sans relations sexuelles.

Quid des technologies médicales ? Distinguer ce qui est une aide à la procréation et ce qui est une substitution à l'acte sexuel. Toutes les techniques de fécondation artificielle sont à rejeter. Elles se substituent à l'acte conjugal. Est inacceptable au plan éthique la dissociation de la procréation du contexte intégralement personnel de l'acte conjugal.

La position est la même pour la fécondation in vitro avec transfert d'embryon frais ou après congélation, avec ou sans donneur de gamètes extérieur au couple. La technique est incompatible avec le respect dû aux embryons humain « *Un embryon n'est pas fait pour être dans une éprouvette a – 190°, la vie naissante a pour ordre naturel de se développer selon le plan inscrit dans son génome. Elle n'a pas pour destin d'être suspendue artificiellement* ».

La position de l'Église catholique est donc claire, cohérente, avec le principe du respect de la vie humaine à tout prix sans aucune dérogation quelles que soient les conséquences : « éthique de la conviction » qui va jusqu'au bout de ses principes : éthique catégorique.

Le point de vue des Églises orthodoxes

Proches des catholiques, les orthodoxes considèrent que l'embryon, dès le moment de sa conception comme une personne humaine à part entière devant bénéficier du droit à la vie et à la dignité. La relation sexuelle est la seule source de procréation acceptable. Ils refusent donc d'un point de vue éthique, la procréation médicalement assistée, insémination artificielle et fécondation in vitro quelle qu'en soit la forme, et ce qui l'entoure : congélation des embryons, dons d'embryons. Par ailleurs les orthodoxes, comme les catholiques sont opposés aux évolutions qui ne s'inscriraient pas dans le cadre familial traditionnel, « une mère, un père » et un ou plusieurs enfants. Reconnaissons toutefois que la position orthodoxe est moins formalisée, systématisée que celle de l'Église catholique centralisée autour d'un Magistère officiel (BECK J).

Le point de vue des Églises protestantes

La position protestante est très différente de celle de l'Église catholique. Les mots forts en sont : ouverture, acceptation, précaution, refus.

1. Ouverture : la PMA est un indéniable progrès ; c'est une technique à humaniser, et plus, un « don de Dieu » aux couples hétérosexuels.

2. Acceptation : des techniques de procréation assistée. La dissociation relations sexuelle et fécondation, rejetée par les catholiques, ici ne pose pas de problème tant que les techniques sont utilisées dans le cadre d'une union stable entre un homme et une femme.

3. Acceptation de la fécondation avec un tiers donneur, même si cette démarche, introduit déjà un risque de dislocation familiale protégée, par ailleurs, par l'anonymat et l'irréversibilité de la filiation. Mais l'enfant risque d'être frustré d'une partie de ses origines. Il est concevable d'organiser pour ces enfants un accès aux origines, à la connaissance de son père biologique. Cette mesure ne figure pas dans le dispositif légal actuel ; réclamée, elle a été rejetée par la dernière loi de juillet 2011.

4. Refus : l'accès de personnes seules ou couples homosexuels à la PMA. Pourquoi ? Cela introduit la dislocation du lien familial qui est le fondement sur lequel se construisent le lien social et la reconnaissance de l'altérité. Refus des mères porteuses. Légaliser l'instrumentalisation de femmes comme gestatrices ruine le principe du corps humain hors commerce. Quant à l'enfant, dans le cas d'un contrat, disons-le, commercial, son lien avec sa mère gestatrice sera brisé par l'argent, et finalement, il aura une histoire généalogique confuse, ce qui risque de générer des problèmes d'identité.

Conclusion : il n'y a pas de droit à l'enfant. Un cadre parental ordinaire, un père, une mère une union stable, un ou des enfants, est un ordre conforme à l'intention du créateur ; cela relève du bon sens de ne pas bouleverser cet ordre. Le désir des adultes d'avoir un enfant à tout prix ne doit pas faire la loi. Le rôle de la loi est de précéder et d'encadrer ce désir en veillant au bien de l'enfant.

Globalement cette position diamétralement opposée à celle de l'Église catholique, est conforme en tout point au dispositif officiel dans son état actuel, à une exception près : la levée de l'anonymat dans le cas d'une procréation avec donneur de gamètes ou d'embryons.

Le point de vue du Judaïsme

David Messas grand rabbin de Paris prend une position ambiguë, du moins dans sa formulation : « La naissance médicalement assistée est une interdiction ». Dans le même paragraphe, on lit : « s'il y a un besoin d'enfant en cas d'empêchements biologiques on peut former un fœtus à partir du sperme du père et l'implanter dans le corps de la mère. L'enfant est alors considéré comme le fils du père et de la mère ». À la fois c'est non et c'est oui. Le texte laisse un peu perplexe, mais c'est un compte rendu d'une table ronde, à prendre donc avec une certaine précaution.

L'expression est beaucoup plus limpide dans un article émanant de l'UJ.LL déjà cité.

Il est bien sûr difficile, voire impossible de trouver dans la Torah et les textes du Talmud des références à ces techniques médicales actuelles, mais les problèmes soulevés par la stérilité, entre autres, sont souvent abordés dans la Torah et discutés dans le Talmud. Et comme dit André Chouraqui dans « la pensée juive », il est nécessaire d'adapter la loi aux nouvelles circonstances de la vie d'Israël.

À partir de là on devine une grande ouverture.

– Oui au recours à la PMA car la religion juive prône la croissance et la multiplication de ses semblables. Oui à la PMA mais seulement pour les couples mariés, s'il y a preuve catégorique d'une nécessité médicale.

– L'embryon en soi ne pose pas de problème majeur. Pour le talmud (recueil de droits civils et religieux) l'embryon ne devient un être humain qu'à partir des 40 premiers jours de gestation. Il est donc permis d'intervenir sur l'embryon dès la fécondation jusqu'à la 5e semaine de grossesse. La congélation de l'embryon est donc facilement admise. L'embryon in vitro, n'a pas le statut de personne humaine en devenir au même titre que l'embryon in vivo ; sa manipulation, sa destruction par la science est tout à fait acceptable.

Je cite : *« Tuer un embryon n'est pas considéré comme un crime mais simplement comme une dégradation d'un projet de vie ». (UJLL.)*

Où sont les interdits ?

Ils portent sur le recours à un tiers donneur, aussi bien pour l'insémination artificielle que pour la fécondation in vitro. Ils touchent également l'utilisation de ces techniques pour fabriquer des embryons à des fins autres que la procréation.

En conclusion : *« On voit donc que toutes ces techniques pour la procréation sont autorisées en vertu du principe de la prééminence de la vie »*. Vous voyez donc qu'en partant d'un même principe on arrive à des positions diamétralement opposées. Prééminence de la vie, cela signifie : non à la PMA pour les catholiques, Oui à la PMA pour les Juifs.

Le point de vue de l'Islam

La position est claire. Elle repose sur une conception de la vie humaine. La vie est sacrée comme pour les autres religions, mais où commence vraiment la vie humaine ? Quand ? Le 120e jour, C'est la tendance dominante semble-t-il, bien qu'il n'y ait pas unanimité.

En conséquence, insémination artificielle et la fécondation in vitro sont acceptées à trois conditions : qu'il n'y ait pas don de gamètes, que la fécondation se fasse dans le cadre du mariage, que c'est bien la mère biologique qui porte l'enfant. On refuse donc, le don de gamètes considéré comme une violation de la loi naturelle, l'insémination post mortem, le recours à la gestation pour autrui.

2.4. La recherche sur l'embryon

Le point de vue de l'Église catholique

La thérapie à partir des cellules embryonnaires n'est pas médicalement envisageable dans l'état actuel des connaissances. Elle pose en outre de graves problèmes éthiques.

Il convient de distinguer : intervention thérapeutique sur l'embryon et recherche sur l'embryon par des manipulations entraînant à terme sa destruction. Qu'accepte-t-on ?

Toutes les interventions à visée thérapeutique pour l'embryon et s'il n'y a pas de risques disproportionnés de destruction. Il en de même pour le fœtus pourvu que la finalité soit thérapeutique

Que refuse-t-on ? La recherche expérimentale et directe sur l'embryon. Pourquoi ? Elle implique sa destruction. Or si l'on reconnaît en l'embryon dès sa conception un être humain, faisant partie de l'humanité, on ne peut le traiter comme un matériau de laboratoire qu'on rejetterait après l'avoir utilisé comme réserve de cellules. Ce serait une grave atteinte à sa dignité. En conséquence, le prélèvement de cellules-souches embryonnaire sur des embryons surnuméraires est refusé, même s'ils sont dépourvus de projet parental.

De cette analyse il ressort que la position catholique est en opposition frontale avec le dispositif officiel en ce domaine. D'ORNELLAS P Mgr (2009).

Le point de vue des Églises orthodoxes

Il y a pénurie de données explicites. Ce que j'ai lu va dans le sens d'une position claire à défaut d'être détaillée. Dans son principe elle rejoint totalement celle de l'Église catholique. La recherche sur l'embryon est rigoureusement interdite. L'embryon est un être humain en perspective ; il ne peut être considéré comme un objet ni comme un produit commercialisable.

Le point de vue des Églises protestantes

La question de la recherche sur l'embryon et liée à son statut. Pour le protestant, l'être humain est une unité inséparable d'une existence corporelle et relationnelle. Cette affirmation conduit à différentes conceptions : pour les uns, groupe majoritaire, l'embryon sans projet parental ne s'inscrit pas dans une relation et ne pourra donc devenir un être humain à part entière. C'est pourquoi son utilisation à des fins de recherche est éthiquement justifiable. C'est exactement la position du droit actuel. Dans cette situation il s'agit probablement de la solution du moindre mal. En même temps, les tenants de cette position posent trois amortisseurs :

D'abord encourager et développer des solutions alternatives par la recherche sur les **cellules-souches adultes*** ou ombilicales, cellules non embryonnaires.

Ensuite limiter au maximum la production d'embryons dans le cadre de la PMA. Ce qui est une manière de freiner le recours aux cellules embryonnaires pour la recherche.

Enfin, pourquoi ne pas basculer vers un régime d'autorisation strictement encadré. La dernière loi française (juillet 2013) a fait ce basculement, de l'interdit assorti de dérogation vers une autorisation strictement encadrée.

Voilà la position la plus ouverte. Elle n'est pas unanime. Pour d'autres, un embryon humain n'est jamais sans relation humaine ou divine. Il n'est pas possible de faire dépendre le statut d'une vie humaine des seules opinions, décisions et projets humains. L'embryon serait donc à protéger, et le sacrifier pour la recherche signifierait une chosification inadmissible d'une vie humaine individuelle. Ce dernier point de vue est en convergence complète avec la position du Magistère catholique.

Le point de vue du Judaïsme

La recherche sur l'embryon, en principe est interdite car sa destruction est une atteinte à la vie. Cependant les juifs admettent des transgressions possibles de cette loi, si cette transgression permet de sauver une vie. Pour cette raison, on accepte le prélèvement de cellules-souches embryonnaires sur des embryons surnuméraires. In vitro les embryons ne sont pas une personne potentielle. En effet les juifs considèrent que l'embryon ne devient un être humain et que la vie ne commence que lorsque la masse cellulaire va être habitée par l'âme provenant de Dieu, ce qui se fait vers le 40e jour. En revanche, la recherche sur l'embryon in vivo est interdite. Alors que pour les catholiques, l'embryon a la même valeur qu'il soit conçu in vivo ou in vitro, c'est un être humain d'emblée.

Le point de vue de l'Islam

La recherche sur l'embryon est possible. La raison en est toute simple : la vie humaine de l'embryon commence vers le 120 jour, le quatrième mois comme le pensent la plupart des musulmans. C'est le moment de l'individualisation de l'être humain, l'esprit de Dieu est alors insufflé.

Au terme de cette investigation quels sont les constats intéressants ?

Le mode d'élaboration de la bioéthique diffère d'une religion à l'autre : production dogmatique, démocratique ou casuistique en fonction de l'organisation des institutions religieuses concernées.

La portée des règles bioéthiques est contraignante, sauf chez les protestants qui offrent des normes de type incitatif, faisant appel à la responsabilité individuelle.

Il y a convergence entre les religions elles-mêmes et avec le dispositif légal français dans deux domaines : le don d'organes et la gestion de la fin de vie.

En revanche la procréation médicalement assistée, rejetée par l'Église catholique et les Églises orthodoxes, est acceptée par les protestants, les juifs et les musulmans, avec des conditions variables. Il en est de même pour la recherche sur l'embryon. Deux sujets paisibles et deux pommes de discorde.

Ces divergences reposent sur des conceptions différentes de la vie humaine et du point de départ de celle-ci.

Pour illustrer les divergences, imaginons un axe de repérage AB qui de l'interdit va progressivement vers le permissif, ou vers la position du dispositif officiel de bioéthique. La position de l'Église catholique et des Églises orthodoxes se situeraient au point A. La position des Églises protestantes serait au point B. Les positions respectives du judaïsme et de l'Islam se situeraient entre A et B mais plus proches de B que de A.

Pour ne pas conclure : *Comment ne pas comprendre alors que, d'un point de vue théologique, toute atteinte profonde à l'intégrité et à la liberté d'autrui constitue une atteinte à Dieu lui-même ? Et que cette atteinte même consiste d'abord et essentiellement dans le refus de toute limite... Telle est la clef dernière de toute approche religieuse, mais en va-t-il vraiment autrement d'un point de vue laïque ?* (COLLANGE J.F. 2007).

BIBLIOGRAPHIE

Cette bibliographie recense uniquement les principaux ouvrages utilisés.

AMBROSELLI CL. (1990) *Le comité d'éthique*. Puf

ANDORNO R. (1997*) La bioéthique et la dignité de la personne*. Puf

AUMONNIER.N. et Alii. (2001*) L'euthanasie*. Puf

AZOUX BACRIE L. (2000) *Vocabulaire de bioéthique* Puf

BERGOIGNAN ESPER C. (2010) Les grands arrêts du droit de la santé. Dalloz

BINET J.R. (2012) *La réforme de la loi bioéthique*. (7 juillet 2011). LexisNexis

BINET J.R. (2011) *Droit médical* Montchrestien

BOËLLE C. et Alii (2004) *Petit dictionnaire des religions.* Pocket jeunesse

BORILLO D. *(2011) Bioéthique*. Dalloz

BOURGOIS E. (2001*) La bioéthique pour tous*. Sarment Jubilé

CASTAING C. (2014) La démocratie sanitaire. Les études hospitalières.

COLLANGE J.F. (2007) *La vie. Quelle vie ? Bioéthique et protestantisme*

D'ORNELLAS P. Mgr. (2009*) Bioéthique. Propos pour un dialogue.* Lethielleux. DDB

DE HENNEZEL M. (1995) La mort intime. Pocket spiritualité

DE PLAEN S. dir. (2006) *La transplantation d'organes. Enjeux et paradoxes*. CHU Sainte Justine

DURAND G. (1997) *La bioéthique*. Cerf-Fides

FELDMANN G. (2010) *La bioéthique*. Armand Colin

HENNETTE-VAUCHEZ S. (2009) *Le droit de la bioéthique*. La Découverte

FOURNERET E. (2015) *L'éthique à l'hôpital*. Sciences humaines (mai 2015)
GARMART PRAT H. PRAT M. (2015) *Bioéthique et droit. Les neurosciences et l'encadrement de l'imagerie cérébrale.*
HOTTOIS G. (2004) *Qu'est ce que la bioéthique*
HUYGHE F.B. (2009) *ADN et enquêtes criminelles*. Puf
JACQUEMIN D. (2014) *Manuel des soins palliatifs*. 4e édition. Dunod.
LA CROIX *L'ABC de la bioéthique*. Hors série. (s.d.)
LARRIBAU-TERNEYRE V. et Alii *(2011) La révision des lois de bioéthique*. Loi du 7 juillet 2011. L'Harmattan
MAIRE P. (2014) *Accidents médicaux*. Règles pratiques de la Commission de conciliation et d'indemnisation. Les études hospitalières
MATHIEU B. (2009) *La bioéthique*. Dalloz
MÉDECINS (2010) Bulletin d'information de l'Ordre national des médecins. *Loi de bioéthique : les enjeux de la révision.*
MONDIELLI E. (2008) *L'essentiel de la Bioéthique et du Droit de la biomédecine*. Gualino
MONNIER S. (2005) *Les Comités d'éthique et le droit*. L'Harmattan
NICOLAS G. (2014) Corps et patrimoine. Cahier du droit de la santé sur le corps. Mythe ou réalité ? Les études hospitalières
POISSON J.F. (2004) *La dignité humaine*. Les Études hospitalières
REGARDS SUR L'ACTUALITE (décembre 2009) *Lois de bioéthique : réexamen, enjeux et débat*. La documentation française.
REGARDS SUR L'ACTUALITÉ (mai 2003) *Bioéthique : les questions.* La documentation française
SEBAG V. (2007) *Droit et bioéthique*. Larcier
SEVE L. (2006) *Qu'est-ce que la personne humaine ?* La dispute
TARBY A. (2008) *La bioéthique : ce qu'elle est, ce que dit le droit.* Puits Fleuri
THIOLLIER M. (1966) *Dictionnaire des religions*. Larousse
TRISTARAN ENGELHARD H. (2015) *Les fondements de la bioéthique.*

TABLE DES MATIÈRES

Santé et Médecine
aux éditions L'Harmattan

Dernières parutions

LES MÉTIERS DE LA SANTÉ FACE AUX INDUSTRIES PHARMACEUTIQUE, AGROALIMENTAIRE ET CHIMIQUE
Quelles formations critiques ?
Sous la direction de Paul Scheffer
Cet ouvrage souhaite aborder la santé humaine à travers une approche croisée des secteurs du médicament, de l'alimentation, et de la chimie, trois branches où l'on retrouve de puissantes industries organisées. Ces dernières ont des intérêts divergents des finalités de la santé publique et pèsent de leur poids sur les processus de décision. Ce livre met en évidence certaines initiatives existantes permettant de contrecarrer ces influences affectant la santé de la population, et articule les savoirs et les pratiques professionnels avec les formations initiale et continue.
(Coll. Éthique et pratique médicales, 33.00 euros, 318 p.)
ISBN : 978-2-343-05932-7, ISBN EBOOK : 978-2-336-37984-5

LES INFRASTRUCTURES DU TROUBLE MENTAL
Renouvellement des modes de pensée en psychiatrie
Marchais Pierre
La psychiatrie reste sujette à des oppositions internes et à des énigmes qui imposent un regard nouveau sur cette discipline. À cet effet, l'auteur adopte une perspective dynamique et interdisciplinaire qu'il situe face aux divers courants historiques en psychiatrie. Il précise les interrelations variables de la pensée et du langage, leurs liens en boucles, qui retentissent sur la structuration et la connaissance du trouble.
(24.00 euros, 244 p.)
ISBN : 978-2-343-05632-6, ISBN EBOOK : 978-2-336-37602-8

MALADIE D'ALZHEIMER, ENTRE NEUROLOGIE ET PSYCHOLOGIE
Vers un autre modèle ?
Viard Philippe
Célébrée hier comme cause nationale, cette maladie qui touche 900 000 personnes est intégrée aujourd'hui dans une politique de santé publique interministérielle aux côtés d'autres affections neuroévolutives connues et moins connues du grand public. La maladie d'Alzheimer « transgresse » les processus pathologiques, les cadres, que l'on a bien voulu, jusqu'ici, lui assigner. La guérison demeure lointaine et incertaine. Peut-on « enfermer » la maladie dans le seul champ de la neurologie, de la génétique, d'une neuropsychologie repensée, de la psychologie ?
(Coll. Psychologiques, 14.50 euros, 138 p.)
ISBN : 978-2-343-05694-4, ISBN EBOOK : 978-2-336-38096-4

LA PRATIQUE, LE DISCOURS ET LA RÈGLE
Hippocrate et l'institution de la médecine
Lombard Jean
La médecine antique nous semble balbutiante et périmée. Elle peut se lire comme un début, une avancée glorieuse mais réversible à laquelle la médecine moderne aurait d'une certaine façon mis un terme. Pourtant, plus qu'un moment daté elle est un commencement, où la médecine de

l'Occident est instituée. Hippocrate représente un accès à la genèse archivée mais vivante du geste médical.
(Coll. Hippocrate et Platon, études de philosophie de la médecine, 16.50 euros, 164 p.)
ISBN : 978-2-343-06371-3, ISBN EBOOK : 978-2-336-38145-9

GÉNÉTICIEN, POURQUOI PAS ?
Sicard Michel
Quel biologiste sérieux pourrait de nos jours remettre en cause les acquis de la biologie moléculaire et de l'ADN ? Peut-on imaginer qu'il n'en fut pas toujours ainsi et qu'il a fallu à une poignée de chercheurs et d'universitaires livrer un combat pour réussir à imposer ces concepts, dans les années 1960-1970 ? C'est le récit de cette lutte victorieuse que nous livre Michel Sicard qui a participé à cette extraordinaire aventure et a dirigé pendant plus de 30 ans l'enseignement et la recherche génétique à Toulouse.
(16.50 euros, 142 p., Illustré en couleur)
ISBN : 978-2-343-06134-4, ISBN EBOOK : 978-2-336-37551-9

CHIRURGIE
Chronique d'une mort programmée – Serons-nous soignés demain ?
Kron Bernard
Grâce à sa pratique de plus de 25 000 interventions chirurgicales et à travers de nombreuses publications, Bernard Kron apporte de précieux éléments de réponse sur les problèmes médicaux de notre temps. Analysant les menaces pesant sur la chirurgie exercée en libéral ou sur l'hôpital public, ou encore le développement des nanotechnologies, la chirurgie de la cellule, cet ouvrage offre un panorama des défis pour notre troisième millénaire.
(28.00 euros, 278 p.)
ISBN : 978-2-343-06012-5, ISBN EBOOK : 978-2-336-37357-7

ALCOOL, MOI ET LE BONNET ROUGE
Récit
Basler Michel
Michel est un ancien. Un ancien alcoolique, un ancien drogué, un ancien adepte des cocktails détonants, un ancien zonard. Il s'en est sorti, grâce à quelques mains tendues et grâce à sa force de caractère. Il n'est ni un exemple ni un modèle à suivre. Il a gagné plusieurs guerres, perdu certaines. Il a vécu, survécu, et puis il a eu besoin de raconter, de se mettre à nu, de mettre des mots sur les fissures. Pas pour se disculper, pas pour demander l'absolution. Juste parce que son histoire, même si elle est un peu brouillon, mérite d'être racontée.
(Coll. Récits de vie, 20.00 euros, 206 p.)
ISBN : 978-2-343-04097-4, ISBN EBOOK : 978-2-336-37407-9

OUI, VOS REINS SONT BIEN MALADES !
Livret 1 : Le comprendre et l'éviter
Raoult Michel - Association Ligue Rein et Santé - Rein échos
Parce que l'insuffisance rénale est une maladie fréquente, et considérant que près de trois millions de Français en seraient touchés, les auteurs de ce livre, «malades lambdas», souhaitent transmettre leurs connaissances acquises. Ce premier livret tente d'expliquer ce qui conduit à altérer notre santé rénale, et de mieux faire comprendre le fonctionnement stratégique de nos reins, organes fondamentaux de notre métabolisme.
(15.50 euros, 154 p.)
ISBN : 978-2-343-05277-9, ISBN EBOOK : 978-2-336-37385-0

OUI, VOS REINS SONT BIEN MALADES !
Livret 2 : Prévention et dépistage
Raoult Michel - Association Ligue Rein et Santé - Rein échos
Parce que l'insuffisance rénale est une maladie fréquente, et considérant que près de trois millions de Français en seraient touchés, les auteurs de ce livre, «malades lambdas», souhaitent transmettre leurs connaissances acquises. Ce second livret aidera à la compréhension de ce problème majeur

de santé qu'est l'insuffisance rénale chronique qui, si elle était associée à un dépistage précoce des populations à risque, entraînerait des économies de santé considérables pour l'assurance maladie.
(16.50 euros, 162 p.)
ISBN : 978-2-343-05278-6, ISBN EBOOK : 978-2-336-37384-3

OUI, VOS REINS SONT BIEN MALADES !
Livret 3 : Les prendre en charge et les soigner
Raoult Michel - Association Ligue Rein Santé - Rein échos
Parce que l'insuffisance rénale est une maladie fréquente, et considérant que près de trois millions de Français en seraient touchés, les auteurs de ce livre, «malades lambdas», souhaitent transmettre leurs connaissances acquises. Ce troisième livret vous permettra d'entrer dans la phase terminale de l'insuffisance rénale chronique et de mieux comprendre ce qu'elle impose comme contraintes aux patients concernés, donc ce qu'ils doivent gérer au quotidien (dialyses ou transplantés).
(20.00 euros, 200 p.)
ISBN : 978-2-343-05460-5, ISBN EBOOK : 978-2-336-37383-6

SANTÉ GLOBALE
Les défis à surmonter par la communauté sanitaire internationale dans le post-OMD
Berete Foungbè
Les questions de santé globales doivent être au cœur des priorités internationales. Lors de la fixation des Objectifs du Millénaire pour le Développement (OMD), trois des principaux objectifs ont été focalisés sur la santé : 1) la santé maternelle ; 2) la réduction de la mortalité infantile ; 3) la lutte contre les grandes maladies. Dans une situation de rareté des ressources humaines et financières, ces questions constituent des défis pour les États qui s'y trouvent confrontés.
(Coll. Harmattan Guinée, 19.00 euros, 180 p.)
ISBN : 978-2-343-06108-5, ISBN EBOOK : 978-2-336-37543-4

LA DÉMARCHE QUALITÉ DANS LES SOINS DE SANTÉ
Un défi en Afrique
Sous la direction de B.A. Nkoum et A.Socpa - préface de Joseph Ndi-Okalla
La qualité des services de soins de santé est l'un des plus grands défis de ce siècle, marqué par l'atteinte des Objectifs du Millénaire pour le Développement (OMD), recommandés par la communauté internationale. Pour y parvenir, les efforts des gouvernements africains sont, depuis quelque temps, orientés vers l'amélioration de l'offre des services de soins de santé d'une part, et la stimulation de la demande des soins de santé, d'autre part.
(Coll. Harmattan Cameroun, 24.00 euros, 230 p.)
ISBN : 978-2-343-05138-3, ISBN EBOOK : 978-2-336-37479-6

LES MÉDECINS-LÉGISLATEURS ET LE MOUVEMENT HYGIÉNISTE SOUS LA TROISIÈME RÉPUBLIQUE (1870-1914)
Cavé Isabelle
En France, au cours de la première moitié de la IIIe République, les médecins se sont trouvés une vocation à conduire des carrières politiques à la Chambre des députés et au Sénat. Ils représentent, sur cette période, la 5e catégorie sociale des législateurs au Palais Bourbon. À quoi tend cet engagement médical, dans cette période précise de l'Histoire ? Seront-ils porteurs de l'»hygiénisation» de la société à la fin du XIXe siècle alors que la France est un pays retardataire en la matière ?
(Coll. Médecine à travers les siècles, 31.00 euros, 306 p.)
ISBN : 978-2-343-05138-3, ISBN EBOOK : 978-2-336-37479-6

FORMATION DES DIÉTÉTICIENS ET ESPRIT CRITIQUE
Comment favoriser l'indépendance professionnelle et une pratique réflexive du métier ?
Scheffer Paul
À partir d'une étude de terrain au sein d'un cursus de BTS diététique, l'auteur démontre l'influence que l'agroalimentaire exerce sur la profession de diététicien et le manque de préparation des étudiants pour faire face à ces stratégies commerciales. Il analyse les conditions et moyens

qui s'opposent à la transmission d'un esprit critique et celles qui devraient être renforcées pour garantir une indépendance et la réflexivité du métier.
(Coll. Questions contemporaines, 14.00 euros, 134 p.)
ISBN : 978-2-343-05697-5, ISBN EBOOK : 978-2-336-37089-7

LE TRAVAIL INSTITUTIONNEL EN PSYCHIATRIE ET EN MILIEU ÉDUCATIF
Le fonctionnement des réunions en vision psychanalytique
Clit Radu
Généré en psychiatrie sous l'impulsion de la psychothérapie institutionnelle, le travail institutionnel consiste en un système de réunions adopté aussi par le domaine de l'enfance inadaptée (et médicosocial). Deux types de réunions sont à distinguer : celle de synthèse et celle de l'analyse clinique. Des vignettes cliniques illustrent le fonctionnement des réunions. Quatre types de processus sont décrits : totalisant, insuffisant, détourné, totalitaire. L'influence du pouvoir est aussi analysée.
(Coll. Psychologiques, 27.00 euros, 264 p.)
ISBN : 978-2-343-03745-5, ISBN EBOOK : 978-2-336-37146-7

TOUS LES CHEMINS MÈNENT À L'AUTRE
Auprès de la personne handicapée
Le Rolland Jocelyne
Tous les chemins mènent à l'autre tente avec sensibilité de réunir deux pôles, deux visions sur le handicap : celle du parent et celle du professionnel. De l'intime aux institutions ; du courage à la lassitude ; du rire à la fatigue, cet essai est autant de questions ouvertes aux réponses humaines. Social, médical, psychologique, philanthrope, ce livre vous parle de vous peut-être plus encore que du handicap. Ne faut-il pas alors marcher ensemble pour comprendre autrement ? Loin de tout jugement, c'est un dialogue qui ne saurait nous laisser indifférents.
(20.00 euros, 226 p.)
ISBN : 978-2-343-05019-5, ISBN EBOOK : 978-2-336-37143-6

APPROCHES DU VIVANT
Études d'épistémologie biologique
Yapi Ayenon Ignace
En accédant aux principes qui expliquent les processus vitaux, les sciences n'acquièrent pas seulement la connaissance du monde vivant, tel qu'il existe déjà, mais elles se donnent aussi les moyens de réaliser des synthèses organiques viables. Les études proposées dans ce livre, en s'appuyant sur de nombreux exemples, exposent les opérations par lesquelles les sciences biologiques accomplissent ce double dessein.
(Coll. Biologie, écologie, agronomie, 28.00 euros, 274 p.)
ISBN : 978-2-343-05519-0, ISBN EBOOK : 978-2-336-37161-0

LA MISE SUR LE MARCHÉ ET LA DISTRIBUTION DU MÉDICAMENT EN AFRIQUE NOIRE FRANCOPHONE
Réflexions à partir des exemples du Burkina Faso et du Sénégal
Poda Baimanai Angelain
Cet ouvrage aborde efficacement le droit pharmaceutique en Afrique sous l'angle du droit OHADA et du droit de l'UEMOA. Il s'appuie sur les exemples burkinabé et sénégalais, deux droits historiquement liés au droit pharmaceutique français des années 1954. Consacré au médicament, objet de santé et bien marchand particulier, il montre comment la sécurité sanitaire est appréhendée par le législateur dans les pays en développement, aussi bien avant qu'après la mise en place sur le marché du médicament.
(Coll. Études africaines, série Droit et Santé, 60.00 euros, 788 p.)
ISBN : 978-2-343-05427-8, ISBN EBOOK : 978-2-336-36883-2

L'HARMATTAN ITALIA
Via Degli Artisti 15; 10124 Torino
harmattan.italia@gmail.com

L'HARMATTAN HONGRIE
Könyvesbolt ; Kossuth L. u. 14-16
1053 Budapest

L'HARMATTAN KINSHASA
185, avenue Nyangwe
Commune de Lingwala
Kinshasa, R.D. Congo
(00243) 998697603 ou (00243) 999229662

L'HARMATTAN CONGO
67, av. E. P. Lumumba
Bât. – Congo Pharmacie (Bib. Nat.)
BP2874 Brazzaville
harmattan.congo@yahoo.fr

L'HARMATTAN GUINÉE
Almamya Rue KA 028, en face
du restaurant Le Cèdre
OKB agency BP 3470 Conakry
(00224) 657 20 85 08 / 664 28 91 96
harmattanguinee@yahoo.fr

L'HARMATTAN MALI
Rue 73, Porte 536, Niamakoro,
Cité Unicef, Bamako
Tél. 00 (223) 20205724 / +(223) 76378082
poudiougopaul@yahoo.fr
pp.harmattan@gmail.com

L'HARMATTAN CAMEROUN
BP 11486
Face à la SNI, immeuble Don Bosco
Yaoundé
(00237) 99 76 61 66
harmattancam@yahoo.fr

L'HARMATTAN CÔTE D'IVOIRE
Résidence Karl / cité des arts
Abidjan-Cocody 03 BP 1588 Abidjan 03
(00225) 05 77 87 31
etien_nda@yahoo.fr

L'HARMATTAN BURKINA
Penou Achille Some
Ouagadougou
(+226) 70 26 88 27

L'HARMATTAN SÉNÉGAL
10 VDN en face Mermoz, après le pont de Fann
BP 45034 Dakar Fann
33 825 98 58 / 33 860 9858
senharmattan@gmail.com / senlibraire@gmail.com
www.harmattansenegal.com

L'HARMATTAN BÉNIN
ISOR-BENIN
01 BP 359 COTONOU-RP
Quartier Gbèdjromèdé,
Rue Agbélenco, Lot 1247 I
Tél : 00 229 21 32 53 79
christian_dablaka123@yahoo.fr

654079 - Mai 2016
Achevé d'imprimer par
1livre.com
du rêve à la réalité !

www.ingramcontent.com/pod-product-compliance
Lightning Source LLC
LaVergne TN
LVHW011501061026
849535LV00004BA/1164